सब्जियों की आधुनिक खेती

लेखक

सुधीर कुमार मिश्र, रजत कुमार सिंह,
डॉ० सतीश यादव, धीरज यादव

BOOK RIVERS
WE CREATE READERS

वेबसाइट :– www.bookrivers.com

प्रकाशक ईमेल :– publish@bookrivers.com

मोबाइल :– +91-9695375469

प्रकाशन वर्ष :– 2020

मूल्य :– 300/- रूपये

ISBN: -978-93-88727-35-8

अनुक्रमणिका

1

प्रस्तावना

उद्यान विज्ञान एक विस्तृत विज्ञान है, उद्यान में फसलों व पौधों के उबाने को उद्यान विज्ञान की संज्ञा दी जाती है। उद्यान विज्ञान लैटिन भाषा के दो शब्दों से मिलकर बना है– यथा *'Hortus'* जिसका अर्थ है *Garden* (उद्यान) और *'Culture'* जिसका अर्थ फसलों व पौधों की खेती। *Garden* की व्युत्पत्ति शायद *gyrdan* से हुई है जिसका अर्थ है कि घर के आस–पास किसी सीमित क्षेत्र में फल, अलंकृत पौधे और शाक–सब्जियों उगाना। ऐसी फसलें, जिन्हे उद्यान में उगाा जाता है, उन्हें उद्यान शस्यों की संज्ञा दी जाती है। खेत में उगाई जाने वाली शस्यों और उद्यान में उगाई जाने वाली शस्यों में एकदम कोई अन्तर नही किया जाता है। उदाहरणार्थ चावल के छोटे क्षेत्र या उद्यान में उगाने पर भी उसे खेत में उगाई जाने वाली ही कहेंगें। फ्रांस और अमेरिका में अंगूर को बड़े बगीचों में उगाया जाता है जिनका क्षेत्र 250 से 300 हेक्टेयर तक होता है। परन्तु सारे विश्व में अंगूर को उद्यान शस्रू के नाम जाना जाता है। भारत व विदेशों में आलू को छोटे व बड़े दोनों प्रकार के खेतों में उगाया जाता है, उसे शस्य फसल और उद्यान शस्य दासेनों के रूप में जाना जाता है।

उद्यान विज्ञान को अध्ययन की सुगमता और विशिष्टता के आधार पर निम्न चार भागों में वर्गीकृत किया जाता है–

1. शकोत्पादन : उद्यान विज्ञान की वह शाखा है जिससे शाकोत्पादन वाली फसलों का ज्ञान प्राप्त किया जाता है। सब्जी शब्द का प्रयोग शाकीय पौधे या उन पौधों के भाग के लिए किया जाता है, जो खाने के लिए प्रयोग किये जाते हैं। रन्धावा (1966) के अनुसार 'सब्जी शब्द के अन्तर्गत वे सभी पदार्थ आ जाते हैं, जो सब्जी से बनते हैं, लेकिन आजकल की परिभाषा के अन्तर्गत मक्का के दाने, आलू, शकरकंदी और अन्य कई प्रकार के कंद भी रखे जाते हैं'।
2. फलोत्पादन विज्ञानः उद्यान विज्ञान की वह शाखा है जिसमें फलोत्पादन वाली फसलों का ज्ञान प्राप्त किया जाता है।
3. पुष्पोत्पादन विज्ञान और अलंकृत बागवानीः उद्यान विज्ञान की वह शाखा है जिसके अन्तर्गत पुष्पोत्पादन और बागों को सुशोभित करने वाले पेड़ का ज्ञान प्राप्त किया जाता है।

4. फल प्रौद्योगिकी :– उद्यसन विज्ञान की वह शाखा है जिसके अन्तर्गत फल एवं सब्जियों के परीक्षण का ज्ञान प्राप्त किया जाता है।

योजना आयोग ने आठवीं पंचवर्षीय योजना (1992–97) के अन्तर्गत बागवानी फसलों के कार्य समूह को निम्न 6 भागों में विभक्त किया है।

1. फलों का उप–समूह।
2. सब्जियों का उप–समूह।
3. आलू और कंदीय फसलों का उपसमूह।
4. पुष्पोत्पादन, आसैशधीय और संगधीय का उप– समूह।
5. ताड़ और कोका उप–समूह।
6. मसाले और काजू का उप–समूह।

आठवीं योजना में बागवानी विकास को बड़ी सहायता देने के लिए 1000 करोड़ रूपये व्यवस्था की गई थी, जबकि सांतवी योजना में इस अवधि में इस हेतु मात्र 24.19 करोड़ रूपये आवटित किये गये थे।इस तरह यह बढ़ोत्तरी 40 गुना अधिक है, इसका उद्‌देश्य यह है कि बागवानी से तिहरा लाभ प्राप्त हो यानि पोषण स्तर सुधरे, ग्रमीण अर्थव्यवस्था में सुधार हो ओर निर्यात बढ़ाकर विदेशी मुद्रा अर्जित की जा सके।

इस हेतु बढ़िया गुणवत्ता की रोपण सामग्री तैयार करने पर मुख्य जोर दिया जा रहा है। निजी और सरकारी दोनों ही क्षेत्रों में नर्सरी स्थापित की जा रही है और ऊतक संवर्ध केन्द्र खोले जा रहे हैं। वर्तमान बागों की उत्पादकता बढ़ाने और क्षेत्र प्रसार कार्यक्रम के तहत नये बाग लगाने के लिए भी धन उपयोग किया जायेगा। वर्तमान फसलों के अलावा कुछ नई फसलों को भी सहायता दी जाएगी। ये फसलें हैं– मशरूम, औशधीय और सगंधीय पौधे, पान, कंदीय फसलें और फूल, नारियल, काजू और मसालें की गुणवत्ता और उत्पादकता सुधारने और नये बाग लगाने व संसाधन के लिए नये कार्यक्रयम बनाये गये हैं।

प्रथम अप्रैल 1997 से नवीं पंचवर्शीय योजना 1997–2002 में बागवानी के अन्तर्गत कई नयी योजनाओं को शामिल किया गया है, जिनके कार्यान्वियन से देश में सब्जी, फल, फूल, मसाले, मशरूम आदि के उत्पादन में काफी वृद्धि हुयी है। साथ ही बागवानी उद्योग से जुड़े लोगों को रोजगार भी मिला और सहायक उद्योग धन्धों में भली वृद्धि हुयी है। बागवानी के विभिन्न उत्पादों को विदेशों में निर्यात करके काफी विदेशी मुद्रा अर्जित की गयी।

भरमार मौसम में नुकसान पर काबू पाने और घरेलू उपयोग व निर्यात के लिए फसलों की कटाई के बाद का ढ़ांचा तैयार करने हेतु भारी सहायता दी गयी। बन्दरगाहों के पास के शहरों में संग्रहण केन्द्र, श्रेणीकरण संवेश्टन (पैकिंग) और छटाई केन्द्र विकसित करने

के लिए व्यापक वित्तीय सहायता उपलब्ध करायी गयी। **देश** में बागवानी फसलों से अधिक उत्पादन और उत्पादकता प्राप्त करने के लिए टपकन सिंचाई और प्लास्टिक के उपयोग जैसी नयी तकनीकों को व्यापक सहायता दी गयी। **भविष्य** में बागवानी का विकास मुख्य रूप से वर्तमान सीमान्त और उपयोगहीन भूमियों पर किया गया जिससे खाद्य फसलों के क्षेत्रफल पर इसका कोई प्रतिकूल प्रभाव नहीं पड़ा। बागवानी उत्पादों के संसाधन में तेजी लाने के लिए कृषि मंत्रालय द्वारा विदेशी सहयोग लेने पर भी जोर दिया जा रहा है। दसवीं पंचवर्शीय योजना के अन्तर्गत प्रगति का उल्लेख नीचे दिए किया गया है।

बागवानी के सर्वांगीण विकास हेतु वर्श 2005–06 से दसवीं योजना के दौरान भारत सरकार ने कृषि मंत्रालय के कृषि एवं सहकारिता विभाग के अन्तर्गत राष्ट्रीय बागवानी मिशन का गठन किया है, जिसके प्रमुख उद्‌देश्य निम्नवत् है।

- प्रत्येक राज्य/क्षेत्र के तुलनात्मक लाभ और इसके विविध कृषि मौसम विशेषताओं के साथ सामंजस्य रूप में क्षेत्र आधारित विभेदीकृत रणनीति के माध्यम से जिससे अनुसंधान, शामिल है, बागवानी क्षेत्र की सर्वागीण वृद्धि प्रदान करना है।
- बागवानी उत्पादन में वृद्धि करना, पोषण सुरक्षा में सुधार करना और किसानों के लिए आय सृजन में सहायता करना।
- बागवानी विकास हेतु चल रहे अनेक और योजनाबृद्ध कार्यक्रमों को आपस में सहक्रियाशील रूप में सहयोगी बनाना और इन्हे दूसरे की ओर अभिमुख होकर काम करने हेतु प्रोत्साहित करना।
- पारंपरिक समझ के सेवनहीन रूप से मिल जाने और आधुनिक वैज्ञानिक जानकारी के माध्यम से प्रौद्योगिक को बढ़ावा देना, विकसित करना और इनका प्रसार।
- कुषल एवं अकुशल व्यक्तियों, विशेष रूप से युवा वर्ग के लिए रोजगार के सृजन अवसरों का निर्माण करना।

रणनीतिः–

उपरोक्त उद्‌देश्यों की प्राप्ति हेतु मिषन द्वारा निम्नलिखित रणनीतियों का अंगीकृत किया जायेगा। किसानों/उत्पादकों की उचित आय को सुनिश्चित करने हेतु एक छोर से दूसरे छोर तक सर्वांगीण दृष्टिकोण को सुनिश्चित करना जिसमें उत्पादन, फसल कटाई के बाद का प्रबन्ध, प्रसंस्करण एवं विपणन शामिल है।

उत्पादन, फसल कटाई के बाद का प्रबन्ध एवं प्रसंस्करण हेतु अनुसंधान एवं विकास प्रौद्योगिकियों को बढ़ावा देना।

निम्नलिखित के माध्यम से क्षेत्रफल, अच्छादन एवं उत्पादकता में वृद्धि–

क. पारम्परिक फसलों को रोपण फसलों, बागवानों, अंगूर बागवान, पुश्प एवं सब्जी बगानों के रूप में परिवर्तित करना।

- उच्च तकनीक सम्बन्धी बागवानी खेती एवं उत्कृष्ट कृषि हेतु किसानों में उचित प्रौद्योगिकी का प्रसार करना।
- फसल कटाई के बाद की सुविधाओं को स्थापित करने में सहायता करना जैसे– पैक–हाउस, परिपक्वन चैम्बर, शीतभण्डारण, नियंत्रित वायु मण्डल भण्डारण आदि, मूल्य वर्धन उत्पाद के प्रसंस्करण इकाई एवं विपणन सम्बन्धी बुनियादी ढ़ांचा।
- समन्वित दृष्टिकोण अंगीकृत करना और प्रतिभागिता को बढ़ावा देना, अनुसंधान एवं विकास के बीच सहयोग बनाना और एक दूसरे की ओर अभिमुख होकर काम करने को बढ़ावा देना, राष्ट्रीय, क्षेत्रीय, राज्य एवं उपराज्य स्तर पर सार्वजनिक क्षेत्र के साथ–साथ निजी क्षेत्रों में प्रसंस्करण एवं विपणन एजेंसियों को बढ़ावा देना।
- जहां भी उचित एवं व्यवहारिक हो वहां किसानों के लिए पर्याप्त आय और इनकी सहायता को सुनिश्चित करने हेतु राष्ट्रीय डेरी विकास बोर्ड के सहकारी मंडल को प्रोत्साहित किया जायेगा।
- सभी स्तरों पर क्षमता निर्माण एवं मानव संसाधन विकास को बढ़ावा देना।

यह केन्द्र सरकार द्वारा प्रयोजित स्कीम है जिसमें दसवीं योजना के दौरान राज्य मिशनों को 100 प्रतिशत वित्त सहायता दी गयी। 11वीं योजना (01.04.07–31.07.08) के दौरान भारत सरकार द्वारा दी जाने वाली सहायता 85 प्रतिषत होगी और 15 प्रतिशत योगदान राज्य सरकारों का होगा।

*****

2

मनुष्य के आहार एवं कृषि अर्थव्यवस्था में सब्जियों का महत्व

उद्यान विज्ञान या बागवानी कृषि की मुख्य शाखा है। बागवानी दो शब्दों से बना है। बाग मतलब बगीचा और वानी मतलब कृषि करना या उगाना। फल, फूल तथा सब्जियों की खेती करने को बागवानी कहते हैं।

बागवानी का महत्व :–

भोजनात्मक महत्व :–

मनुष्य केवल अनाज वाली फसलों पर ही आधारित नहीं रह सकता है। उसे भोजन के साथ–साथ सब्जियोंकी आवश्यकता महसूस होती है। सब्जी मनुष्य के शरीर की रक्षा बहुत सी बीमारियों से करते हैं। भोजन विशेषज्ञ के अनुसार प्रतिदिन अनाज, दाल, दूध, सब्जी के अतिरिक्त 50–60 ग्राम फल का उपयोग करना चाहिए। फलों एवं सब्जियों में विटामिन, खनिज लवण, कार्बोहाइड्रेट, पैक्टिन, सैल्यूलोज, प्रोटीन, वसा पर्याप्त मात्रा में पाये जाते हैं जो शरीर की वृद्धि तथा स्वास्थय संरक्षण के लिए बहुत ही आवश्यक तत्व हैं।

मनोरंजनात्मक महत्वः–

दिनभर के कठिन परिश्रम के उपरांत मनुष्य को मनोरंजन की आवश्यक होती है। अगर घर के समीप सब्जी या फल का उद्यान है तो निश्चय ही मनुष्य सुख, शांति एवं ताजगी महसूस कर सकता है।

विदेशी धन की प्राप्तिः–

बहुतसी सब्जियों को अन्य देशों में बेचकर या निर्यात कर विदेशी मुद्रा अर्जित की जा सकती है

अधिक पैदावारः–

अन्य फसलों की बजाय सब्जियों की उपज लगभग 100–150 क्विंटल प्रति हेक्टर होती है जब कि धान या गेहूं की 50–60 क्विंटल प्रति हेक्टर तक उपज होती है।

अधिक कैलोरीजः–

सब्जियों से प्रति इकाई अधिक कैलोरीज प्राप्त होती है। अर्थात फूलों एवं सब्जिओं का थोड़ी मात्रा में सेवन से भी अधिक शक्ति प्राप्त होती है।

शुद्ध लाभः–

शुद्ध लाभ प्रति इकाई क्षेत्रफल अधिक होता है।

उपयोगी वस्तुओं की प्राप्तिः–

सब्जी वाले पौधों से इंधन, लकड़ी, व तेल इत्यादि प्राप्त होते हैं। जैसे– आंवला, नारियल से तेल तथा अन्य पौधों से गोंद एवं अंजीर, बेल व नींबू प्रजाति से दवा बनायी जाती है।

रोजगार की संभावनायें:–

बेकारी की समस्या को हल करने में मदद मिल सकती है। धान्य फसलों की अपेक्षा इसमें अधिक श्रमिकों की आवश्यकता होती है जिससे मजदूरों को अधिक समय तक कार्य मिल सकता है। फल एवं सब्जी परीक्षण फैक्ट्री या उद्योग की स्थापना से बेकारी की समस्या को हल करने में मदद मिलती है। बागवानी पर आधारित उद्योगों जैसे– जैम, जेली, सॉस, चटनी, केचप, एवं आचार उत्पादन इत्यादि को बढ़ावा मिलता है और स्वरोजगार की संभावनायें बढ़ती हैं।

सहायक उद्योगों को प्रोत्साहनः–

बागवानी से दूसरे सहायक उद्योगों को प्रोत्साहन मिलता है। सब्जी उत्पादन, फलोत्पादन के लिए विशेष यंत्रों की खपत बढ़ जाती है। फलतः नये कारखानों का निर्माण होता है।साथ ही फलों एवं सब्जियों से बने बहुत से पदार्थ जैसे– जैम, जेली, सॉस, चटनी मार्मलेड, शर्बत, इत्यादि के लिए चीनी मिट्टी, शीशे एवं टिन के जार. मसाले, रासायनिक पदार्थ, पैकिंग सामग्री इत्यादि की आवश्यकता होती है। अतः इन वस्तुओं के निर्माण हेतु प्रोत्साहन मिलता है।

उर्वरक शक्ति में वृद्धि :–

बागवानी से मृदा (मिट्टी) की उर्वरक शक्ति बढ़ती है। सब्जियों व फलों की पत्तियाँ खेत में सड़कर मिट्टी की उर्वरा शक्ति बढ़ाती हैं। जड़ों के अधिक गहराई में जाने से भूमि का विन्यास अच्छा हो जाता है।

आय के साधन में बढ़ोतरीः–

सब्जियाँ अधिक उपज देने वाली होती है साथ ही इनकी उपज प्रति इकाई क्षेत्रफल अधिक होती है। सब्जियाँ शीघ्र बढ़ने वाली या पैदा होने वाली होती है। कुछ सब्जियाँ ऐसी भी हैं जो धान्यया अन्य अनाज वाली फसलों की अपेक्षा उच्चदर से बेची जाती है। यदि अधिक उत्पादन के समय सस्ती भी बेची जाएँ तो भी अधिक पैदावार के कारण लाभ प्रति इकाई क्षेत्रफल अधिक मिलता है।

सब्जियों की उपयोगिताः–

भारत एक कृषि प्रधान देश है जहाँ की लगभग 70 प्रतिशत जनता कृषि कार्य करती है। बढ़ती हुई जनसंख्या तथा भूमि की उत्पादन दर कम होने के कारण कभी–कभी भोजन की पूर्ति की समस्या गंभीर रूप धारण कर लेती है। भारत में खाद्य पदार्थों का कम उत्पादन होने का दूसरा कारण यह भी है कि यहाँ अधिकतर लोगों की काम करने की क्षमता कम है क्योंकि वे असंतुलित एवं कम पोषण आहार के ऊपर निर्भर रहते हैं अतः स्वास्थय ठीक न रहने से उनकी कार्य करने की क्षमता भी कम होती है। इस प्रकार स्वस्थ्य जीवन के लिए सन्तुलित एवं पोषक आहार जरूरी है।

स्वस्थ एवं उत्पादन राष्ट्र बनाने के लिए खाद्य उत्पादन बढ़ाने के साथ –साथ जनता को सन्तुलित आहार प्रदान कराना भी आवश्यक है।यह कार्य सब्जियों के उत्पादन को बढ़ाने से आसानी से हाल हो सकता है। सब्जियों भोजन का एक भाग ही नहीं, बल्कि ये मनुष्य को स्वस्थ रहने के लिए पोषक तत्व प्रदान करती हैं। सब्जियों में अधिक मात्रा में विटामिन, खनिज पदार्थ, कार्बोहाइड्रेट तथा प्रोटीन इत्यादि पाये जाते हैं। इस प्रकार जो सब्जियों का उपयोग कम करते हैं या जो इनका उपयोग उचित रूप में नहीं करते हैं, वे खनिज पदार्थ की कमी से उत्पन्न बीमारी के शिकार हो जाते हैं। इसलिए सब्जियों का हमारे भोजन में बहुत ही महत्वपूर्ण स्थान है। अतः सब्जियों के उत्पादन एवं उपभोग दोनों को बढ़ाने की आवश्यकता है।

प्रतिदिन प्रतिव्यक्ति सब्जी की उपयोगिताः–

भोजन विशेषज्ञों के अनुसार एक व्यक्ति को प्रतिदिन 280 ग्राम सब्जियों का उपभोग करना चाहिए, जिसमें 85 जड़वाली सब्जियाँ, 85 ग्राम अन्य सब्जियाँ तथा 110 ग्राम पत्तावाली सब्जियाँ शामिल हैं। भारत जैसे देश में, जहाँ की अधिकतर जनता शाकाहारी है। सब्जियों का महत्व और भी बढ़ जाता है।इतना होते हुए भी हमारे देश में अन्य देशों की तुलना में सब्जियों का उपयोग बहुत ही कम होता है। भारतीय भोजन में धान्य की अधिकता रहती है, जबकि प्रगतिशील देशों में धान्य की अपेक्षा सब्जियों और फलों की अधिकता रहती है। अतः भारतीय

भोजन में सब्जियों एवं फलों की अधिकता के लिए इनके उत्पादन के ऊपर अधिक ध्यान देने की आवश्यकता है। अधिकतर सब्जियाँ कम अवधि में तैयार हो जाती हैं। अतः एक ही खेत में कई बार सब्जियों की फसलें ले सकते हैं। सब्जियों की खेती मुख्यतः तीन मौसमों–खरीफ, रबी तथा जायद में की जाती है।

दैनिक भोजन में पत्तेदार सब्जियों को भी शामिल कीजिएः–

पालक, चौलाई, हरी मेथी, सहिजन की पत्ती, मूलीपत्तों आदि का सामान्यत या समस्त देश में उपभोग किया जाता है।इन पत्तेदार सब्जियों के लाभों को ध्यान रखते हुए अपने दैनिक भोजन में इनको शामिल किया जाना चाहिए।

पत्तेदार हरी सब्जियाँ अत्यधिक पौष्टिक होती हैंः–

पत्तेदार हरी सब्जियाँ महत्वपूर्ण खनिजों और विटामिनों का भंडारण होती है और इसलिए इनका वर्गीकरण संरक्षी खाद्य के रूप में किया गया है। इनमें आयरन, कैल्शियम, विटामिनस (जैसे कैरोटीन), विटामिन सी और बी कंप्लेक्स समूह के विटामिन विशेषतया रिबोफ्लोविन और फोलिक एसिड प्रचुर मात्रा में जाए जाते है। इन पत्तेदार सब्जियों में कुछ प्रोटीन भी होती है। हालाँकि इनमें प्रोटीन की मात्रा कम होती है। पत्तेदार हरी सब्जियों को अनाज–दाल में मिलाकर इस्तेमाल किया जाए तो भोजन में प्रोटीन की मात्रा अधिक हो जाती है।

*****

3

सब्जियों का वर्गीकरण

विश्व में लगभग 248 प्रकार के पौधों को सब्जियों के रूप में उपयोग किया जाता है, किन्तु भारत में लगभग 150 प्रकार की वनस्पतियां देश के विभिन्न भागों में सब्जियों के रूप में उगाई एवं उपभोग की जाती है, जो देश के लगभग सभी भागों में विभिन्न मौसमों में उगाई जाती है। जिनमें से लगभग 50 शाकों का उत्पादन व्यावसायिक स्तर पर होता है।

किन्ही विशेष गुणों अथवा लक्षणों के आधार पर किन्ही इकाइयों को एक समूह में रखना वर्गीकरण कहलाता है। वर्गीकरण की तुलनात्मक उपयोगिता उसको उद्देश्यों पर निर्भर करती है।

यदि उनकी शस्य उत्पादन विधियों का विस्तृत वर्णन किया जाये, तो सभी शस्य क्रियाओं का उल्लेख बार–बार करना पड़ेगा, यही कारण है कि अध्ययन और उगाने की दृष्टि से उन्हें विभिन्न प्रकार से वर्गीकृत किया जाता है, जिसकी विस्तृत जानकारी नीचे दी गयी है।

1. वानस्पतिक वर्गीकरणः–

सब्जियों के वर्गीकरण की यह वैज्ञानिक विधि है। इसमें सब्जियों की वर्गीकरण पौधों के कुल, वंश, जाति, उपजाति और वानस्पतिक जातियों के गुणों के आधार पर किया जाता है। सभी वनस्पतियां 4 उपसमुदायों में रखी जाती है। यथा सूत्रोद्भिद्, हरितोदभिद्, पर्णोदभिद्, स्परमोफाइटा। सभी साग सब्जियां स्परफाइटा समूह के अन्तर्गत आती है और स्परमोफाइटा उपसमूह के पुनः दो वर्ग होते हैं यथा जिम्नोंस्पर्म और एंजीयोस्पर्म। जिम्नोस्पर्म वर्ग में कोई सब्जी नही आती है। एंजीयोस्पर्म में दो श्रेणियां हैं– एक बीज पत्रीय पौधे और द्विबीजपत्रीय पौधे।
इनका आगे विभागजन कुल, वंश, जाति, प्रजाति और वानस्पतिक जातियों में किया जाता है। सभी बीज वाले पौधे स्परफाइटा उपसमूह में ही आते हैं।

सारणी:1: एकबीजपत्रीय पौधेः–

क्रं. सं.	कुल	हिन्दी नाम	वानस्पतिक नाम
1.	एलिएसी	प्याज	*Alliun cepa*
		लहसुन	*Alliun sativum*
		लीक	*Alliun porrum*
		चइव	*Alliun schoenoprasum*
		शैलट	*Alliun cepa var. ascalonicum*
		वेल्ष	*Alliun fistulosun*
		प्रर्वधक प्याज	(Multiplier onion) *Alliun cepa var. aggrestum*
		ट्री प्याज	*Alliun sepa var viviparum*
2.	एरेसी	अरबी	*Colocasia esculenta*
		जमीकंद	*Amorphophallus companulatus*
3.	पोएसी	मीठी मक्का	*Zea mays var rugosa*
4.	लिएिसी	स्तावर	*Asparagus officinals*
5.	डायोस्कोरियेसी	रतालू	*Dioscorea alata*
		चाइनीज रतालू	*Dioscorea batatas*
		सुथनी	*Dioscorea esculenta*
		पीला रतालू	*Dioscorea cayenensis*
		थेम्पी	*Dioscorea refida*
		पोटैटो याम	*Dioscorea bulbifera*
		सफेद याम	*Dioscorea rotunda*

क्रं. सं.	कुल	हिन्दी नाम	वानस्पतिक नाम
1.	एजोएसी	न्यूजीलैण्ड पालक	*Tetragonia expansa*
2.	ऐरैलीएसी	अरालिया	*Aralia cordata*
3.	चीनोपोडिएसी	चुकन्दर	*Beta vulgaris*
		विलायती पालक	*Spinacia album*
		बथुआ	*Chenopodium album*
		स्वीसचार्ड	*Beta vulgaris var. cicla*

सारणी 2: द्विबीजपत्रीय पौधे

इस प्रकार वानस्पतिक वर्गीकरण विभिन्न प्रकार की सब्जियों के समूह के सम्बन्धों को जानने में काफी सहायक सिद्ध होता है, किन्तु दोहराने की समस्या ज्यों की त्यों बनी रहती है। उदाहरण के लिए आलू की शस्य क्रियाएं टमाटर, बैंगन, और मिर्च की शस्य–क्रियाओं से बिल्कुल भिन्न होती हैं। गाजर की शस्य क्रियाएं सलाद की शस्य क्रियाओं से बिल्कुल भिन्न होती है। अतः सब्जियों को अन्य समूहों में वर्गीकृत करने के लिए कुछ और अधिक सूचना की भी आवश्यकता होती है।

उगाने के मौसम के आधार पर वर्गीकरण :–

इसमें सब्जियों का वर्गीकरण उगाने के मौसम और तापमान के आधार पर किया जाता है। मोटे तौर पर भारत में तीन प्रकार के मौसम होते हैं– सर्दी, गर्मी और बरसात। इस कारण सब्जियों की तीन मुख्य फसलें उगाई जाती है। यथा– रबी, जायद और खरीफ।

रबी या सर्दियों की सब्जियां–रबी की फसल अक्टूबर से जनवरी तक होती है। इस मौसम में गोभी वर्गीय सब्जियों, सेम, खट्टा पालक, गाजर, मथी, प्याज, शलजम, सरसों, चुकन्दर आदि सब्जियां उगाई जाती है।

जायद या गर्मियों की सब्जियांः जायद का फसल फरवरी से मई तक होती है। इस मौसम में ककड़ी, खीरा, लौकी, तरबू, लोबिया, अरबी, चप्पन, कद्दू, अदरक, हल्दी, भिण्डी, सीताफल, पेठा, टिण्डा, आदि सब्जियां उगाई जाती है।

तापमान के आधार पर सब्जियों को और छोटे वर्गों में विभाजित किया जाता है। जिसे सारणी में दर्शाया गया है।

फसल	अनुकूलतम मासिक तापमान	उच्चतम औसत तापमान	न्यूनतम और तापमान
टमाटर	20.27	25	17.0
मटर	15.17	20.22	7.5
टालू	15.17	20.22	7.5
गजर	15.17	20.22	7.5
लोबिया	20.22	33	10.0
फूलगोभी	15.17	20.22	7.5
न्यूजीलैंड पालक	20.22	33	10.0
बन्दगोभी	15.17	22	5.0
गांठगोभी	15.17	22	5.0
मूली	15.17	22	5.0
शलजम	15.17	22	5.0
प्याज	12.22	22	5.0
लहसुन	12.22	22	5.0
शिमला मिर्च	20.27	25	17.0

खरीफ या बरसाती सब्जियां–

खरीफ की फसल जून से सितम्बर तक होती है। इस मौसम में भिण्डी, तरोई, लौकी, टिंडा, कुल्फा, शकरकंदी, परवल, ग्वार, अरबी, चिंचिंडा, चौलाई, मीठी मक्का, आदि सब्जियां उगाई जाती है।

उपयोग में आने वाले भाग के आधार वा वर्गीकरण :–

विभिन्न सब्जियों के विभिन्न भाग खाने के लिए उपयोग में लाये जाते हैं। इसी आधार पर सब्जियों का वर्गीकरण किया जाता है, जो निम्न प्रकार हैं–

1. जड़ वाली सब्जियां– गाजर, मूली, शलजम, चुकन्दर।
2. कंद वाली सब्जियां– आलू, शकरकंदी, अरबी।
3. शल्क कंदीय सब्जियां– प्याज, लहसुन।
4. पत्ती वाली सब्जियां– पालक, मेथी, सरसों, विलायती, पालक, पोई।
5. फूल वाली सब्जियां– फूल गोभी, ब्रुसेल्स, स्प्राउठ, स्प्रॉउटिंग, ब्रोकली।
6. फलों वाली सब्जियां– टमाटर, मिर्च, बैगन, ककड़ी, खीरा, लौकी, तोरई, खरबूजा, तरबूज, ग्वार, सेम, मटर, बाकला, राजमा, भिण्डी, लोबिया।

शस्य क्रियाओं के आधार पर वर्गीकरण–

विभिन्न सब्जियों को उनकी शस्य क्रियाओं के आधार पर वर्गीकृत किया जाता है, जो निम्न प्रकार हैं–

समूह	सब्जियां
बहुवर्षीय	परवल, रतालू, शतावर, जिमीकंद
खीरा वर्गीय	चिचिंडा, खीरा, ककड़ी, तरबूज, खरबूजा, लौकी, टिण्डा, कुंदरू, फूट, सीताफल, पेठा, तोरई, करेला, चप्पन, कद्दू, मीठा केला
गोभी वर्गीय	फूल गोभी, बंद गोभी, गांठ गोभी, चीनी गोभी, ब्रोकली, केल, ब्रुसेल्स स्पॉउट।
शल्क कंदीय	प्याज, लहसुन, लीक, शैलट
फलदार सब्जियां	टमाटर, बैगन, मिर्च, भिण्डी, षिमला मिर्च
मटर एवं सेम वर्गीय	मटर, सेम, बांकला, सोयाबीन, लोबिया
सलाद	सेलरी, पार्सले

कृषि की पाठ्य पुस्तकों में विशेष रूप से इस वर्गीकरण का उपयोग किया जाता है।

जीवनकाल के आधार पर वर्गीकरण– जीवनकाल के आधार पर सब्जियों का वर्गीकरण निम्नप्रकार से किया जाता है।

एक वर्षीय सब्जियां– लौकी, मूली, पालक, तरबूज, खरबूजा।

द्विवर्षीय सब्जियां– बंदगोभी, शलजम, प्याज।

बहुवर्षीय सब्जियां–सतावर, जिमीकंद, परवल, रतालू।

रोपण क्षमता के आधार पर वर्गीकरण–

इस समूह को पुनः निम्न दो समूह में विभक्त किया जाता है।

1. रोपण की जाने वाली सब्जियां–फूलगोभी, बंदगोभी, गांठ गोभी, टमाटर, बैगन, मिर्च, प्याज, लीक, सलाद, सैलरी।
2. सीधे बोई जाने वाली सब्जियां–गाजर, मूली, शलजम, भिण्डी, टिंडा, तोरई, ककड़ी, खबूजा, तरबूज, करेला, पालक, बांकला, मटर, सेम, लोबिया, सोयाबीन, मीठी मक्का, आदि।

श्वसन दर के आधार पर वर्गीकरण :–

विभिन्न सब्जियों की श्वसन दर भिन्न–भिन्न होती है। इस आधार पर सब्जियों का वर्गीकरण निम्न प्रकार से किया जाता है।

1. अत्यधिक श्वसन दर वाली–मटर, पालक, सरसों, चौलाई, शतावर।
2. अधिक श्वसन दर वाली– सेम, सलाद।
3. मध्यम श्वसन दर वाली– गाजर, मूली, खीरा, ककड़ी, मिर्च, टमाटर, खरबूजा, चुकंदर।
4. कम श्वसन दर वाली– बंदगोभी, शलजम, शकरकंदी।
5. अत्यधिक कम श्वसन दर वाली– आलू, प्याज।

मृदा प्रतिक्रिया के आधार पर वर्गीकरण :–

कुछ कृषि वैज्ञानिकों ने कठोरता के आधार पर सब्जियों का वर्गीकरण करने के लिए मृदा प्रतिक्रिया का भी सहारा लिया। वे सब्जियों को निम्न तीन समूहों में विभाजित करते हैं–

1. अम्लीय मृदा के लिए अल्प सहिष्णुः पी0एच0 8.0–6.0
2. अम्लीय मृदा के लिए साधारण सहिष्णुः पी0एच0 6.0–5.5
3. अम्लीय मृदा के लिए अधिक सहिष्णुः 5.5–5.0

मृदा प्रतिक्रिया के आधार पर सब्जियों के वर्गीकरण की सारिणी में दिखाया गया है।

अल्प सहिष्णु (पी.एच. 8. 0–6.0)	साधारण सहिष्णु (6.0–5.5)	अधिक सहिष्णु (5.5–5.0)
शतावर	सेम	कासनी (चिकौरी)
बंदगोभी	बैंगन	इण्डिव
फूलगोभी	बुसेल्स स्प्राउट	शकरकंदी
चायनीज गोभी	गजर	तरबूज
चुकंदर	खीरा	
ब्रोकली	ल्हसुन	
भिण्डी	हॉर्स रेडिस	
लीक	गांठ गोभी	
सलाद	पर्सले	
खरबूजा	म्टर	
न्यूजीलैण्ड पालक	शिमला मिर्च	
प्याज	मूली	
देशी पालक	चप्पन कद्‌दू	
विलायती पालक	टमाटर	

यह वर्गीकरण भी एक विशिष्ट आधार पर आधारित है। अतः यह भी उद्‌देश्य पूरा नही करना चाहिए।

*****

4

सब्जियों की खेती के प्रकार

सब्जियों की खेती को उनके उगाने के उद्देश्य, उगाने की विधि, जलवायु, सामग्री, साधन, प्रदर्शनी, प्रबंध व्यवस्था और विपणन सुविधा के आधार पर सात भागों में विभक्त किया जाता है–

1. गृह वाटिका स्तर पर सब्जियों की खेती।
2. व्यावसायिक स्तर पर सब्जियों की खेती–
   अ. मार्केट गाडेगनिंग ब. ट्रक गार्डेनिंग
3. संसाधन के लिए सब्जियों की खेती।
4. बीज उत्पादन के लिए सब्जियों की खेती।
5. बे मौसमी सब्जियों की खेती।
6. तैरते हुए सब्जी उद्यान।
7. प्रदर्शनी के लिए सब्जियों की खेती।

अब हम उपरोक्त प्रकार के सब्जी उत्पादन का विस्तृत रूप में उल्लेख करेगें, ताकि छात्रों को सब्जियों की खेती के पूर्ण ज्ञान प्राप्त हो सके।

गृह वाटिकाः–

इसमें सब्जी उत्पादन का प्रचलन प्राचीनकाल से चला आ रहा है, इसमें सब्जी उत्पादन का मुख्य उद्देश्य यह होता है कि परिवार को पूरे साल ताजी साग–सब्जी मिलती रहे। यही कारण है कि इसे रसोई उद्यान की संज्ञा भी दी जाती है। इस प्रकार के सब्जी उत्पादन में पैसा कमाने का ध्येय नही होता है। सब्जियों का चयन परिवार के सदस्यों की इच्छा अनुसार किया जाता है। घर के चारों ओर खाली पड़ी भूमि में छोटी–छोटी क्यारियां बना ली जाती है। क्योरियों में फसल चक्र अपनाये जाते हैं। लगभग 4–5 दशकों में शहरों में अपनी गृह वाटिकाओं में सब्जियां उगाने का प्रचलन धीरे–धीरे बढ़ रहा है। इसका सबसे बड़ा उदाहरण यह है कि भूमि उपलब्ध न होने की दशा में भी उत्साही व्यक्ति गमलों, घरों की छतों या बाक्सों में सब्जियां उगा रहे हैं। इस प्रकार के सब्जी उत्पादन से निम्नलिखित लाभ हैं–

1. परिवार की आवश्यकतानुसार ताजी एवं स्वादिष्ट साग–सब्जियां पूरे साल उपलब्ध होती रहती है।

2. समस्त परिवार के लिए उत्तम व्यायाम का साधन।
3. फूल और फलों की प्राप्ति।
4. घर के चखरो और खराली भूमि का सदुपयोग।
5. घर के पानी और कूड़े–करकट का सदुपयोग।
6. सब्जी खरीदने के लिए बाजार नहीं जाना पड़ता, जिससे समय की बचत होती है।
7. बाजार की तुलना में सस्ती व उत्तम गुणवत्ता वाली सब्जियां मिलती है।
8. पारिवारिक व्यय में बचत।
9. गृह वाटिका में उगी सब्जियों में जहरीली कीटनाशी दवाइयों का प्रभाव नहीं होता है।
10. अधिक सब्जियां खाने से खाद्यान्न में बचत होती है।
11. गृह वाटिका मनोरंजन का अच्छा साधन है, इसमें परिवार के सभी सदस्यों को काम करके मनोरंजन का अवसर मिलता है।
12. भावी संतान को प्रशिक्षण का ढंग सिखलाने में सहायक है।
13. गृह वाटिकार में उगी सब्जियों में उन संक्रामक रोगों के जीवाणुओं की उपस्थिति का भय नहीं रहता है, जो बाजार से खरीदी गयी सब्जियों में होता है।

अभिन्यास (**Layout**):– उपलब्ध भूमि के समायोजन के लिए निम्न ढंग से अपनाएं।

1. शाक वटिका के किनारों पर कम्पोस्ट के गड्ढे बनाएं।
2. ग्रीष्म और वर्षा ऋतु में बाड़ के तीन ओर कद्दू वर्गीया सब्जियों।
3. सर्दियों में बाड़ के तीन ओर मटर उगायें।
4. जड़ वाली सब्जियों को मौसम के अनुसार सदैव डौलियों पर ही उगाएं।
5. थोड़ी सी खाली जगह में घास लगाएं, जो हरियाली का कार्य सम्पन्न करेगी।
6. गृह वाटिका में फूल, फल लताएं, मक्का आदि का भी प्रावधान रखें।
7. फसल चक्र के सिद्धांतों का पालन करें।

बोने का समय:– साग सब्जियों को गृह वाटिका में साल में तीन बार बोया जा सकता है।

1 खरीफ वाली सब्जियां :– इन्हें जून– जुलाई में बोया जा सकता है। इस समय भिण्डी, लौकी, करेला, मिर्च, लोबिया, ग्वार, टमाटर, अरबी, तोरई, बैंगन आदि सब्जियों की खेती की जाती है।

2 रबी वाली सब्जियां :– इन्हे सितम्बर–अक्टूबर में उगाया जाता है। इस समय बैंगन, फूलगोभी, बंदगोभी, सलाद, सरसों, मब्र, प्याज, लहसुन, आलू, टमाटर, चना, शलजम आदि सब्जियों की खेती की जाती है।

3 जायद वाली सब्जियां :– इन्हे फरवरी–मार्च में उगाया जाता है। इस समय भिण्डी, ककड़ी, तरबूज, खरबूजा, लौकी, तोरई, आलू, टमाटर आदि सब्जियों की खेती की जाती है।

गृह वाटिका में फसल प्रबंधः–

फसल	महीना
सलाद के साथ बंदगोभी	नवम्बर – मार्च
ग्वार + फ्रास बीन	मार्च–अक्टूबर
गांठगोभी के साथ पिछेती फूलगोभी, लोबिया (खरीफ), लोबिया (ग्रीष्म कालीन)	मार्च–अगस्त
फूल गोभी मध्यकालीन	जुलाई–नवम्बर
मूली	नवम्बर–दिसम्बर
प्याज	
टालू	दिसम्बर –जून
लोबिया	नवम्बर–मार्च
अगेती फूलगोभी	मार्च–जून
बैंगन के साथ पालक	जुलाई–अक्टूबर
भिण्डी के साथ चौलाई	जुलाई–मार्च
भिण्डी के साथ विलयती पालक	मार्च–जून
भिण्डी के साथ चौलाई	अगस्त–अप्रैल
मिर्च	सितम्बर–मार्च
भिण्डी	जून–अगस्त

गृह वाटिका की देखभालः–

1. इसमें नियमित सिंचाई करते रहें साथ ही वर्षा का फालतू पानी निकालने का उचित प्रबंध करें।

2. जैविक खाद की उपलब्धि हेतु गृहवाटिका के एक किनारे पर एक दो छोटे कम्पोस्ट के गड्ढ़े अवश्य बनायें। जिनमें घर का कूड़ा करकट, खरपतवार शाकों के फालतू अनुपयोगी भाग आदि डालते रहें। इसके अतिरिक्त नाइट्रोजन, फास्फोरस एवं पोटाष के उर्वरकों का प्रयोग आवश्यकतानुसार करें।
3. कीट नियंत्रण हेतु नीम की खली, मैलाथियान, मैटासिस्टासेक्स का उपयोग करें।
4. रोग नियंत्रण हेतु ब्लाईटॉक्स–50, डाइथेन जेड.78 आदि का उपयोग करें।

व्यवसायिक स्तर पर सब्जियों की खेती

इस प्रकार के शाकोत्पादन का मुख्य उद्देश्य पैसा कमाना होता है। सब्जियों का उत्पादन करके उन्हे स्थानीय या दूरस्थ बाजारों में बेच दिया जाता है। इसके अलावा उनका बीजोत्पादन भी किया जाता है, जिसे बेचकर धनोपार्जन किया जाता है। व्यावसायिक स्तर पर शाकोत्पादन को निम्न भागों में विभजित किया जाता है–

मार्केटिंग गार्डेनिंगः–

इस विधि से उत्पादित साग–सब्जियों का विपणन स्थानीय क्षेत्र में किया जाता है। इस प्रकार की खेती की श्रम–प्रधान होती है। देष की बढ़ती जनसंख्या और भूमि की कमी के कारण यह प्रणाली दिनों दिन महत्वपूर्ण होती जा रही है। इस प्रकार की खेती में फूलगोभी, बंदगोभी, गाजर, मूली, टमाटर, मेथी, पालक आदि सब्जियां विशेष रूप से उगाई जाती है। आधुनिक मार्केट गार्डेनिंग की निम्न विशेषताएं है।

1. इन फार्मों की भूमि की कीमत काफी होती है।
2. इस प्रकार के फार्म बाजार के समीप होते हैं। इनकी बाजार से अधिरकतम दूरी 20–25 किलोमीटर तक हो सकती है।
3. इस प्रकार के फार्मों का क्षेत्रफल सीमित होता है, किन्तु बाजार की मांग को ध्यान में रखकर सब्जियों का चयन किया जाता है, ताकि उसमें गहन खेती करके अधिक सब्जियों का उत्पादन किया जा सके।
4. इन क्षेत्रों में रमिकों की मजदूरी अधिक होती है।
5. सब्जियों की तोड़ाई सुबह की जाती है, ताकि सब्जी विपणन हेतु भेजी जा सके।
6. सिंचाई का उचित प्रबंध नितांत आवश्यक है।

इस प्रकार के सब्जी उत्पादन का भविश्य अत्यन्त उज्जवल है। इस प्रणाली को अपनाकर सब्जी उत्पादक अपनी आय काफी वृद्धि कर सकते हैं। साथ ही साथ उपभोक्ताओं को पर्याप्त मात्रा में और उचित मूल्य पर सब्जियां उपलब्ध हो सकती है।

ट्रक गार्डेनिंगः–

सब्जी उत्पादन की इस प्रणाली में केवल कुछ ही सब्जियों को बड़े पैमाने पर उगाया जाता है, फिर उन्हे दूर के बाजारों में विपणन हेतु भेज दिया जाता है। यही कारण है कि ट्रक गार्डेनिंग की संज्ञा दी जाती है।

दमरस्थ बाजार हेतु आलू, प्याज, शकरकंद अरबी, सीताफल आदि विशेष रूप से उगाये जाते है। इस प्रकार सब्जी उत्पादन में फल या जड़ वाली सब्जियों को उगाने का प्रचलन है क्यों है क्योंकि ये सब्जियां दूर तक ले जाने में खराब नहीं होती है। आमतौर पर आलू, टमाटर बैंगन, मटर लहसुन, प्याज तरबूज, खरबूजा, व अन्य बेल वाली सब्जियों को इन फार्मों पर उगाया जाता है। इसमें पत्तेदार सब्जियों को नहीं उगाया जाता है, क्यों वे जल्दी खराब हो जाती है।

1. इन फार्मों पर केवल वही सब्जियां उगाई जाती है जो कम सड़ती है।
2. इन फार्मों का क्षेत्रफल काफी अधिक होती है।
3. इस प्रकार के फार्म बाजार से काफी दूरी स्थित होते हैं।
4. इन फार्मों की कीमत काफी कम हो है।
5. इन फार्मों पर मशानों से काम किया जाता है।
6. यातायात से काफी खर्च होता है।
7. इन फार्मों पर वर्ष में केवल एक या दो फसलें ही उगाई जाती है।

संसाधन के लिए सब्जियों की खेतीः–

इस प्रकार का सब्जि उतपादन परीक्षण, संसाधन करने वाले कारखानों के समीप के क्षेत्रों में किया जाता है, किन्तु भारत में इस प्रकार की खेती का प्रचलन बहुत कम है। कारखानों के मालिक अपनी आवश्यकताओं की पूर्ति के लिए सब्जियां उगवाते हैं। वे किसानों को उपयुक्त किस्म के बीज, खाद एवं ऋण का प्रबन्ध करते हैं और सब्जियों को उनसे खरीदकर उनका परीक्षण या संसाधन के लिए उपयोग करते हैं। इस प्रणाली में शाक उत्पादकों और फैक्ट्री मालिकों दोनों को लाभ रहता है।

बीज उत्पादन के लिए सब्जियों की खेतीः–

इस प्रकार की खेती का प्रमुख उद्देश्य सब्जियों की उन्नत किस्मों के उच्च कोटि के बीज पैदा करना है, क्यों कि उत्पादन में उत्तम कोटि के बीजों का विशिष्ट एवं महत्वपूर्ण स्थान है। आमतौर पर बाजारों में निम्नकोटि के बीज मिलते हैं, जिनसे इच्छित किस्म की सब्जियां उपलब्ध नही हो पाती है। आधुनिक युग में सब्जियों के बीज उत्पादन का महत्व और भी बढ़ गया है। बीजों का उत्पादन छोटे व बड़े दोनों प्रकार के फार्मों पर किया जाता है। इन

फार्मों का बीज उत्पादन एवं प्रमाणीकरण संस्थाओं जैसेः राष्ट्रीय बीज निगम राज्य बीज निगमों आदि से सीधा सम्पर्क रहता है।

जलवायु और भूमि के अनुसार सब्जियों का चयन किया जाता है। बीजोत्पादन के लिए उगाये जाने वाली सब्जियों में पृथक्करण की दूरी को ध्यान में रखना अत्यन्त महत्वपूर्ण कार्य है। इसके अलावा अवांछनीय पौधों को निकालना नितांत आवश्यक है। समय–समय पर बीज प्रमाणीकरण संस्थाओं के निरीक्षकों द्वारा फसलों का निरीक्षण कराया जाता है और द्वारा दिये गये सुझावों का पालन किया जाता है। इस प्रकार के सब्जी उत्पादन की निम्न विशेषसताएं हैं–

1. इन फार्मों पर केवल उन्नत किस्मों की ही खेती की जाती है।
2. ये फार्म शहरों से दूर होते हैं।
3. इन फार्मों पर सब्जी उत्पादन का आधुनिक तकनीकि का उपयोग किया जाता है।
4. अधिकांषतः एक ही फसल की एक किस्म का उपयोग किया जाता है, ताकि बीज पैदा किया जा सके।

भारत में बीज उत्पादन प्रौद्योगिकी की ओर से पर्याप्त ध्यान दिया जाने लगा है। भारतीय कृषि अनुसंधान संस्थान, नई दिल्ली में कृषि स्नातकों को बीज उत्पादन प्रौद्योगिकी प्रशिक्षण दिया जाने लगा है, ताकि वे प्रशिक्षण के उपरान्त शुद्ध बीज उत्पादन में सहायक सिद्ध हो सके। राष्ट्रीय बीज निगम, राज्य बीज निगमों द्वारा मूल बीज लगाया जाता है, उसके उपरान्तम पंजीकृत बीज एवं प्रमाणित बीज, किसानों द्वारा उगाये जातें हैं।

बे–मौसमी सब्जियों की खेतीः–

इस के अन्तर्गत बेमौसम की सब्जियों को उगाया जाता है, जिसमें कृत्रिम रूप से किसी सब्जी विशेष को उगाने के लिए वातावरण पैदा करके बेमौसमी सब्जी को उगाया जाता है। साधरणतया यह कार्य ग्लास हाउस या ग्रीन हाउस में ही सम्भव हो पाता है। जहां पर तापमान प्रकाश व वातावरण की नमी को कृत्रिम रूप से नियंत्रित करने की व्यास्था होती है। ठण्डे मौसम की फसलों को उगाने हेतु शीत ऋतु में गर्म क्यारियों व बसंत ऋतु में उगाने हेतु ठण्डे ढ़ाचों का उपयोग करते हैं। किन्तु यह एक कठिन और खर्चीली विधि है, जिसे किसानों द्वारा नही अपनाया जा सकता है। इस प्रकार के उत्पादन की निम्न विषेताएं हैं–

1. इसमें कृत्रिम वातावरण बनाने की आवश्यकता होती है, जैसे ग्लास–हाउस और ग्रीन हाउस।
2. इन गृहों में इच्छित तापमान और आपेक्षिक आर्द्रता बनाये रखने का प्रबंध अनिवार्य है।

3. यह अधिक खर्चीली विधि है।
4. कृत्रिम प्रकाश की आवश्यकता होती है।
5. इस प्रकार के सब्जी उत्पादन में प्रशिक्षित व्यक्तियों की आवश्यकता होती है।

आजकल ग्लास हाउस के अलावा पहाड़ी क्षेत्रों में बेमौसमी सब्जियों की खेती का प्रचलन धीरे–धीरे बढ़ रहा है, जिससे कृषकों को काफी आमदनी हो जाती है।

तैरते हुए सब्जी उद्यानः–

इस प्रकार की खेती कष्मीर घाटी की डल झील में की जाती है। वहां पर ग्रीष्म ऋतु की सब्जियां उगाई जाती है। जिन्हे श्रीनगर में बेचने के लिए भेजा जाता है। इस प्रकार की खेती से सब्जी उत्पादकों की अच्छी आय हो जाती है, और श्रीनगर निवासियों को ताजी सब्जिया मिल जाती है। इस प्रकार की खेती के लिए सर्वप्रथम विशेष रूप से टाइफा घास का तैरने वाला आधार तैयार कर लिया जाता है उसे ऊपर से एक निश्चित निशान तक कांट देते हैं। 1.5 मी0 लम्बी तथा 1.5 मी0 चौड़ी पट्टियों के चारों ओर नाली का निर्माण कर देते हैं और फिर 25–30 सेमी0 की गहराई पर अंदर भूमि के समानान्तर काटकर इन पट्टियों को भूमि से अलग कर देते हैं। जड़ेवा मिट्टी आपस में गुथी होने के कारण यह पूरा टुकड़ा पानी में तैरने लगता है। तब इन पट्टीयों को नावों से बांध कर गहरे पानी में ले जाकर जल में पहले से गड़े हुए खम्बों में बांध देते हैं। फिर उसके ऊपर कम्पोस्ट खद को बिछा दिया जाता है और फ्रिर पौधों की रोपाई कर देते हैं। इस प्रकार के बागों में कभी–कभी मौसमी पौधे भी उगाये जाते हैं। जिनकी छटा देखते ही बनती है।

*****

5

सब्जियों की नर्सरी तकनीक

पौधशाला हेतु स्थान का चुनावः–

पौधशाला या नर्सरी हमेशा ऊंचे स्थान पर तैयार करें जिसमें पानी ना भर सकेत था उसका उचित जल निकास हो सके। नर्सरी के नजदी क छायादार वृक्ष नहीं होने चाहिए। नर्सरी की भूमि बलुई, दोमट व पी.एच. मान 6 से 7 के बीच में होना चाहिए। नर्सरी का स्थान पानी के स्त्रोत के नजदीक होना चाहिए।

क्यारियां तैयार करनाः–

क्यारियां बनाने के लिये खेत की अच्छी तरह से जुताई करके मिट्टी भुरभुरी बना लें तथा इसमें से कंकड़ पत्थर व खरपतवार एकत्रित कर निकाल दें। इसमें 2 किलो ग्राम प्रतिवर्ग मीटर के हिसाब से सड़ी हुई गोबर खाद मिलादें। अब खेत को समतल कर इसमें क्यारियां बना लें। क्यारियां मौसम व फसल के अनुसार बनाते हैं। खरीफ के लिए उठी हुई क्यारियां लेकिन गर्मियों व सर्दियों में समतल क्यारियां बनाते हैं। क्यारियों को एक मीटर चौड़ा बनाना चाहिए तथा उनकी लम्बाई आवश्यकतानुसार रखी जा सकती है। वर्षा के मौसम में क्यारियां जमीन की सतह से 15 से 20 से.मी. उठी हुई हो। दो क्यारियों के बीच 30 से 40 सेमी. स्थान रखें।

बीज की बुवाईः–

क्यारियां बनाने के बाद उसमें बीज की बुवाई करें। बीजों को बौने से पूर्व फफूंद नाशक दवा जैसे कैप्टान, थायरम आदि से 2 ग्राम प्रतिकिलो ग्राम बीज के हिसाब से उपचारित करें। अगर सूत्रकृमि की समस्या होतो 8 से 10 ग्राम कार्बोफ्यूरान 3 जी प्रति वर्गमीटर के हिसाब से भूमि में मिलायें। क्यारियां बनाने के बाद उसमें बीज की बुवाई छिड़ककर या पंक्तियों में 5 से.मी. के अंतराल पर तथा 1 से 1.5 सेमी. की गहराई पर करें।

सिंचाईः–

बुवाई के बाद गोबर खाद या मिट्टी की बारीक एक सेमी मोटी परत से ढक दें तथा हझारे से सिंचाई करें। बीज का अंकुरण होते ही कैप्टान के 0.2 प्रतिशत घोल से क्यारियों का उपचार करें। क्यारियों में पौध स्थानान्तरित होने तक निरन्तर हल्की सिंचाई करते रहना

चाहिए। क्यारियों में से खरपतवार व अवांछनीय पौधों को हटाते रहें। पौधों को तेज धूप व गर्मी से बचाने के लिये शेडनेट का उपयोग करें। पौधों को कीटों व रोगों से बचाने के लिये समय–समय पर कीटनाशक दवाओं का छिड़काव करते रहना चाहिए।

पौध स्थानान्तरणः–

पौध जब 4 से 5 सप्ताह के हो जायें तथा उनकी ऊंचाई 12 से 15 सेमी. हो जाये तब उन्हें खेत में उचित दूरी पर स्थानान्तरित कर दें। स्थानान्तरित करने से 3–4 दिन पूर्व क्यारियों में पानी देना बंद कर दें।तथा स्थानान्तरण वाले दिन सिंचाई कर शाम के समय पौधों को क्यारियों से निकाल कर डाइथेनएम–45 (0.25 प्रतिशत) तथा बाविस्टीन (0.05 प्रतिशत) के घोल में डुबोकर रोपाई करें।रोपाई के तुरन्त बाद खेत की सिंचाई कर दें।

वर्तमान में सब्जियों की खेती किसानों के लिए वरदान साबित हो रही हैं इसमें किसान कम पूंजी लगाकर अधिक से अधिक लाभप्राप्त कर सकते हैं। कुछ सब्जियां जैसे टमाटर, बैंगन, मिर्च, गोभी, प्याज, सलाद आदि के बीज खेत में बोने से उगते नहीं व कीमती बीजों का नुकसान हो सकता हैं अथवा कम सफलता मिलती हैं। अतः ऐसी सब्जियों को पहले पौधशाला में उगाकर उनकी पौध तैयार की जाती है। फिर उचित समय आने पर उन्हें खेतों में स्थानान्तरित किया जाता है। सब्जियों की खेती के लिये पौधशाला या नर्सरी में पौध तैयार करना एक कला हैं। इसे अच्छी तरह से तैयार करने के लिए तकनीकी जानकारी का होना आवश्यक है। सब्जियों की नर्सरी को मौसम और बेमौसम की दशाओं में सफलतापूर्वक तैयार करने के लिये वैज्ञानिक तकनीकी अपनाकर अच्छी खेती कर सकते हैं।

सब्जियों की नर्सरी तैयार करने का समयः–

टमाटर– जून–जुलाई, नवम्बर–दिसम्बर बैंगन– बसन्त–ग्रीष्मकालीन अक्टूबर, वर्षाकालीन–मार्च, शिविरबसंत–अक्टूबर के शुरू में, पतझड़ शिविर कालीन–जून मिर्च–ग्रीष्मकालीन–नवम्बर, वर्षाकालीन–अप्रैल –मई फूलगोभी– अगेती– मई–जून, मध्यकालीन–जुलाई–अगस्त, पिछेती फसल–अक्टूबर–नवम्बर बंदगोभी– अगेती– अगस्त–सितम्बर, पिछेती–सितम्बर–अक्टूबर गांठगोभी– अगेती–मध्यअगस्त, पिछेती– अक्टूबर–नवम्बर प्याज–अक्टूबर–नवम्बर, खरीफ– मई के आखिर –जून।

*****

6

सभी सब्जियों का पौध तैयार करना

अधिकतर सब्जी फसलें जैसे की टमाटर वर्गीय, गोभी वर्गीय व प्याज वर्गीय जिनके बीज छोटे व पतले होते है, उनकी स्वस्थ व उन्नत पौध तैयार कर लेना ही आधी फसल उगाने के बराबर हिता है। स्वस्थ पौध तैयार करने के लिए पौधशाला के स्थान का चयन सबसे अधिक महत्वपूर्ण है। इससे जुडी हुई अन्य बातें निम्नलिखित हैं :

- स्थान ऊँचाई पर होना चाहिए जहां से पानी का निकास उचित हो।
- भूमि दुमट बलुई होनी चाहिए जिसका पीएच मान लगभग 6.5 हो।
- स्थान पानी के स्रोत के समीप होना चाहिए।
- स्थान खुले में होना चाहिए जहां सूर्य की पहली किरण पहुंचे।
- स्थान, देखरेख की दृष्टि से भी निकट होना में होना चाहिए।
- स्थान, खेत के किनारे पर होना चाहिए ताकि कृषि कार्यो में रुकावट न आए।
- यदि भूमि का पहली बार उपयोग किया जा रहा है तो इसे फफूँद रहित करने के लिये फारमैलिडहाइड नामक रसायन से उपचार करना अति आवश्यक है। इसका 25 मि.लि. का एक लिटर पानी में घोल बनाएं तथा पौधशाला के लिए चुने गए स्थान को अच्छी तरह छिडकाव कर भिगोए। तत्पश्चात इस स्थान को पोलीथिन की चादर से अच्छी तरह ढक दे। लगभग एक सप्ताह पश्चात पोलीथिन चादर को हटाकर इस जगह की अच्छी तरह से 3 –4 बार जुताई व खुदाई कर खुला छोड़ दे जिससे रसायन का असर समाप्त हो जाए । इसके पश्चात भूमि को अच्छी तरह भुरभुरा बनाए तथा लगभग उपचार के 15 दिन पश्चात बुवाई के लिए तैयार करें। यह उपचार कमरतोड़ तथा क्लेदगलन (डैपिंग आफ) नामक बीमारी की रोकथाम में सहायता करेगा। क्यारी बनाते समय यह ध्यान रहे कि प्रति 10 वर्ग मीटर के लिए लगभग 20 से 25 कि.ग्रा. सड़ी गोबर की खाद ट्राईकोडर्मा के साथ 1:50 के अनुपात में मिलाकर 200 ग्राम सिंगल सुपर फास्पेट तथा 15–20 ग्राम इंडोफिल एम 45 नामक फफूंदनाशक और कोई भी उपलब्ध धूल कीटनाशक मिलाएं।

- क्यारिया 15–20 सें.मी. ऊँची उठी होनी चाहिए । इनकी चोडाई लगभग 1 मीटर तथा लम्बाई 3 मीटर होनी चाहिए जो की सुविधा अनुसार घटाई –बढाई जा सकती है ।
- बीज का उपचार बुवाई से पहले 2–3 ग्रामधकि.ग्राम बीज की दर से कैप्टान, थीरम, बाविस्टीन इत्यादि फफूंद नाशको या ट्राईकोडर्मा हर्जिएनम से करे जिससे डैपिंग आफ नामक बीमारी का प्रकोप कम होगा ।
- बुवाई 5 सें.मी. दूर पंक्तियो में 1 सें.मी गहराई पर तथा पतली मिट्टी की परत से ढक दे । क्यारियो को सूखी घास से ढक दे तथा फव्वारे से हल्की सिंचाई करे ।
- अंकुरण होने पर घास हटा दें तथा नियमित हल्की सिंचाई से नमी बनाए रखें ।
- कीटो व कमरतोड़ रोग से बचाव के लिए 0.25 प्रतिशत इंडोफिल एम 45 या 2 ग्राम ट्राईकोडर्मा हर्जिएनम प्रति लीटर पानी में मिला कर छिड़काव करे तथा 2 मि.लि. प्रति लीटर पानी के हिसाब से मेलाथीयोंन का छिडकाव समय समय पर करते रहें।
- जब पौध 8–10 सें.मी. ऊँची हो जाए तो 0.3 प्रतिशत यूरिया का छिड़काव करें ताकि बढवार अच्छी हो ।
- खरपतवार का नियंत्रण हल्की निराई गुडाई से प्रति सप्ताह करे तथा आवांछ्नीय पौधे भी निकाल दे ।
- रोपाई से 3–4 दिन पहले सिंचाई रोक दे तथा उखाड़ने से एक घंटा पहले हल्की सिंचाई करे ऐसा करने से जड़े नहीं टूटेगी ।
- स्वस्थ पौध का रोपण सांयकाल में ही करे तथा हल्की सिंचाई करे।

एक हैक्टर क्षेत्र के लिए पौध तैयार करने के लिए विभिन फसलों की बीज मात्रा व क्यारियों का आकार (वर्ग मी.) निम्न होगा :–

फसल	क्यारियों की संख्या	बीज की मात्रा प्रति क्यारी ग्राम
टमाटर	10	40-50
बैंगन	15	35-40
शिमला मिर्च	10	70-80
निर्च	10	100-150

फूलगोभी अगेती मध्यम व पछेती	10 10 10	60-70 40-50 35-40
ब्रोकली	10	50-60
बंदगोभी	10	70-75
चाइनीज बंदगोभी	10	60-75
गांठ गोभी	20	50-60
सलाद (लैटटयूस)	10	40-50
प्याल	50	175-200

पोलीहाउस के अन्दर बेमौसमी सब्जियों की पौध तैयार करनाः–

उत्तर भारत के क्षेत्रों में सर्दी के मौसम में पौध बनाने में प्रायः परेशानी होती है। पोलीहाउस के अन्दर तापमान को बढ़ाकर और पाले से बचाकर पौध को जल्दी व अच्छी तरह बना सकते है। पौध को छोटी छोटी प्लास्टिक की थैलियो में मिटटी, पत्थर एवं प्लास्टिक की ट्रे तथा नर्सरी बेड में तैयार किया जा सकता है। कददू वर्ग की फसलों की अगेती फसल लेने के लिए पौध को पोलीहाउस के अन्दर तैयार करके लगभग एक से डेढ़ माह जल्दी फसल ली जा सकती है। कददू वर्ग की फसलों के लिए अधिकतम तापमान 32 –35 डिग्री सेलिसयस उपयुक्त रहता है क्योंकि ये गर्म जलवायु वाली फासलें है। ये फसलें या पौध डिग्री सेलिसयस से नीचे तापमान को सहन नही कर पाती है।

उत्तरी भारत में अगेती कददू वर्ग की फसलों को बोने का समय फरवरी का अंतिम सप्ताह या मार्च का प्रथम सप्ताह है जब रात का तापमान 13–15 डिग्री सेल्सियस के बीच होता है। लेकिन पोलीहाउस में जल्दी तैयार की गई नर्सरी से पौध को फरवरी के प्रथम सप्ताह में सीधे रोपा जा सकता है जब पाला पड़ने का खतरा समाप्त हो चुका हो। इस विधि से फसल सामान्य विधि की तुलना में एक से डेड माह जल्दी प्राप्त की जा सकती है। इसका लाभ दो तरह से होता है –एक तो बेमौसमी सब्जी मिलती है जो बाजार में अच्छा भाव देती है, दूसरा फसल की उपज अवधि भी एक –डेढ़ माह अधिक हो जाने से कुल पैदावार में बढोत्तरी होती है ।

अतः कददू वर्ग की फसलो के बीजो को पोलीथिन की छोटी छोटी थैलियो, जिसमें मृदा, बालू व खाद बराबर मात्रा में मिली होती है, दिसम्बर– जनवरी में बुवाई की जाती है। थैलियो में तीन चार छोटे छोटे छेद बना देने चाहिए जिससे कि अधिक पानी बाहर निकाल सके। प्रत्येक थैली में 2–3 बीज बोने चाहिए।

इसी तरह कददू वर्ग की सब्जियों के अलावा कुछ अन्य फसलों जैसे की टमाटर, बैगन, मिर्च आदि की पौध भी पोलीहाउस में तैयार करके बसंत ऋतु (फरवरी–मार्च) की रोपाई के लिए तैयार की जा सकती है। इन फसलों के लिए सीधे क्यारी में बुवाई की जा सकती है। खुले में पौध तैयार होने में लगभग दो माह का समय लग जाता है क्योंकि दिसम्बर–जनवरी में तापमान बहुत कम होता है। प्रयोगों में पाया गया है कि पोलीहाउस में ये पौध तीन साप्ताह में ही तैयार हो जाती है। पोलीहाउस में अंकुरण अच्छा होने के कारण पौध की संख्या भी अधिक बनती है। किन्तु पौध अधिक कोमल नही होनी चाहिए इसके लिए कठोरीकरण करना अच्छा रहता है।

*****

7

आलू

वानस्पतिक नाम –सोलेनम ट्यूबरोसम उत्तप्ति स्थान –साउथ अमेरिका

खाने योग्य भाग –कंद गुणसूत्र= सख्या–48

परिवार –सोलेनेसी

परिचय :–

आलू उत्पादन के हिसाब से हमारे भारत देश का विश्व में चीन के बाद दूसरा स्थान है एवं हमारे कृषक अपनी अथक मेहनत से हर वर्ष आलू का उत्पादन करते हैं। आजादी से लेकर अब तक हमारे देश में आलू का उत्पादन दिन प्रतिदिन बढ़ता रहा है।इसका एक बड़ा श्रेय केन्द्रीय आलू अनुसंधान संस्थान को भी जाता है जिसने अब तक विभिन्न जलवायु क्षेत्रों के अनुसार आलू की किस्मों का विकास किया है। सब्जियों में आलू का प्रमुख एवं विशिष्ट स्थान है इसका प्रयोग पूरे वर्ष अकेले व अन्य सब्जियों के साथ भोजन के रूप में किया जाता है। इसे अब तक सब्जियों का सिरमौर माना जाता है। इसमें र्स्टाच, प्रोटीन, विमटामिन 'बी' व 'सी', खनिज लवण आवश्यक अमीनों ऐसिड ल्यूसीन, आइसोल्यूसीन, ट्रिप्टोफेन आदि प्रयाप्त मात्रा में पाये जाते हैं। आलू से हलुवा, पापड़, चिप्स एवं औद्योगिक रूप में ग्लूकोज, डेक्सट्रीन, स्टार्च, मद्य, साइट्रिक ऐसिड आदि भी तैयार किये जाते हैं।

- अगेती– कुफरी चन्द्रमुखी, कुफरी आशोका, कुफरी पुखराज
- मध्य– कुफरी ज्योति, कुफरी लालिमा, कुफरी बहार, कुफरी बादशाह, कुफरी सतलज, कुफरी आन्नद
- पिछेती– कुफरी सिन्दूरी,

बोने का समय सप्ताह तक की जाती है जब अधिकतम तापमान 30 से 32 डिग्री सेंटीग्रेड और न्यूनतम तापमान –आलू की बुआई उत्तरी भारत के मैदानी क्षेत्रों में सितम्बर के अन्त से नवम्बर के द्वितीय स 18 से 20 डिग्री सेंटी ग्रेड होता है। अक्टूबर माह इसकी बुआई के लिए सर्वोत्तम है।

बीज दर एवं उपचार– कटे हुए कन्दों को मेन्कोजेब 2 प्रतिशत (2 ग्राम दवा प्रति ली0 पानी) के घोल में 10 मिनट तक डुबो कर 24 घंटे छाया में सुखा कर बुआई करें। बीज का आकार, वजन, बुआई का समय एवं दूरी के अनुसार एक हेक्टेयर खेत की बुआई हेतु 20 से 30 कुन्टल बीज की आवश्यकता होती है।

बुआई क विधिः–

1. समतल भूमि में आलू की बुआई– इसमें रस्सी से खेत में सीधी कतारें डाल ली जाती हैं इन्हीं कतारों पर 'हैंड हो' या प्लेनेट जूनियर की सहायता से उथले कूंड़ का निमार्ण करके बीज बोकर मिट्‌टी से ढक कर खेत को सममतल कर दिया जाता है।
2. मेढ़ों पर आलू का बुआई– इस विधि में 60 सेमी. की दूरी पर मेढों का निमार्ण करके उस पर 15 से 20 सेंमी. की दूरी पर कंदों की बुआई करके मिट्‌टी से ढक कर मेढ़ बना देते हैं।

खाद एवं उर्वरकः–

इसकी सफल खेती के लिए 25 से 30 टन सड़ी गोबर की खाद, 100 से 150 किग्रा0 नत्रजन, 80 से 100 किग्रा0 फासफोरस एवं पोटाश प्रति हेक्टेयर खेत में देना आवश्यक है खेत में 20 किग्रा0 प्रति हेक्टेयर जिंक देने अथवा बोने के 50 दिन बाद खड़ी फसल 0.2 प्रतिशत जिंक सल्फेट का छिड़काव करने से आलू की पैदावार बढ़ जाती है। नत्रजन की आधी तथा फास्फोरस एवं पोटाश की

पूरी मात्रा खेत में अन्तिम जुताई के समय दें। नत्रजन की शेष आधी मात्रा बुआई के 30 से 35 दिन बाद खेत में गुड़ाई करके मिट्‌टी चढ़ाते समय खड़ी फसल में दें।

सिंचाई एवं जल निकासः–

खेत में पानी न होने पर भूमि की तैयारी से पहले एक बार सिंचाई करें अथवा बुआई के तुरंत बाद पहली सिचांई करना आवश्यक है। इसके बाद 7 से 10 दिन के अन्तर पर सिंचाई करते रहें। सिंचाई करते समय ध्यान रखें की मेढ़ पानी से डूबने न पाये।

खरपतवार नियंत्राणः–

बुआई के एक माह बाद आलू के फसल की एक बार निराई गुड़ाई करके मिट्‌टी चढा दें। रासायनिक विधि से खरपतवार नियन्त्रण हेतु बेसालीन 2 लीटर अथवा पेंडीमेथिलीन (स्टाम्प) 750 मिली. प्रति हेक्टेयर की दर से घोल बना कर बुआई के बाद व जमाव से पहले खेत में छिड़काव करें।

खुदाई एवं उपजः–

जब पत्तियां सूखने लगे और तब उसे खुर्पी, फावड़े या पोटेटो डिगर द्वारा आलू के कंदों की खुदाई की जाती है। अगेती एवं मध्य किस्मों की उपज 200–250 कुन्टल एवं पिछेती किस्मों की उपज 300–400 प्रति कुन्टल प्रति हेक्टेयर तक होती है।

फसल सुरक्षाः–

(अ) कीट–

1. चैंपा– यह हरे या काले रंग के कीट पौधों एवं पत्तियों के रस चूस कर नुकसान पहुचाते हैं फलतः पत्तियां नीचे की ओर मुड़ जाती है। इसके नियन्त्रण हेतु रोगार अथवा मेटासिस्टाक्स 1 मिली. लीटर प्रति लीटर पानी में घोल बना कर खड़ी फसल पर छिड़काव करें।
2. कर्तक कीट– ये आलू के खेत में मिट्टी पर अण्डे देती है जिसमें भूरे या स्लेटी रंग की सूड़ियॉ निकल कर पौधों को भूमि के पास से काट देती हैं। इसके रोकथाम हेतु 2.5 मिली. लीटर प्रति लीटर पानी में घोल बनाकर खड़ी फसल पर छिड़काव करें।
3. हरा तैला– इसके प्रकोप से पौधों की पत्तियॉ पीली पड़ जाती है तथा पत्तियों के किनारे जल जाते हैं इसके रोकथाम हेतु मोनोक्रोटोफास 2 मिली. लीटर प्रति लीटर की दर से पानी में घोल बनाकर फसल पर छिड़काव करें।

(ब) रोग–

1. अगेता झुलसा– इस रोग के प्रकोप से पौधों के नीचे की पत्तियां सूखकर गिरने लगती हैं। इसकी रोकथाम के लिए समय से पूर्व डायथेन–एम– 45 दवा का 2 ग्राम प्रति लीटर पानी में घोल बना कर 15 दिन से अन्तर पर छिड़काव करें।
2. पछेता झुलसा– इस रोग के प्रकोप से सर्वप्रथम पत्तियों पर भूरे काले रंग के नम एवं अनीयमित आकार के धब्बे पड़ जाते हैं। इसके रोकथाम हेतु डाइथेन–एम–45 (2 ग्राम) अथवा ब्लाइटाक्स– 50 (3 से 4 ग्राम) प्रति लीटर पानी में घोल बना कर 12 से 15 दिन के अन्तर पर फसल छिड़काव करें।
3. ब्लेक स्कर्ब– इस रोग के प्रकोप से कंदों की सतह पर चाकलेट रंगों के कड़े उभार बन जाते हैं। इन कंदो की बुआई करने पर इसके प्रकोप से जमाव के समय पौधे मर जाते हैं। इसके नियन्त्रण हेतु बुआई से पूर्व कंदो को 30 प्रतिशत बोरिक ऐसिड घोल (30 ग्राम पाउडर 1 लीटर पानी) में 30 मिनट तक उपचारित कर सुखाकर बुआई करें।

4. जीवाणुविक मृद विगलन– इस रोग के प्रकोप से कंद सड़ने लगते हैं तथा कंदो से बहुत गंध आने लगती हैं इसके नियन्त्रण हेतु स्वस्थ कंदो को रोगी कंदो से अलग कर दें तथा कंदो को 30 प्रतिशत बोरिक एसिड के घोल में 30 मिनट तक उपचारित कर सुखा कर बोएं।

5. कामन स्कैब– इस रोग के प्रकोप से कंदो पर लगभग 3 मिली. लीटर गहरे और 1 सेमी. से कम व्यास के भूरे खुरदुरे छत स्तल दिखई पड़ते हैं। इसके नियन्त्रण हेतु बुआई से पूर्व कंदो को 30 प्रतिशत बोरिक ऐसिड घोल से 30 मिनट तक उपचारित करके सुखाकर बुआई करें।

6. विषाणु रोग– इस रोग के कारण पहले ऊपर तथा बाद में नीचे की पत्तियॉ मुड़ जाती हैं। ऊपर मुड़ी पत्तियां चमड़े जैसी भंगूर और किनारों पर गुलाबी या बदामी रंग की हो जाती हैं। फलतः पौधे बौने एवं कंद छोट व कम संख्या में पड़ते हैं। इसके नियन्त्रण हेतु रोगी कंदों को छः माह तक 39.4 से 35.6 डिग्री सेंटीग्रेड तापमान पर रखने से विषाणु निष्क्रिय हो जाते है।

*****

8

टमाटर

वानस्पतिक नाम –लाएकोपर्सिकम एस्कुलेंटम उत्तप्ति स्थान–साउथ अमेरिका

खाने योग्य भाग –फल गुणसूत्र= सख्या–24

परिवार ––सोलेनेसी

परिचय :–

टमाटर विश्व में सबसे ज्यादा प्रयोग होने वाली सब्जी है। वर्तमान समय में इसे सोलेनम लाइकोपोर्सिकान कहते हैं।इसकी उत्पति दक्षिण अमेरिकी ऐन्डीज में हुआ। मेक्सिको में इसका भोजन के रूप में प्रयोग आरम्भ हुआ और अमेरिका के स्पेनिस उपनिवेश से होते हुये विश्वभर में फैल गया। रसीले और खाने का स्वाद बढ़ाने वाले टमाटर के अनेक फायदे हैं। टमाटर को लाल रंग देने वाला तत्व लाइकोपीन, जो सेहत के लिए फायदों से भरा है, कच्चे टमाटर से अधिक पकने के बाद प्रभावी होता है। यूं तो टमाटर हर मौसम में फायदेमंद है लेकिन टमाटर त्वचा के लिए भी काफी लाभकारी है।यह झुर्रियों को कम करता है और रोम छिद्रों को बड़ा करता है। टमाटर में भरपूर मात्रा में कैल्शियम, फास्फोरस व विटामिन सी पाये जाते हैं। एसिडिटी की शिकायत होने पर टमाटरों की खुराक बढ़ाने से यह शिकायत दूर हो जाती है। हालाँकि टमाटर का स्वाद अम्लीय (खट्टा) होता है, लेकिन यह शरीर में क्षारीय (खारी) प्रति क्रियाओं को जन्म देता है। लाल–लाल टमाटर देखने में सुन्दर और खाने में स्वादिष्ट होने के साथ पौष्टिक होते हैं। इसके खट्टे स्वाद का कारण यह है कि इसमें साइट्रिक एसिड और मैलिक एसिड पाया जाता है जिसके कारण यह प्रत्यम्ल (एंटासिड) के रूप में काम करता है। टमाटर में विटामिन 'ए' काफी मात्रा में पाया जाता है। यह आँखों के लिये बहुत लाभकारी है।

आहार मूल्य :–

कच्चे टमाटर का आहार मूल्य इस प्रकार है यह आहार मूल्य जाति एवं वातावरण के अनुसार भिन्न होता है।

नमी	91.3 ग्राम	विटामिन–ए	192.0 ^^^
प्रोटीन	1.9 ग्राम	थियामिन	0.07 मि0 ग्राम
चर्बी	0.1 ग्राम	राइबोय्लेविन	0.01 मि0 ग्राम
रेशा	0.7 ग्राम	निकोटिनिक एसिड	0.4 मि0 ग्राम
खनिज पदार्थ	0.6 ग्राम	आकजैलिक एसिड	02.0 मि0 ग्राम
अन्य कार्बोहाइडेट्स	3.6 ग्राम	फास्फोरस	35ण0 मि0 ग्राम
सोडियम	45.8 मि0 ग्राम	लेहा	01.8 मि0 ग्राम
पोटेशियम	114.0 मि0 ग्राम		
तांबा	0.19 मि0 ग्राम		
सल्फर	24.0 मि0 ग्राम		
क्लोरीन	38.0 मि0 ग्राम		

टमाटर के फसल चक :–

1. फूलगोभी–मूली–टमाटर
2. मिर्च–टमाटर ;जायदद्ध
3. लोबिया–टमाटर–भिण्डी
4. मूली–टमाटर–भिण्डी
1. लौकी या तोरई–टमाटर
6. भिण्डी–टमाटर–मक्का
7. ग्वार–टमाटर–लोबिया
8. भिण्डी–टमाटर–लोबिया
9. मक्का–टमाटर–राजमा
10. मूग–फूलगोभी–टमाटर

जलवायु :–

टमाटर के लिए गर्म और नर्म मौसम की जरूरत है। टमाटर आमतौर पर ग्रीष्म ऋतु में होने वाली फसल है। टमाटर का पौधा ज्यादा ठंड और उच्च नमी को बर्दाश्त नहीं कर पाता है। ज्यादा रोशनी से इसकी रंजकता, रंग और उत्पादकता प्रभावित होता है। विपरीत मौसम की वजह से इसकी खेती बुरी तरह प्रभावित होती है। बीज के विकास, अंकुरण, फूल आना और फल होने के

लिए अलग–अलग मौसम की व्यापक विविधता चाहिए। 10 डिग्री सेंटीग्रेड से कम तापमान और 38 डिग्री सेंटी ग्रेड से ज्यादा तापमान पौधे के विकास को धीमा कर देते हैं। टमाटर के पौधे का विकास 10 से 30 डिग्री सेंटी ग्रेड के बीच होता है लेकिन सबसे अच्छी वृद्धि 21 से 24 डिग्री सेंटी ग्रेड तापमान में होता है। 16 डिग्री से नीचे और 27 डिग्री से ऊपर का तापमान को उपयुक्त नहीं माना जाता है। अगर फल निकलने के दौरान पौधे पर अच्छी रोशनी पड़ती है तो टमाटर गहरा लाल रंग का हो जाता है। टमाटर का पौधा पाला को बर्दाश्त नहीं कर पाता है और इस फसल को मध्यम स्तर की बारिश की जरूरत होती है। साथ ही ये 21 से 23 डिग्री के मासिक औसत तापमान में अच्छा परिणाम देता है।ज्यादा पानी का दबाव और लंबे वक्त तक सूखापन टमाटर के फल में दरार पैदा कर देता है।

टमाटर की उन्नत किस्मे :–

आलोक, हिसार अरुण, हिसार लालिमा, हिसार ललित, हिसार अनमोल, के एस. 2, नरेन्द्र टोमैटो 1, नरेन्द्र टोमैटो 2, अरका सौरभ, अरका विकास, अरका आहूति, अरका आशीष, अरका आभा, अरका मेघाली, पुसारे डप्लम, पुसा अर्ली ड्वार्फ, पुसा रुबी, को–1, को 2, को 3, एस– 12, पी के एम 1, पुसा रुबी, पैयूर–1, शक्ति, एस एल 120, पुसा गौरव, पंजाब छुहारा, एस 12, पंत बहार, पंतटी 3, सोलन गोला और एच एस 101, एचएस 102, एचएस 110,

एफ 1 हाइब्रिड :–

पुसाहाइब्रिड 1, पुसाहाइब्रिड 2, कोथ 1 हाइब्रिडटोमैटो, रश्मि, वैशाली, रुपाली, नवीन, अविनाश 2, एमटीएच 4, सदाबहार, गुलमोहर और सोनाली, अरकाअभिजीत, अरकाश्रेष्ठ, अरकाविशाल, अरकावरदान।

मिट्टी :–

चिकनी बलुई मिट्टी में टमाटर की खेती अच्छी होती है लेकिन टमाटर के पौधों के लिए सबसे अच्छी बेहतर जल निकासी वाली बलुई मिट्टी होती है। मिट्टी का ऊपरी हिस्सा थोड़ा बलुई और उससे नीचे की मिट्टी अच्छी गुणवत्ता वाली होनी चाहिए। अच्छी फसल के लिए मिट्टी की गहराई 15 से 20 सेमी होनी चाहिए। खारी मिट्टी वाली जमीन में अच्छे से जड़ पकड़ सके और बेहतर ऊपज हो उसके लिए गहरी जुताई जरूरी होती है। टमाटर सामान्य तौर पर पी एच यानी अम्लीयता और क्षारीयता की बड़ी मात्रा को सहने वाली फसल है।इसकी

खेती के लिए 5.5 से 6.8 का पी एच सामान्य है। पर्याप्त पोषक तत्वों के साथ अम्लीय मिट्टी में टमाटर की फसल अच्छा होती है। टमाटर सामान्य तौर पर 5.5 पी एच वाली अम्लीय मिट्टी को सहने की क्षमता रखता है। नमक की मात्रा से रहित, हवा और पानी की पर्याप्त मात्रा को वहन करने वाली मिट्टी टमाटर की खेती के लिए उपयुक्त होती है। ज्यादा आर्द्रता और पोषक तत्वों से रहित उच्च कार्बनिक तत्वों वाली मिट्टी इसकी खेती के लिए अच्छी नहीं होती है। वहीं, अगर खनिज पदार्थ से युक्त मिट्टी में कार्बनिक पदार्थ मिल जाएतो अच्छा परिणाम देती है।

खेती के लिए बीज का चयन :–

बुआई वाली बीज हर तरह से उत्तम किस्म की होनी चाहिए। आकार में एक समान, मजबूत और जल्द अंकुरन वाली बीज को बुआई के लिए चुना जाता है। बीज उत्पादन के बाद खराब और टूटे बीज को छांट लिया जाता है। विपरीत मौसम को भी सहने वाली एफ 1 जेनरेशन वाली हाई ब्रीड बीज जल्दी और अच्छी फसल देती है।

बुआई का वक्त :–

आम तौर टमाटर किसी भी मौसम में होने वाली फसल है। देश के उत्तरी मैदानी भाग में इसकी तीन फसल होती है लेकिन बेहद ठंडे इलाके में रबी फसल इतनी अच्छी नहीं होती है। जुलाई में खरीफ फसल, अक्टूबर नवंबर में रबी फसल और फरवरी में जायद फसल उपजाई जाती है। दक्षिणी मैदानी इलाकों में जहां पाला का खतरा नहीं होता है वहां पहली बुआई दिसंबर–जनवरी में की जाती है। दूसरी बुआई जून–जुलाई में और तीसरी सितंबर–अक्टूबर में की जाती है और इसमे सिंचाई की सुविधा का ध्यान रखना बेहद जरूरी है।

बीज और रोपाई :–

टमाटर की खेती ऊंचेटीले और मैदानी भाग में जुताई के बाद की जाती है। बुआई के दौरान खुले मौसम और सिंचाई की वजह से पौधा कड़ा हो जाता है। प्रति हेक्टेयर बीज दर 400 से 500 ग्राम होता है। बीज के साथ पैदा होने वाले रोग से बचाव के लिए 3 ग्राम प्रतिकिलो थीरम की मात्रा जरूरी होता है। बीज के इलाज में 25 और 50 पी पी एम पर बी. नेप्थॉक्सिएटिक एसिड (बीएनओए), 5 से 20 पी पी एम पर जीबरलिक एसिड (जीए3) और 10 से 20

पी पी एम पर क्लोरो फेनॉक्सी एसेटिक बेहद प्रभावकारी होता है और टमाटर उत्पादन में बेहतर परिणाम देता है।

शरद ऋतु की फसल के लिए बुआई जून–जुलाई में की जाती है और वसंत ऋतु की फसल के लिए बुआई नवंबर माह में की जाती है। पहाड़ी इलाके में बुआई मार्च–अप्रैल में की जाती है। शरद ऋतु के लिए फसलों के बीच अंतर 75×60 सेमी और वसंत ऋतु के लिए अंतर 60×45 सेमी रखना आदर्श माना जाता है।

तैयारी और खाद :–

जमीन की तैयारी के वक्त प्रति 20–25 टन प्रति हेक्टेयर अच्छी खाद या कम्पोस्ट को मिट्टी में सही तरह से मिलाना चाहिए। 75:40:25 किलो एनः पी के प्रति हेक्टेयर दिया जाना चाहिए। पौधा रोपण के पहले नाइट्रोजन की आधी मात्रा, फास्फोरस की पूरी मात्रा और पोटास की आधी मात्रा दी जानी चाहिए। पौधा रोपण के 20 से 30 दिनों के बाद एक चौथाई नाइट्रोजन और पोटाश की आधी मात्रा दी जानी चाहिए। बाकी बची मात्रा पौधा रोपण के दो माह बाद दी जानी चाहिए।

टमाटर की रोपाई :–

इसका पौधा रोपन एक छोटे से समतल जमीन या फिर कम खुदाई कर की जानी चाहिए, साथ इसमे सिंचाई की उपलब्धता का भी ध्यान रखना होगा। आमतौर पर भारी मिट्टी वाली जगह पर पौधा रोपन ऊंची पहाड़ी इलाके में की जाती है। खास कर बारिश के दौरान ऐसी जगह पर ज्यादा अच्छी फसल होती है। अनिश्चित प्रकार या हाइब्रिड की स्थिति में दो मीटर बांस के डंडे के सहारे पौधा रोपन किया जाता है। वहीं, बड़े रिज एरिया में 90 सेमी चौड़ा और 15 सेमी ऊंचाई रखी जाती है। यहां हल से खींचे गए खांचे या लाइन में लगाए गए पौधे के बीच की दूरी 30 सेमी रखी जाती है।

पौधों के बीच कि दूरी :–

शीत ऋतु में पौधों के बीच 60 सेमी की दूरी रखी जाती है। वहीं, ग्रीष्म ऋतु में ये अंतराल 45 सेमी होता है।

नर्सरी की तैयारी और देखभाल :–

टमाटर की बुआई के लिए आदर्श बीज की क्यारी 60 सेमी चौड़ी, 6 से 6 सेमी लंबी और 20 से 25 सेमी ऊंची होनी चाहिए। क्यारी से ढेला और खूंटी को अच्छी तरह से साफ कर देना चाहिए। अच्छी तरह से छाना हुआ फार्मयार्ड खाद और बालू क्यारी में डालना चाहिए। उसके बाद उसकी अच्छी तरह से जुताई करें। उसके बाद फाइटोलोन या डिथेनएम–45 को प्रति लीटर पानी में 2 से ढाई ग्राम मिला कर क्यारी में डाल देंद्य उसके बाद क्यारी के समानांतर 10 से 15 सेमी की लाइन खीचें। उसके बाद बीज उस लाइन में लगादें, हल्का दबायें, साफ बालू से ढंक दें और अंत में फूस से ढंक दें। रोज केन से सिंचाई करें। बीज की क्यारी को प्रतिदिन दो बार तब तक सींचते रहें जब तक अंकुरण न हो जाए। बीज के अंकुरण के बाद फूस को हटादें। जब चार–पांच पत्ते आ जाए तो थोड़ा थिमेटकाइ स्तेमाल करें। दो से ढाई एम एल प्रति लीटर पानी में मेटासिसटोक्स या थियोडेन और डिथेनएम–45 के साथ अंकुरित बीज का छिड़काव करें।

खर–पतवार का नियंत्रण :–

पौधा रोपन के चार सप्ताह के दौरान हल्की निराई–गुड़ाई जरूरी होता है ताकि खेत से खर–पतवार को निकाला जा सके। प्रत्येक सिंचाई के बाद जब मिट्टी सूखती है तब खुरपी की मदद से मिट्टी को ढीला किया जाता है।इस दौरान जितना भी घास–फूस होता है उसे ठीक से निकाल देना चाहिए।फूस के साथ आधी सड़ी हुई घास, काली पॉलीथिन और दूसरे तत्व नमी बनाए रखने, खर–पतवार नियंत्रण और बीमारियों से बचाव में सहायक होते हैं।

खेती के लिए खाद :–

टमाटर के लिए नाइट्रोजन बहुत जरूरी है क्योंकि इसकी पर्याप्त मात्रा से ही इसकी गुणवत्ता, आकार, रंग और स्वाद निखरता है। इससे ही टमाटर के अंदर मन माफिक खट्टा पन भी आता है। पौधे की वृद्धि, पैदावार और गुणवत्ता के लिए पोटैशियम की पर्याप्त मात्रा भी उतनी ही जरूरी है।अंकुरण और पौधा रोपन के दौरान पौधे में फोस्फोरस की पर्याप्त मात्रा बनाए रखने के लिए शुरुआती तौर पर मोनो अमोनियम फॉस्फेट (एमएपी) जरूरी होता है। मिट्टी में अम्लीयता या क्षारीयता और पोषकतत्वों को नियंत्रित करने में कैल्सियम की उपलब्धता भी जरूरी है।

पौधा रोपन से पहले प्रति हेक्टेयर 50 टन फार्म यार्ड खाद डाला जाना चाहिए। सामान्य तौर पर टमाटर की खेती 120 किलो नाइट्रोजन, 50 किलो फॉस्फोरस, और 50 किलो पोटास जरूरी होता है। नाइट्रोजन को अलग–अलग डोज में दिया जाना चाहिए। पौधा रोपन के दौरान आधा नाइट्रोजन और फॉस्फोरस की पूरी मात्रा और बाकी बचा नाइट्रोजन 30 दिन और 60 दिन के बाद दिया जाता है। पौधे में पोषक तत्व की मात्रा सही मात्रा और अनुपात में है या नहीं इसके लिए मिट्टी और उत्तक का विश्लेषण शुरु से अंत तक होते रहना चाहिए। जरूरी पोषक तत्वों के लिए बलुई मिट्टी में उच्च क्षमता वाली खाद की जरूरत पड़ती है।

अंत में अहम बात यह किमौ जूदा दौर में अकार्बनिक खाद का प्रयोग नवीकरणीय, पर्यावरण फ्रैंडली कार्बनिक खाद, हरीखाद और बची हुई फसलीय अवशेषों के साथ करने पर बेहतर परिणाम मिल रहे हैं और टमाटर की खेती फायदे का व्यवसाय साबित हो रही है।

संकर टमाटर :–

आई0,0,च0,स–88–2	आई0,0,च0,स–88–3	आई0,0,च0,स–881
बी0,स0,स0–20	रश्मि	रूपाली
शीतल	वैशाली	कर्नाटक
पूसा–1	पूसा–2	डी0,च0टी0–4
टमाटर सेन्चुरी–12	टमाटर सुमन	

टमाटर का बीजोत्पादन :–

टमाटर के बीज उत्पादन हेतु ऐसे खेत का चुनाव करें जिसमें पिछले साल टमाटर की फसल न लगायी गयी हो तथा पृथक्करण दूरी आधार बीज के लिए 50 मीटर तथा प्रमाणित बीज के लिए 25 मीटर रखें। अवांछनीय पौधों को पुष्पन अवस्था से पूर्व, पुष्पन अवस्था में तथा जब तक फल पूर्ण रूप से परिपक्व न हुए हों, तो पौधे, फूल तथा फलों के गुणों के आधार पर निकाल देना चाहिए। फलों की तुड़ाई पूर्ण रूप से पकी अवस्था में करें, पके फलों को तोड़ने के बाद लकड़ी के बक्सों या सीमेंट के बने टैंकों में कुचल कर एक दिन के लिए किंणवन हेतु रखें। अगले दिन पानी तथा छलनी की सहायता से बीजों को गूदे

से अलग कर के छाया में सुखालें। बीज को पेपर के लिफाफे, कपड़े के थैलों तथा शीषे के बर्तनों में भण्डारण हेतु रखें।

बीज निकालना :–

टमाटर के गूदे से बीजों को अलग करने के लिए पूरी तरह से पके फलों को एक प्लास्टिक के बर्तन में निचोड़ा जाता है। इस प्रकार फलों के गूदे को 2–3 दिनों तक उसी बर्तन में छोड़कर सड़ने दें। गूदे अलग करने के लिए इसमें पानी मिलाकर निथारा जाता है। इस प्रकिया को कई बार दोहराया जाता है जब तक कि बीज फलों के गूदे से भली प्रकार अलग न हो जाए।

बीजों को सुखाना एवं रख–रखाव :–

बीजों को सुखाने हेतु उनको साफ कपड़े पर या फिर प्लास्टिक ट्रे इत्यादि में खुली धूप में तथा कम नमी वाले स्थानो में फैलाया जा सकता है। बीजों को 8 प्रतिशत नमी रहने तक सुखाया जाता है। बीजों को सुखाने के पश्चात नमी रहित क्षेत्र में बंद डिब्बों या लिफाफों में 3 से 5 साल तक रखा जा सकता है।

*****

9

मिर्च

वानस्पतिक नाम– कैप्सिकम फ्रूटसेन्स उत्तप्ति स्थान –मध्य अमेरिका

खाने योग्य भाग –फल गुणसूत्र= सख्या –24

परिवार ––सोलेनेसी

परिचयः–

उत्तम बीज उत्पादन, सब्जी उधोग का प्रमुख आधाार है। सब्जी बीज उत्पादन एक विशिष्ट एवं तकनीकी कार्य है और बहुत कम किसान बीज उत्पादन क्षेत्र में कुशल और प्रशिक्षित होते है। इसी लिए देश मे उच्च कोटि के बीज की प्रयाप्त उपलब्ध्ता नहीं रहती। फलदार सब्जियों में शिमला मिर्च का एक विशिष्ट स्थान है। हमारे देश में इसे विभिन्न नामों से जाना जाता है जैसे शिमला मिर्च, कैप्सिकम (capsicum), स्वीट पेपर, सागिया मिर्च, वैजिटेबिल पैपरिका आदि।

मिर्च का बीजोत्पादन कर्नाटक, हिमाचल प्रदेश, उत्तराखंड एवं जम्मू कश्मीर में अधिाक होता है। शिमला र्मिच के आनुवंशिक।

आहार मूल्यः–

मिर्च में विटामिन ए एवं सी की अधिक मात्रा पायी जाती है। हरी मिर्च का संगठन इस प्रकार है–

न्मी	85.70 ग्राम	फास्फोरस	080.00 मि0 ग्राम
प्रोटीन	02.90 ग्राम	लोहा	001.20 मि0 ग्राम
व्सा	00.60 ग्राम	सोडियम	02.20 मि0 ग्राम
खनिज पदार्थ	01.00 ग्राम	पोटेशियम	217.00 मि0 ग्राम
रेशा	06.80 ग्राम	ताबा	001.55 मि0 ग्राम

अन्य कार्बोहाइडेट्स	3.0 ग्राम	सल्फर	034.00 मि0 ग्राम
कैलोरीज	29.00	क्लोरीन	015.00 मि0ग्राम
कैल्शियम	30.00 मि0 ग्राम	विटामिन ए	292.00
नैग्नीशियम	24.00 मि0 ग्राम	निकोटिनिक एसिड	000.90 मि0 ग्राम
रीवोय्लेविन	00.39 मि0 ग्राम	थियामिन	000.80 मि0 ग्राम
आकजैलिक एसिड	67.00 मि0 ग्राम	विटामिन सी	111.00 मि0 ग्राम

वर्गिकीः–

मिर्च सोलेनेसी कुल का पौधा है, इसकी केवल 4 उपजातियों की खेती की जाती है जिसमे से दो की (Capsicum pendulum and Capsicum pubescence) खेती दक्षिणी एवं मध्य अमेरिका में ही की जाती है और दूसरे दो ब्चेपबनउ तिनजमेबमदेकी खेती मुख्य रूप से की जाती है।

मिर्च के फसल चक्रः–

1. मिर्च–टमाटर–भिण्डी
2. भिण्डी–मटर–;अगेतीद्ध–मिर्च
3. निर्च–भिण्डी–;बसंत कालीनद्ध
4. बैंगन–मिर्च

उन्नत प्रजातियाँ :–

मिर्च की उन्नत किस्में कैलिपर्फोनिया वण्डर, येलो वण्डर, किंग आपफ नार्थ, स्वीट बनाना, बुलनोज, अर्का मोहिनी, अर्का गौरव, रूबी किंग आदि तथा पैपरीका की के.टी.पी.एल. –19 प्रचलित है। इन किस्मों के अलावा अब संकर जातियों ने पैदावार के लिये विशेष स्थान ले लिया है तथा हमारे देश में भी संकर जातियाँ प्रचलित हो रही हैं। संकर जातियाँ बनाने का कार्य भी किया जा रहा है।

मिर्च के बोजोत्पादन के लिए जलवायुः–

गर्म मौसम की फसल होने के कारण इसे लगभग 4 से 5 माह का पाला रहित समय चाहिये। पहाड़ी क्षेत्रों में इसे गर्मियों के मौसम में तथा मैदानी भागों में गर्मी व बरसात में उगाते हैं। इसके पौधो कम गर्म व आर्द्र जलवायु में अच्छी तरह विकसित होते है। फसल पकते समय शुष्क जलवायु उपयुक्त रहती है। बीज के अंकुरण के लिये 16–29^{0}पौधा की अच्छी

बढत के लिये 21–27°C व फलों के उचित विकास व परिपक्वता के लिये तापमान 32°C से अधिाक नही होना चाहिये, उचित तापमान का होना ही मिर्च के बीज की लाभकारी खेती के लिये एक विशेष आवश्यकता है।

भूमि का चयनः–

उत्तम बीज तैयार करने हेतु हर वर्ष भूमि को बदलना चाहिये, अगर ऐसा सम्भव न हो सके तो यह सुश्चित कर लेना चाहिये कि चयन की हुई भूमि में पहले सोलेनेसी वर्ग की सब्जी जैसे टमाटर, बैंगन या उसका बीज उत्पादन न किया गया हो। साथ ही साथ भूमि में खरपतवार कम हों व सिंचाई व पानी के निस्कारण की उचित व्यवस्था हो व आस पास के क्षेत्रा में कोई दूसरी किस्म की मिर्च का उत्पादन न किया जा रहा हो।

पृथक्करण दूरीः–

हालांकि मिर्च में स्वपरागण होता है परन्तु इसमें परपरागण 20–30 प्रतिशत तक हो जाता है। अतः पौधा लगाते समय इसको मिर्च की अन्य किस्मों से 200–400 मीटर की पृथकता दूरी पर लगाना चाहिये, या एक किस्म से दूसरी किस्म के बीच में उँचे पौधा वाली फसल जैसे मक्का, ज्वार, बाजरा या सूरजमुखी के खेत लगे हों ये दूरी कम की जा सकती है। परन्तु किसी भी अवस्था में 100 मीटर से कम नही होना चाहिये।

बीज स्रोतः–

बीज शुध्द एवं उच्च गुणवत्ता का होना चाहिए। बीज उत्पादन के लिये मानक या आधार बीज किसी प्रमाणित केन्द्र या संस्थान या विश्वविद्यालय से ही लेना चाहिए।

बुआई का समय एवं बीज की मात्राः–

पौधा तैयार करने के लिये नर्सरी की बुआई आंध्र प्रदेश व तमिल नाडु में मई माह के दूसरे पखवाड़े से मध्य जुलाई तक की जाती है। उत्तरी भारत में फसल को पाले से बचाने हेतु बसन्त ऋतु की फसल की बुआई फरवरी से मार्च तथा खरीफ फसल की बुआई जून–जुलाई में की जाती है। शिमला मिर्च का बीजोत्पादन भारत में समशीतोष्ण क्षेत्रों में होता है। पर्वतीय क्षेत्रों में इसकी बुआई का उपयुक्त समय मार्च से अप्रैल है।

नर्सरी की बुआई के लिये प्रति हैक्टेयर 600 ग्राम शिमला मिर्च का बीज पर्याप्त होता है। एक है. में पौधा रोपण करने हेतु 10–12 नर्सरी की क्यारियाँ जो सात मीटर लम्बी, 1.2 मीटर चौड़ी व 15 से.मी. ऊँची हो पर्याप्त हैं। इनमें 5–6 से.मी. की दूरी में लाईन से जो 0.5 से.मी. गहरी हो बीज को उपचारित करने के बाद बोना चाहिये।

बीज को एग्रोसिन, थाईरम, कैप्टान आदि किसी एक से 2 ग्राम दवा प्रति किलो बीज की दर से उपचार कर ही बोना चाहिये। नर्सरी की क्यारियाँ तैयार करते समय प्रति क्यारी 20 किग्रा. अच्छी सड़ी गोबर की खाद व प्रति वर्ग मीटर 100 ग्रा. 15:15:15 के अनुपात वाला एन:पी:के का मिश्रण अच्छी तरह मिला लेना चाहिये। बीज बोने से पहले नर्सरी का उपचार कैफटाफ या फोल्टाफ के 3 ग्रा. प्रति ली. पानी का घोल बनाकर 5 ली. प्रति वर्ग मी. की दर से छिड़काव करना चाहिये।

पौधो के अंकुरण के एक सप्ताह बाद पौधाशाला में कैप्टान या हैग्राकैप 3 ग्राम प्रति ली. पानी के धाोल से ड्रैन्चिंग करनी चाहिये। इसके पूर्व बीज बोने के बाद नर्सरी को सुखी घास ढक कर रखना चाहिये। पाँच दिन बाद जैसे ही अंकुरण दिखाई दे घास या पुआल को हटा देना चाहिये। अंकुरण के पश्चात 10–15 दिन के अंतराल में कैप्टान व ड़ाईथेन एम–45 का 1 ग्राम प्रति ली. का घोल छिड़काव करना बेहतर होगा, अगर चेंपा दिखाई दे तो 0.1 प्रतिशत डाइमेथोएट का घोल का छिड़काव कर लेना चाहिये। पौधाशाला को खरपतवार से साफ व समय से गुड़ाई व सिंचाई तथा पौधों की थीनिंग करते रहना चाहिये।

खेत का आकार:–

खेत जहाँ तक सम्भव हो सके वर्गाकार होना चाहिये क्योंकि यांत्रिक मिश्रण की सम्भावना खेत की बाहरी पंक्ति में अधिाक होती है। अर्थात आयताकार खेत की अपेक्षा वर्गाकार खेत से शध्दता एवं अधिाक बीज प्राप्त होता है।

रोपाई का समय तथा विधि:–

खेत में पौधा रोपण करने से पूर्व पौधों को 8–10 घंटे पहले पानी की पौधाशाला में आवृति कर देने से पौधों का कठोरीकरण होना आवश्यक है। इसके बाद 8 घन्टे पूर्व खूब अच्छी तरह सिंचाई कर शाम के समय पौधा जो 8–10 से.मी. लम्बी हो या 4–6 पत्ते पौधा में आये हों को ही पौधारोपण हेतु निकालना चाहिये। पौधारोपण में पौधाों की रोपाई 45 × 45 से.मी. की दूरी पर करनी चाहिये।

खाद व सस्य क्रियायें:–

खेत की मिट्टी की जाँच कर लेने के बाद खाद की मात्रा में आवश्यकतानुसार बदलाव किया जा सकता है। अन्यथा खेत की तैयारी के समय 25–30 टन प्रति है. जैविक खाद तथा 100 किग्रा. नत्राजन, 50 किग्रा. फास्पफोरस व 100 किग्रा. पोटाश रासायनिक खादो का प्रयोग करना चाहिये। फसल की रोपाई के 40 दिन बाद लगभग 50 किग्रा. नत्राजन खाद खड़ी फसल में पुनः देनी चाहिये। इसकी सफल खेती के लिये उचित समय पर निराई–गुड़ाई और सिंचाई प्रबन्धान करना अति आवश्यक है। खेत में जल के निकास का उचित प्रबन्धा

करना बहुत ही आवश्यक है। जहाँ हवा अधिाक चलती हो वहाँ पौधों की स्टेकिंग करनी आवश्यक है। बीज की पैदावार हेतु अगर पौधा से पहली, दूसरी व तीसरी फूल की कली को तोड़कर निकाल दिया जाये जो फलों की 118 प्रतिशत व बीज की 41.1 प्रतिशत वृध्दि पायी गई है। अतः यह क्रिया मिर्च के लिये तो अति आवश्यक है।

अवांछनीय पौधों को निकालनाः–

बीज फसल का अच्छी तरह निरीक्षण करने के पश्चात सम्पूर्ण पौधों को इकाई मानकर (जो बीज बनाये जा रही किस्म से भिन्न हो) जड़ से निकाल देना चाहिये। निरीक्षण कम से कम तीन बार करना चाहिए अर्थात पौधा के बढत के समय पौधा के आकार पत्ती के रंग के आधार पर फिर फल लगते समय व प्रथम फल पकने के पूर्व अवांछनीय पौधा जो थोड़ी सी भी भिन्नता रखती हो निकाल देनी चाहिये। फल पकने पर उनके रंग, आकार व गुणों के आधार पर उत्तम पौधों को छाँटना बीज की गुणवत्ता के लिये जरूरी है। फल तोड़ते समय विषाणु अंगमारी अथवा एन्थ्रेकनोज आदि रोगों से प्रभावित पौधों के फल बीज के लिये नही रखने चाहिये।

फलों की तुड़ाई एवं बीज निकालनाः–

बोई गई किस्म के गुणों को प्रर्दशित करने वाले परिपक्व फल जो लाल रंग के हो गये हों को हाथों से तोड़कर इकठ्ठा कर लेना चाहिये। हाथो से तोड़ने पर फलों में रोगग्रस्त फल, विभिन्न आकार वाले अविकसित व छोटे फलों को अलग किया जा सकता है। फलों को फैलाकर छायादार जगह में जहाँ बीज निकालने की सुविधा हो रख देना चाहिये। शिमला मिर्च के बीज तोड़े गये फलों को 2–3 दिन तक छाया में रखे फलों से आसानी से अलग किये जा सकते है। फलों को दो हिस्सों में काट लेते हैं व ऊपरी तने की तरफ लगने वाले हिस्से में प्लेसेन्टा में बीज होते हैं जिन्हे हाथ से या लकड़ी की कलम से रगड़ कर अलग कर लेते हैं फिर किसी बरतन में हिलाकर इकठ्ठा कर लेते हैं। पानी में धोकर भी बीज निकाले जाते हैं परन्तु बीज निकालने के तुरन्त बाद बीज को सुखाने के लिये फैला दिया जाता है। अगर तुरन्त सूखने न दिया जाये तो बीज भूरा व खराब होने का डर रहता है

मिर्च के बीज की पैदावारः–

मिर्च का अच्छा बीज औसतन अत्यधिाक 120 किग्रा. प्रति हैक्टेयर और उन्नत तकनीक से 220 किग्रा. प्रति हैक्टेयर तक पैदा किया जा सकता है। बीज की औसतन पैदावार 70–120 किग्रा. प्रति हैक्टेयर तक होती है।

बीज प्रमाणिकरण

बीज उत्पादन वाले खेत का बीज प्रमाणीकरण संस्था द्वारा प्रमाणित कराकर उसकी गुणवत्ता को सुनिश्चित कर लेते है। बीज प्रमाणीकरण एक स्वतंत्रा एजेन्सी होने से बीज उत्पादन की विभिन्न अवस्थाओं जैसे खेत, पृथक्करण, बीज प्रसंस्करण आदि एक्सपर्ट कमेटी से कराते है। बीज उत्पादन वाली फसल को सही अवस्था में काटने से बीज की गुणवत्ता बनी रहती है।

फसल सुरक्षाः–

मिर्च के मुख्य रोग व कीट व्याधियों को अगर बीज के बोने से लेकर पकने तक उचित उपचार किये जाये तो सफल सुरक्षित खेती की जा सकती है। मुख्यतः इनमें तीन प्रकार की व्याधियाँ है, कीट, कवक, बैक्टीरिया एवं वाइरस तथा न फैलने वाली व्याधियां (एबायोटिक)।

कीटों के उपचार के लिये इमिडाक्लोप्रीड 1–2 मिली. प्रति ली. पानी के घोल का छिड़काव कीट जैसे थ्रिप्स, माइटस, चेंपा, फल छेदक या हेयरी कैटरपीलर के लिये उपयुक्त है व पौधाशाला से ही चेंपा व माइट नुकसान करते है अतः इसका छिड़काव 15–20 दिन के अंतर में पौधों की जाँच करने के पश्चात् प्रकोप दिखाई देने पर ही करना चाहिये। कीटनाशक दवा को बदलते रहना भी उचित है।

इसके अलावा सूंड़ी पौधा को पौधारोपण के बाद जमीन की सतह के पास काटकर नुकसान पहुचाती है। इसकी रोकथाम के लिये 1 ग्राम प्रति पौधा लगाने के निशान मे 3 जी फ्रयूराडोन मिट्टी में अच्छी तरह मिला लेने से नुकसान काफी कम होता है।

कवक द्वारा फैलने वाली व्याधियों के लिये फफूंदीनाशक दवाये जैसे डाइथेन एम–45 (2 ग्राम प्रति ली. पानी में मिलाकर) कापर आक्सी–क्लोराइड़ (2.5 ग्राम प्रति ली. पानी में मिलाकर) और घुलनशील सल्फर (सल्फैक्श 2 प्रतिशत) बीमारियों जैसे एन्थ्रेक्नोज, फल सड़ने तथा पाउडरी मिल्डयू लग जाने पर क्रमशः उपरलिखित दवाओं का छिड़काव करने से लाभ होगा।

बैक्टीरिया द्वारा फैलने वाली व्याधियों पत्तियों में बैक्टीरियल स्पॉट, फलों का सड़ना व बैक्टीरियल विल्ट मुख्य है। इनके बचाव के लिये या तो प्रतिरोधी किस्में लगाई जाये या बीज को मरक्यूरकि रसायन से उपचार करें। इसकी रोकथाम के लिये 0.1 प्रतिशत प्लान्टोमाईसीन का छिड़काव भी लाभदायक है। पौधों के बीच से खरपतवार हटाने व पौधों के बीच हवा व सूरज की रोशनी का आवागमन ठीक हो तो व्याधि कम रहती है।

विषाणु रोग मौजेक व लीफ कर्ल, कर्लीटाप आदि मुख्य है। विषाणु रोग से प्रभावित पौधों को जड़ से निकालकर नष्ट कर देना ही उचित है। खेत में उचित समय पर कीटनाशक दवाओं का छिड़काव भी करना इस रोग को फैलने से बचाता है। अन्यथा प्रतिरोधी किस्में ही लगानी होंगी। इस बात का भी धयान देना चाहिये कि मिर्च के खेत के पास अल्फा अल्फा, क्लोबर, खीरा, टोबेको व टमाटर की फसल नहीं लगी होनी चाहिये। यहाँ तक की मिर्च में काम करने वालों को अगर वो तम्बाकू का सेवन करतें हों तो काम करने से पहले हाथ धो लेने चाहिये।

एबायोटिक (न फैलने वाली व्याधियां) में सनस्कैल्ड़ (धूप से जलना), छिल्के में दरार या व्यासम एण्ड़ रोट मुख्य है। इसके अलावा ओलों से भी नुकसान होता है अतः इसके रोकथाम के लिये क्रमशः तेज धूप, पानी का बराबर मात्रा में प्रयोग व नत्रजन खाद का कम उपयोग तथा फास्पफेट व कैल्शियम (डोलामाईट) का धयान रखना उचित होगा

*****

10

बैंगन

वानस्पतिक नाम –सोलेनम मेलोंजना

उत्तप्ति स्थान –भारत

खाने योग्य भाग – फल

गुणसूत्र= सख्या–24

परिवार –सोलेनेसी

परिचय :–

भारत में बैंगन का सर्वाधिक उत्पादन क्षेत्र पश्चिम बंगाल है द्य इसके बाद उड़ीसा, गुजरात, बिहार, आंध्र प्रदेश, महाराष्ट्र, छत्तीसगढ, कर्नाटक, मध्य प्रदेश एवं उत्तर प्रदेश में इसकी खेती की जाती हैद्य बैंगन के फल का प्रयोग सब्जी के बाद औ'ाधि ,व अचार इत्यादि के काम के लिये भी होता है, बैंगन मुख्यतः कैल्शियम, फास्फोरस, लोहा, एवं विटामिन बी का अच्छा स्रोत है।

आहार मूल्य **(Nutritive Value)** :–

प्रायः यह कहा जाता है कि बैंगन का आहार मूल्य कम होता है, लेकिन यह गलत है, निम्न सारणी द्वारा स्पष्ट हो जाता है, इसका आहार मूल्य जातियों के अनुसार होता है। बैंगन का उपयोग मधुमेह रोग में किया जाता है।

नमी	92.2 ग्राम	लेहा	0.9 मि0 ग्राम
प्रोटीन	01.4 ग्राम	सोडियम	3.00 मि0 ग्राम
चर्बी	00.3 ग्राम	पोटेशियम	2.00 मि0 ग्राम
रेशा	01.3 ग्राम	तबा	0.17 मि0 ग्राम
खनिज पदार्थ	00.3 ग्राम	सल्फर	44 मि0 ग्राम
अन्य कार्बोहाइडेट्स	04.0 ग्राम	क्लोरीन	52 मि0 ग्राम

कैलोरीज	24	विटामिन ए	124 ण्न्०
कैल्शियम	18 मि0 ग्राम	थियामिन	0.04 मि0 ग्राम
मैग्नीशियम	16 मि0 ग्राम	रीवोय्लेविन	0.11 मि0 ग्राम
आकजैलिक एसिड	16 मि0 ग्राम	निकोटिनिक अम्ल	0.00 मि0 ग्राम
फास्फोरस	47 मि0 ग्राम	विटामिन सी	12.00 मि0 ग्राम

वर्गिकीः–

यह सोलेनेसी परिवार का पौधा है। जिसका जीनस–सोलमनम एवं स्पेसीज–मेलानजेना है। इसके फल का रंग एवं आकार जातियों के अनुसार अलग–अलग होता है।

(1) गोल एवं अण्डाकार आकार वाली प्रजातियों को Var-esculentum के अन्दर रखा जाता है।

(2) लम्बे एवं झुके आकार वाली प्रजातियों को Var-serpentinum के अन्दर रखा जाता है।

(3) ड्वार्फ अर्ली प्रजातियों को Var-depressum के अन्दर रखा जाता है।

उन्नतशील किस्में:–

लम्बे फलों वाली किस्में:–

पूसा अनमोलः–यह किस्म अन्य किस्मों से अधिक उपज देती है। यह संकर किस्म है। इसकी पैदावार 250–300 कु.ध्है. है।

पूसा पर्पिल लॉंग– यह प्रचलित एवं उन्न्तशील किस्म है द्य इस किस्म के फल गहरे बैंगनी रंग के होते हैं। बोआई के लगभग 70–85 दिन बाद फल तोड़ने लायक हो जाते हैं। इसकी पैदावार 200–250 कु.ध्है. है।

पूसा पर्पिल क्लस्टर :–इसके फल लम्बे तथा गुच्छों में लगते हैं द्य इसके फल की कलौंजी अच्छी बनती है द्य इसकी पैदावार 200–250 कु.ध्है. है ।

एन. डी. बी. 2:–

यह किस्म के लम्बे व गहरे बैंगनी रंग के होते हैं । इसकी पैदावार 200–250 कु. ध्है. है ।

पन्त सम्राटः–

इस किस्म के फल में रोग व कीड़े कम लगते हैं । बोआई के 60–75 दिन बाद फल आने लगते हैं । इसकीपैदावार 300–350 कु.ध्है. है ।

गोल फलों वाली किस्में:–

टाइप 3 –इसके फल बैंगनी रंग के होते हैं । यह किस्म गर्मियों में भी उगायी जा सकती है । इसकी पैदावार 200 कु.ध्है. है ।

पन्त ऋतुराजः–

इसके फल बैंगनी रंग के होते हैं ।इसके फल बोआई के 60–65 दिन बाद तोड़ने योग्य हो जाते हैं । इसकी पैदावार 350–400 कु.ध्है. है ।

एन. डी. बी. एच. 1:–

इसके फल बड़े तथा मुलायम गूदेदार व कम बीज वाले होते हैं । इसकीपैदावार 250–300 कु.ध्है. है ।

पूसा पर्पिल राउण्ड:–

इसका पौधा बड़ा व फल गहरे बैंगनी रंग के होते हैं । एक फल लगभग 150–200 ग्राम वजन का होता है । यह जुलाई – अगस्त के लिये अच्छी किस्म है । इसकी पैदावार 200–250 कु.ध्है. है । यह किस्म गर्मी की फसल के लिये अच्छी नहीं है ।

संकर किस्में:–

नरेंद्र देव हाइब्रिड 1 –इसके फल गोलकार होते हैं । इसकीउपज 500–600 कु.ध्है. है ।

नरेंद्र देव हाइब्रिड 6 – इसके फल लम्बे होते हैं । इसकीउपज 500–600 कु.ध्है. है।

पूसा हाइब्रिड 1 – इसके फल लम्बे होते हैं ।

आजाद हाइब्रिड 1 – इसके फल लम्बे आकारकेहोते हैं । इसकी उपज 400–500 कु.ध्है. है ।

बैंगन के फसल चक्रः–

1–बैंगन–आलू–प्याज

2– मक्का–मटर–बैंगन

3– लोविया–बैंगन–खीरा

4– लोबिया–फूलगोभी–बैंगन

5– ग्वार–मटर–बैंगन

6– बैंगन–प्याज–धनिया

7– बैंगन–मिर्च

8– बैंगन–भि.डी

9– बैंगन–लोविया

10– मक्का–मूली–बैंगन

जलवायु :–

बीज का अंकुरण 250ƃ तापमान पर होता है । इसके लिये 13–210ƃ औसत तापमान वाला मौसम अनुकूल रहता है। पौधों के अच्छे विकास हेतु लम्बा व गर्म मौसम अच्छा रहता है।

भूमि की तैयारीः–

प्रायः मिट्टी पलट हल से गहरी जुताई करने के उपरान्त खेत की 2–3 जुताई हैरो से करके भली प्रकार तैयार कर लेना चाहिए।

बीजदर एवं बोआईः–

फसल	बोआई	रोपाई
जाड़े की फसल	जून– जुलाई	जुलाई– अगस्त
गर्मी की फसल	अक्टूबर– नवम्बर	नवम्बर– दिसम्बर अंत तक
बरसात की फसल	मार्च	अप्रैल– मई

बीज दरः–

एक हैक्टर के लिए लगभग 400–500 ग्राम बीज की आवश्यकता होते हैं। हमें 30000–45000 पौध मिलते हैं।

बीज की बोआईः–

एक हैक्टर के लिए 90–100 वर्ग मीटर क्षेत्र में बीज बोते हैं। नर्सरी के लिए हल्की दोमट व बलुई दोमट मिट्टी वाली भूमि अच्छी होती है। नर्सरी की 3–4 बार गुड़ाई करके मिट्टी

को भुरभुरी बना लेते हैं। इसके बाद 15–20 सेंमी. ऊंची व 1.25 मी.चौड़ी तथा आवश्यकतानुसार लम्बी क्यारियां बनाते हैं। दो नर्सरी के बीच में 30 सेंमी. चौड़ी नाली छोड़ देते हैं। जो सिंचाई व जल निकास के लिए प्रयोग होती है। इन क्यारियों में सड़ी हुई गोबर की खाद तथा सुपर फास्फेट की मात्रा डालकर अच्छी तरह मिला देना चाहिए। बीज बोने के पहले 2.5 ग्राम प्रति किग्रा.बीज की दर से थायराम या सेरेसान से शोधित कर लेना चाहिए। बीजों को लाइनमें 1–1.5 सेंमी. की गहराई व 5–6 सेंमी. की दूरी पर बोते हैं। बीज बोने के पश्चात् सड़ी गोबर की खाद की एक सेंमी.मोटी तह से ढ़क देते हैं तथा क्यारियों को सूखी घास से ढ़क देते हैं। जब अंकुर ठीक प्रकार से निकल आये उस समय घास को सायंकाल में हटा देते हैं। इसके बाद नियमित रूप से सिंचाई करते हैं, कीट एवं रोगों से बचाव के लिए दवाओं का छिड़काव करें। ग्रीष्म एवं वर्षा ऋतु में पौध 4 सप्ताह में रोपने योग्य हो जाता है और शरद ऋतु में पौधे को 6–8 सप्ताह का समय लगता है।

पौध की रोपाईः–

पौध निकालने के 2–3 दिन पहले हल्की सिंचाई कर दी जाती है । ताकि पौधा उखाड़ते समय मिट्टी मुलायम रहे जिससे पौधों की जड़ों को कम क्षति पहुँचे। पौधरोपण तैयार खेत में लाइन में शाम के समय करें। लम्बे बैंगन की किस्मों में लाइन से लाइन की दूरी 60 सेंमी. रखते हैं। गोल बैंगन की किस्मों में लाइन से लाइन की दूरी 75 सेंमी. तथा पौध से पौध की दूरी 60 सेंमी. रखते हैं। पौधरोपण के तुरंत बाद हल्की सिंचाई कर देनी चाहिए।

सिंचाई एवं जल निकासः–

अच्छी उपज के लिए 100–110 सेंमी. जल की मात्रा लगती है । गर्मियों में 7–8 दिन के अंतराल पर व सर्दियों में 10–15 दिन के अंतराल पर सिंचाई की आवश्यकता पड़ती है।

खाद एवं उर्वरकः– गोबर की खाद लगभग 250–300 कु.ध्है. की दर से खेत की तैयारी के समय देनी चाहिए। इसके अतिरिक्त 100 किग्रा. नाइट्रोजन, 50 किग्रा. फास्फोरस तथा 50 किग्रा. पोटाश प्रति हैक्टर की दर से आवश्यकता पड़ती है। नाइट्रोजन की आधी मात्रा तथा फास्फोरस व पोटाश की पूरी मात्रा आखिरी जुताई के समय खेत में मिला देते हैं। 10 ग्राम यूरिया 1 लीटर पानी में मिलाकर छिड़काव करने से फसल अच्छी होती है। नाइट्रोजन की शेष मात्रा पौध रोपने के 30 दिन बाद व रोपने के 60 दिन बाद देते हैं।

खरपतवार नियंत्रणः–पौध को रोपाई से 55–60 दिन तक खेत को खरपतवार रहित रखना चाहिए। इसके लिए 2–3 निराइयों की आवश्यकता होती है। वर्षाकालीन फसल में 3 या 4 बार निराई गुड़ाई करें। रोपाई के तुरंत बाद लासो (2 किग्रा. सक्रिय अवयव प्रति हैक्टर) या टोक

ई.25 (1.5 किग्रा. सक्रिय अवयव प्रति हैक्टर) का प्रयोग खरपतवारों को नष्ट करने में काफी उपयोगी साबित हुआ है।

संकर बैंगनः–

संकर बीज का सदैव, फ–1 बीज बोना चाहिये। इससे 'ीघ्र ,वं अधिक पैदावार मिलने के साथ–साथ यह प्रतिकूल वातावरण के लिये सहन'ील भी होती है।

1– पूसा अनमोल

2– लम्बा–13

3– बी0,च0–2

4– पूसा संकर–6

5– पूसा संकर–56

6– राउन्ड–143

फलों की तुड़ाईः–

इसके फल लगने के लगभग 8–10 दिन बाद तोड़ने योग्य हो जाता है। कम अंतराल पर फल की तुड़ाई करने पर फलत अधिक होती है।

उपजः– अगेती फसल में 200–300 कु.ध्है., लम्बे समय वाली फसल में 350–400 कु.ध्है. तथा संकर प्रजाति से 400–800 कु.ध्है. तक की उपज हो जाती है।

भण्डारणः– इसके फलों को 85–90 प्रतिशत आपेक्षिक आर्द्रता तथा 7–100सेल्सियस तापमान पर 8–10 दिन तक अच्छे स्वरूप में भंडारित किया जा सकता है।

पौध संरक्षणः–

1.प्ररोह एवं फल भेदकः–

प्रारम्भ में इसके गिडार प्ररोह को भेदकर भीतर घुस जाते हैं। फलों को भेदते हैं, निदानफेनवेलारेट (0.01:) या साइपरमेथ्रिन (0.0125:) का छिड़काव पुष्पन के समय करते हैं।

2. हड्डा बीटिलः–

लाल रंग की छोटी बीटिल होती है जो सभी वायुवीय भागों को खाती है।निदान संक्रमित पत्तियों को जला देते हैं।

3. लाल कीटः–

ये लाल रंग के छोटे कीट मुख्य रूप से पत्तियों की निचली सतह पर हजारों की संख्या में चिपककर रस चूसते हैं । पत्तियों में मकड़ी के जाल जैसा दिखाई देता है और पत्तियां पीली हो जाती हैं । निदान रोकथाम के लिए 0.05ः मोनोक्रोटोफॉस व डाइमेथियोएट का छिड़काव करते हैं।

4.जैसिड

ये हरे रंग के छोटे कीट मुख्य रूप से पत्तियों की निचली सतह पर हजारों की संख्या में चिपककर रस चूसते हैं, जिससे पत्तियां मुड़ जाती हैं, मुरझा जाती हैं । निदान रोकथाम के लिए 0.05ः मोनोक्रोटोफॉस का छिड़काव करते हैं।

रोगः–

1. आर्द्र गलनः–जैसे ही बीजांकुर बीज से बाहर आता है, इनके आक्रमण के कारण सड़ जाता है। निदान बोने से पहले बीज का कैप्टान या थायराम (3 ग्राम/किग्रा. बीज) से उपचारित करते हैं।

2. मूल–ग्रंथि कृमिः– सूत्रकृमि के आक्रमण से पौधों का विकास नहीं हो पाता एवं जड़ों में गाँठें पड़ जाती हैं। निदान पौधों की पंक्तियों के बीच में गेंदे का फूल लगायें।

3.छोटी पत्ती रोगः–रोगी पौधों की पत्तियां आकार में काफी छोटी हो जाती हैं तथा फूल नहीं बन पाते हैं। निदान रोगी पौधों को उखाड़कर जला देते हैं।

4.झुलसाः– इसमें निचली पत्तियां पीली पड़ जाती हैं फिर शिराओं के बीच भूरी दिखाई देती हैं। निदान रोगजनित क्षेत्र में फसल को नहीं उगाना चाहिए।

5.फल सड़नः– पत्तियों पर भूरे रंग के दाग दिखाई देते हैं। फलों पर धब्बे पड़ जाते हैं जिनमें बाद में सड़न होने लगती है। निदान प्रतिरोधी किस्म पूसा भैरव, नर्सरी में आक्रमण की दशा में ब्लाइटाक्स 50 या जिराम के 0.2 : घोल का छिड़काव करें।

*****

11

फूलगोभी

वानस्पतिक नाम –ब्रेसिका ओलेरेसिया किस्म बोट्रीटीस उत्तप्ति स्थान –भूमध्य सागर

खाने योग्य भाग –फूल गुणसूत्र= सख्या –18

परिवार –क्रुसिफेरि

परिचय :–

फूलगोभी की खेती पूरे वर्ष में की जाती है। यह भारत की प्रमुख सब्जी है इसको सब्जी, सूप और आचार के रूप में प्रयोग करते है। इसमे विटामिन बी पर्याप्त मात्रा के साथ–साथ प्रोटीन भी अन्य सब्जियों के तुलना में अधिक पायी जाती है

जलवायुः–

फूलगोभी के लिए ठंडी और आर्द्र जलवायु की आवश्यकता होती है यदि दिन अपेक्षाकृत छोटे हों तो फूल की बढ़ोत्तरी अधिक होती है फूल तैयार होने के समय तापमान अधिक होने से फुल पत्तेदार और पीले रंग के हो जाते है,

अगेती जातियों के लिए अधिक तापमान और बड़े दिनों की आवश्यकता होती है 29. 22– 31.22 डिग्री सेल्सियस तापमान पौधों के अधिक समुचित विकास और फूलों के उत्तम गणों के लिए सर्वोतम माना गया है फुलगोभी को गर्म दशाओं में उगाने से सब्जी का स्वाद तीखा हो जाता है।

फूलगोभी की खेती प्रायः जुलाई से शुरू होकर अप्रैल तक होती है, जिस भूमि का पी. एच. मान 5.5 से 7 के मध्य हो वह भूमि फूलगोभी के लिए उपयुक्त मानी गई है अगेती फसल के लिए अच्छे जल निकास वाली बलुई दोमट मिट्टी तथा पिछेती के लिए दोमट या चिकनी मिट्टी उपयुक्त रहती है, फूलगोभी की खेती बिभिन्न प्रकार की भूमि में की जा सकती है जिस भूमि मे पर्याप्त मात्रा में जैविक खाद उपलब्ध हो इसकी खेती के लिए अच्छी होती है हलकी रचना वाली भूमि में पर्याप्त मात्रा में जैविक खाद डालकर इसकी खेती की जा सकती है।

खेत की तैयारीः–

पहले खेत को पलेवा करें जब भूमि जुताई योग्य हो जाए तब उसकी जुताई 2 बार मिटटी पलटने वाले हल से करें इसके बाद दो बार कल्टीवेटर चलाएँ और प्रत्येक जुताई के बाद पाटा अवश्य लगाएं ।

उन्नत शील प्रजातियांः–

मौसम के आधार पर तीन प्रकार की प्रजाति याँ होती है।अगेती, मध्यम और पछेती प्रजातियाँ पायी जाती हैं।

अगेती प्रजातियाँः–पूसा दिपाली, अर्ली कुवारी, अर्ली पटना, पन्तगोभी– 2, पन्तगोभी– 3, पूसा कार्तिक, पूसा अर्ली सेन्थेटिक, पटना अगेती, सेलेक्सन 327 एवं सेलेक्सन 328 है।

मध्यम प्रजातियाँ :–पन्त शुभ्रा, इम्प्रूव जापानी, हिसार 114, एस–1, नरेन्द्र गोभी1, पंजाब जॉइंट, अर्ली स्नोबाल, पूसा हाइब्रिड 2, पूसा अगहनी, एवं पटना मध्यम।

पछेती प्रजातियाँः– स्नोबाल16, पूसा स्नोबाल 1, पूसा स्नोबाल 2, पूसा के 1, दानिया, स्नोकिंग, पूसा सेन्थेटिक, विश्व भारती, बनारसी मागी, जॉइंट स्नोबाढ्ढ।

पौध तैयार करनाः–

स्वस्थ पौधे तैयार करने के लिए भूमि तैयार होने पर 0.75 मीटर चौड़ी, 5 से 10 मीटर लम्बी, 15 से 20 सेंटी मीटर ऊँची क्यारिया बना लेनी चाहिए। दो क्यारियों के बीच में 50 से 60 सेंटी मीटर चौड़ी नाली पानी देने तथा अन्य क्रियाओ करने के लिए रखनी चाहिए। पौध डालने से पहले 5 किलो ग्राम गोबर की खाद प्रति क्यारी मिला देनी चाहिए तथा 10 ग्राम म्यूरेट ऑफ पोटाश व 5 किलो यूरिया प्रति वर्गमीटर के हिसाब से क्यारियों में मिला देना चाहिए।पौध 2.5 से 5 सेन्टी मीटर दूरी की कतारों में डालना चाहिए। क्यारियों में बीज बुवाई के बाद सड़ी गोबर की खाद से बीज को ढक देना चाहिए। इसके 1 से 2 दिन बाद नालियों में पानी लगा देना चाहिए या हजारे से पानी क्यारियों देना चाहिए।

बीज बुवाईः– एक हेक्टेयर खेत में 450 ग्राम से 500 ग्राम बीज की बुवाई करें। पहले 2 से 3 ग्राम कैप्टन प्रतिकिलो ग्राम बीज की दर से शोधित कर लेना चाहिए। इसके साथ 160 से 175 मिली लीटर को 2.5 लीटर पानी में मिलकर प्रति पीस वर्गमीटर के हिसाब नर्सरी में भूमि शोधन करना चाहिए।

रोपाईः– फसल समय के अनुसार जैसे अगेती में मध्य जून से जुलाई के प्रथम सप्ताह तक पौध डालकर पौध तैयार करके 45 सेन्टीमीटर पंक्ति से पंक्ति और 45 सेंटी मीटर पौधे से पौधे

की दूरी पर पौध डालने के 30 दिन बाद रोपाई करनी चाहिए। मध्यम फसल में अगस्त के मध्य में पौध डालना चाहिए। पौध तैयार होने के बाद पौध डालने के 30 दिन बाद 50 सेंटी मीटर पंक्ति से पंक्ति और 50 सेन्टी मीटर पौधे से पौधे दूरी पर रोपाई करनी चाहिए।

पिछेती फसल में मध्य अक्टूबर से मध्य नवम्बर तक पौध डाल देना चाहिए। 30 दिन बाद पौध तैयार होने पर रोपाई 60 सेन्टी मीटर पंक्ति से पंक्ति और 60 सेन्टी मीटर पौधे से पौधे की दूरी पर रोपाई करनी चाहिए।

खाद एवं उर्वरकः– अधिक उपज लेने के लिए भूमि में पर्याप्त मात्रा में खाद डालना आवश्यक है मुख्य मौसम कि फसलको अपेक्षाकृत अधिक पोषक तत्वों कि आवश्यकता होती है इसके लिए एक हे. भूमि में 30–40 क्विंटल गोबर कि अच्छे तरीके से सड़ी हुई खाद एवं 1 कु. नीम की खली डालते है रोपाई के 15 दिनों के बाद वर्मी वाश का प्रयोग किया जाता है रासायनिक खाद का प्रयोग कर नाहो 120 किलो ग्राम नाइट्रोजन, 60 किलो ग्राम फास्फोरस तथा 60 किलो ग्राम पोटाश तत्व के रूप में प्रयोग करना चाहिए

सिचाईः– रोपाई के तुरंत बाद सिचाई करें अगेती फसल में बाद में एक सप्ताह के अंतर से, देर वाली फसल में 12–15 दिन के अंतर से सिचाई करें, फुल निर्माण के समय भूमि में नमी कि कमी नहीं होनी चाहिए ।

खरपतवार नियंत्रणः–

फुलगोभी कि फसल के साथ उगे खरपतवारों कि रोकथाम के लिए आवश्यकता अनुसार निराई– गुड़ाई करते रहे चूँकि फुलगोभी उथली जड़वाली फसल है इसलिए उसकी निराई– गुड़ाई ज्यादा गहरी न करें और खरपतवार को उखाड़कर नष्ट कर दें ।

कीट नियंत्रणः–

1.कैबेज मैगेट– यह जड़ों पर आक्रमण करता है जिसके कारण पौधे सुख जाते है। रोकथाम इसकी रोकथाम के लिए खेत में नीम कि खाद का प्रयोग करना चाहिए।

2.चौंपा– यह कीट पत्तियों और पौधों के अन्य कोमल भागों का रस चूसता है जिसके कारण पत्तिय पिली पड़ जाती है इसकी रोकथाम के लिए नीम का काढ़ा को गोमूत्र के साथ मिलाकर अच्छी तरह मिश्रण तैयार कर 750 मि. ली. मिश्रण को प्रतिपम्प के हिसाब से फसल में छिडकाव करें ।

3.ग्रीन कैबेज– वर्म ये दोनों पत्तियों को खाते है जिसके कारण पत्तियों कि आकृति बिगड़ जाती है।

रोकथाम :–

इसकी रोकथाम के लिए गोमूत्र नीम का तेल मिलाकर अच्छी तरह मिश्रण तैयार कर 500 मि. ली. मिश्रण को प्रतिपम्प के हिसाब से फसल में छिडकाव करें ।

4.डाई मंड बैक मोथ– यह भूरे या कत्थई रंग के होते है जो 1 से.मी. लम्बे होते है, इनकी सुंडी 1 से.नी. लम्बी होती है जो पौधों कि पत्तियों के किनारों को खाती है इसकी रोकथाम के लिए नीम का तेल मिलाकर अच्छी तरह मिश्रण तैयार कर 500 मि. ली. मिश्रण को प्रति पम्प के हिसाब से फसल में छिडकाव करें, बिमारियों के लिए बीज को बोने से पूर्व कैरोसिन या नीम का तेल से बीज को उपचारित कर के बोएं ।

कटाई:–

कटाई तब करें जब उसके फुल पूर्ण रूप से विकसित हो जाएँ फुल ठोस और आकर्षक होना चाहिए जाति के अनुसार रोपाई के बाद अगेती 60–70 दिन, पछेती 70–85 दिन में कटाई के लिए तैयार हो जाती है ।

उपजः– यह प्रति हे. 200–250 क्विंटल तक उपज मिल जाती है ।

बीज निष्कासनः–

पौधों की टहनियों वफलियों के पश्चात छड़ी की सहायता से पीटकर बीज निकाल कर उसे साफ कर सूर्य की धूप में 7 प्रतिशत नमी तक सुखालें और ठंडी जगह भंडारण करें।

बीज उपजः–

औसतन अगेती किस्मों में लगभग 200–250 किग्रा. तथा मध्यम व पछेती किस्मों में 300–400 किग्रा. प्रति हेक्टेयर बीज पैदावार होती है।और लगभग 1000 बीज का भार 2.8 से 3.0 ग्राम तक होता है।

*****

12

पत्तागोभी

वानस्पतिक नाम –ब्रेसिका ओलेरेसिया किस्म कैपिटाटा उत्तप्ति स्थान –भूमध्य सागर और यूरोप

खाने योग्य भाग –पत्ता   गुणसूत्र= सख्या –18

परिवार ––क्रुसिफेरि

परिचय :–

पत्तागोभी, उपयोगी पत्तेदार सब्जी है। यह रबी मौसम की एक महत्वपूर्ण सब्जी है। उत्पति स्थल मूध्य सागरीय क्षेत्र और साइप्रस में माना जाता है। पुर्तगालियों द्वारा भारत में लाया गया। जिसका उत्पादन देश के प्रत्येक प्रदेश में किया जाता है। इसे बन्धातथा बंदगोभी के नाम से भी पुकारा जाता है। यह पोष्टिक तत्वों से भरपूर होती है। इसमें प्रचुर मात्रा में विटामिन 'ए' और 'सी' तथा कैल्शियम, फास्फोरस खनिज होते है। इसका उपयोग सब्जी और सलाद के रूप में किया जाता है। सुखाकर तथा आचार तैयार कर परिरक्षित किया जाता है।

जलवायुः–

इसकी अच्छी वृद्धि के लिए ठंडी आद्र जलवायु की आवश्यकता होती है इसमें पाले और अधित्तापमान को सहन करने की विशेष क्षमता होती है बंदगोभी के बीज का अंकुरण 27–30 डिग्री सेल्सियस तापमान पर अच्छा होता है, पहाड़ी क्षेत्रों में अधिक ठण्ड पड़ने के कारण इसकी बसंत और ग्रीष्म कालीन फसलें ली जाती है इस किस्म में एक विशेष गुण पाया जाता है यदि फसल खेत में उगी हो तो थोडा पाला पड़ जाए तो उसका स्वाद बहुत अच्छा होता है।

भूमिः–

बंदगोभी की खेती बिभिन्न प्रकार की भूमि में की जा सकती है किन्तु अगेती फसल लेने के लिए रेतीली दोमट भूमि सर्वोत्तम रहती है जबकि पछेती और अधिक उपज लेने के लिए भारी भूमि जैसे मृतिका सिल्ट तथा दोमट भूमि उपयुक्त रहती है जिस भूमि का पी. एच. मान 5.5 से 7.5 हो वह भूमि इसकी खेती के लिए उपयुक्त रहती है खेत की तयारी के लिए

एक जुताई मिटटी पलटने वाले हल से या ट्रेक्टर से करें 3 –4 गहरी जुताइयाँ देशी हल से करके पाटा चलाकर समतल कर लेना चाहिए।

प्रजातियाँ :–

1.अगेती किस्में– प्राइड ऑफ इंडिया, गोल्डन एकर, अर्ली ड्रम हेड, मीनाक्षी।

2.पिछेती किस्में– लेटड्रमहैड, पूसा ड्रमहैड, एक्स्ट्रा अर्ली एक्सप्रेस, अर्ली सोलिडड्रम हैड, लार्ड माउनटेन हैड कैबेज लेट, सेलेक्टेड डब्ल्यू, डायमंड, सेलेक्शन८, पूसा मुक्त, क्विइ सिस्ट्स ।

बोने का समय :–

मैदानी क्षेत्रों में अगेती फसल के लिए – अगस्त– सितम्बर पछेती फसल के लिए – सितम्बर अक्टूम्बर पहाड़ी क्षेत्र के लिए मार्च– जून बीज उत्पादन के लिए जुलाई – अगस्त ।

बीज की मात्रा :–

बंदगोभी की बीज की मात्रा उसके बुवाई के समय पर निर्भर करती है अगेती 500 ग्राम और पछेती जातियों के लिए 375 ग्राम बीज एक हे. के लिए पर्याप्त है ।

खादः– इसकी अधिक पैदावार के लिए भूमि का काफी उपजाऊ होना अनिवार्य है इसके लिए प्रति हे. भूमि में 250–300 क्विंटल गोबर की अच्छी तरह से सड़ी हुई खाद और 1 कुंतल नीम की सडी पत्तियां या नीम की खली या नीम दाना पिसा हुआ चाहिए केंचुए की खाद 10 दिनों के बाद डालनी चाहिए रासायनिक खाद की दशा में 125 किलो नाइट्रोजन, 60 किलो फास्फोरस 60 किलो पोटाश की आवश्यकता होती है, शेष बची नाइट्रोजन रोपाई के 1 महीना बाद देनी होती है।

सिचाईः– बंद गोभी की फसल को लगातार नमी की आवश्यकता होती है, रोपाई के तुरंत बाद सिचाई करे इसके बाद 7–10 दिन के अंतर से सिचाई करते रहे इस बात का ध्यान रखे की फसल जब तैयार हो जाए तब अधिक गहरी सिचाई न करें अन्यथा फुल फटने का भय रहता है

खरपतवार नियंत्रणः– खरपतवारों को नष्ट करने के लिए दो सिचाइयों के मध्य हल की निराई–गुड़ाई करें, गहरी निराई–गुड़ाई करने से पौधों की जड़ कटने का भय रहता है 6–7 सप्ताह बाद मिटटी चढ़ा देनी चाहिए।

कीटः–

कैबेज मैगट–यह जड़ों पर आक्रमण करता है जिसके कारण पौधे सुख जाते है। इसके लिए खेत में नीम की खाद का उपयोग करे।

चौंपाः—यह कीट पत्तियों और पौधों के अन्य कोमल भागों का रस चूसता है जिसके कारण पत्तियां पिली पड़ जाती है। इसकी रोकथाम के लिए नीम का काढ़ा को गोमूत्र का मिश्रण तैयार कर 500 मी. ली. मिश्रण को प्रतिपम्प के द्वारा फसल में तर–बतर कर छिडकाव करें ।

ग्रीन कैबेज/वर्म कैबेजलू परः—

ये दोनों पत्तियों को खाते है जिसके कारण पत्तियों की आकृति बिगड़ जाती है। इसकी रोकथाम के लिए नीम काढ़ा को गोमूत्र के साथ मिलाकर अच्छी तरह से मिश्रण तैयार कर 500० मी. ली. मिश्रण को प्रतिपम्प के द्वारा फसल में तर–बतर कर छिडकाव करें ।

डायमंड बैक मोथः—

यह मोथ भूरे या कत्थई रंग के होते है जो1से. मी. लम्बे होते है इसके अंडे 0.5 मी. मी. व्यास के होते है इसकी सुंडी एक से. मी. लम्बी होती है जो पौधों की पत्तियों के किनारे को खाती है। इसके लिए नीम काढ़ा को गोमूत्र के साथ मिलाकर अच्छी तरह से मिश्रण तैयार कर 500 ०मी. ली. मिश्रण को प्रति पम्प के द्वारा फसल में छिडकाव करें ।

ब्लैक लैगः—

यह रोग फोमालिगमा नामक फफूंदी के कारण होता है यह रोग नमी वाले क्षेत्रों में लगता है यह बीज जनित रोग है इसमें पूरा जड़ तंत्र सड़ जाता है जिसके परिणाम स्वरुप पूरा पौधा भूमि पर गिर जाता है। इसकी रोकथाम के लिए बीज बोने से पूर्व कैरोसिन या नीम के तेल से उपचारित कर लें।

मृदुरोमिल आसिताः—

यह रोग फफूंदी के कारण होता है इसका प्रकोप छोटे पौधों पर होता है पूरा पौधा रंगहीन हो जाता है।

कटाईः—

जब शीर्ष पुरे आकार के हो जाएँ और ठोस हों तब इसकी कटाई करनी चाहिए मैदानी क्षेत्रों में इसकी कटाई मध्य दिसंबर से अप्रैल तक की जाती है जबकि पहाड़ी क्षेत्रों मे बोने के अनुसार इसकी कटाई दो बार तक की जाती है पहली सिंतबर से दिसंबर, दूसरी मार्च से जून तक।

उपजः—

इसकी उपज जाती भूमि और फसल की देखभाल पर निर्भर करती है अगेती और पछेती फसल से 200–250 क्विंटल और 300–325 क्विंटल तक उपज मिल जाती है।

13

गांठगोभी

वानस्पतिक नाम – ब्रेसिका ओलेरेसिया किस्म गोनगीलोडस

उत्तप्ति स्थान –उत्तरी यूरोप खाने योग्य भाग–गांठ

गुणसूत्र=सख्या –18 परिवार –क्रुसिफेरि

परिचय :–

जिसका उत्पादन देश के प्रत्येक प्रदेश में किया जाता है। पुर्तगालियों द्वारा भारत में लाया गया। इसमें प्रचुर मात्रा में विटामिन 'ए' 'सी' और 'बी' कैल्शियम, फास्फोरस खनिज होते है साथ–साथ प्रोटीन भी अन्य सब्जियों के तुलना में अधिक पायी जाती है, उत्पति स्थल मूध्य सागरीय क्षेत्र और साइप्रस में माना जाता है। इसमें विशेष मनमोहक सुगन्ध 'सिनीग्रिन' ग्लूकोसाइड के कारण होती है।

जलवायु:–

गांठ गोभी ठन्डे मौसम की फसल है उत्तरी भारत के मैदानी क्षेत्रों में इसकी खेती शरद कालीन फसल के रूप में की खेती की जाती है लेकिन दक्षिणी भारत में इसे खरीफ के मौसम में उगाया जाता है। इसकी अन्य जलवायु सम्बन्धी आवश्यकताएं फूलगोभी की तरह ही है।

भूमि:–

भूमिका पी. एच. मान 5.5 से 7 के मध्य हो वह भूमि खेती के लिए उपयुक्त मानी गई है अगेती फसल के लिए अच्छे जल निकास वाली बलुई दोमट मिट्टी तथा पिछेती के लिए दोमट या चिकनी मिट्टी उपयुक्त रहती है, गांठ गोभी की खेती बिभिन्न प्रकार की भूमियों में की जा सकती है, जिस भूमि मे पर्याप्त मात्रा में जैविक खाद उपलब्ध हो खेती के लिए अच्छी होती है।

खेत की तैयारी:–

पहले खेत को पलेवा करें जब भूमि जुताई योग्य हो जाए तब उसकी जुताई 2 बार मिटटी पलटने वाले हल से करें इसके बाद 2 बार कल्टीवेटर चलाएँ और प्रत्येक जुताई के बाद पाटा अवश्य लगाएं।

खाद:–

खेत में अच्छी उपज लेने के लिए भूमि में 30–40 क्विंटल गोबर की अच्छे तरीके से सड़ी हुई खाद 50 किलोग्राम नीम की खली और 50 किलो अरंडी की खली आदि इन सब खादों को अच्छी तरह मिलाकर खेत में बुवाई से पहले समान मात्रा में बिखेर लें, इसके बाद खेत में अच्छी तरह से जुताई कर खेत को तैयार करें इसके उपरांत बुवाई करें।

रोपाई के 12–15 दिनों के बाद वर्मी वाश का प्रयोग किया जाता है रासायनिक खाद का प्रयोग करना हो 120 किलोग्राम नाइट्रोजन, 60 किलोग्राम फास्फोरस तथा 60 किलोग्राम पोटाश तत्व के रूप में प्रयोग करना चाहिए।

प्रजातियाँ :–

(1) अगेती किस्मे– अर्लीव्हाईट , व्हाईटवियना किस्मे आती है ।

(2) पछेती किस्में–इस वर्ग के अंतर्गत पर्पिलटाप, पर्पिलवियना, ग्रीज किस्मे आती है।

व्हाईटवियना:–

यह एक अगेती और कम बढ़ने वाली किस्म है इसकी गांठे चिकनी हरी और ग्लोब के आकार की होती है इसका गुदा कोमल और सफेद रंग का होता है तनों और पत्ती का रंग हल्का हरा होता है इसकी बुवाई अगस्त के दुसरे पखवाड़े से अक्टूम्बर तक की जाती है यह प्रति हे.145–150 क्विंटल उपज देती है ।

पर्पिलवियना:–

यह पछेती किस्म है इसके पौधों में पत्ते अधिक होते है पत्तों और तनों का रंग बैंगनी होता है इसकी गांठों का छिलका भी बैंगनी और मोटा होता है इसका गुदा हरापन लिए सफेद रंग का और मुलायम होता है। इसके बीजों की बुवाई अगस्त के अंत से अक्टूम्बर तक की जाती है यह प्रति हे. 150 क्विंटल तक उपज देती है ।

बीज बुवाई/बोने का समय :– इसकी पौध पहले पौधशाला में तैयार की जाती है लगभग 100 मीटर वर्ग क्षेत्र में उगाई गई पौध एक हे. भूमि की रोपाई के लिए पर्याप्त होती है इसका बीज पौधशाला में फसल के अनुसार मध्य अगस्त से नवम्बर तक बोया जाता है जबकि पहाड़ी क्षेत्रों में इसकी बुवाई फरवरी में की जाती है मैदानी क्षेत्रों में इसकी खेती के लिए अगेती फसल – मध्य अगस्त पछेती फसल – अक्टूम्बर से नवम्बर बीज की मात्रा गांठगोभी के लिए प्रति हे. 1–1.5 किलोग्राम बीज पर्याप्त होता है ।

बीज बुवाई पहले 200 से 300 ग्राम गौमूत्र या नीम का तेल प्रतिकिलो ग्राम बीज की दर से शोधित कर लेना चाहिए। इसके साथ ही साथ 160 से 175 मिली लीटर को 2.5 लीटर पानी में मिलकर प्रति पीस वर्ग मीटर के हिसाब नर्सरी में भूमिशोधन करना चाहिए। स्वस्थ पौधे तैयार करने के लिए भूमि तैयार होने पर 0.75 मीटर चौड़ी, 5 से 10 मीटर लम्बी, 15 से 20 सेंटीमीटर ऊँची क्यारिया बना लेनी चाहिए।दो क्यारियों के बीच में 50 से 60 सेंटी मीटर चौड़ी नाली पानी देने तथा अन्य क्रियाओ करने के लिए रखनी चाहिए। पौध डालने से पहले 5 किलोग्राम गोबर की खाद प्रतिक्यारी मिला देनी चाहिए तथा10 ग्राम म्यूरेट ऑफ पोटाश व 5 किलो यूरिया प्रतिवर्ग मीटर के हिसाब से क्यारियों में मिला देना चाहिए। पौध 2.5 से 5 सेन्टी मीटर दूरी की कतारों में डालना चाहिए। क्यारियों में बीज बुवाई के बाद सड़ी गोबर की खाद से बीज को ढक देना चाहिए। इसके 1 से 3 दिन बाद नालियों में पानी लगा देना चाहिए या हजारे से पानी क्यारियों देना चाहिए।

रोपाईः–

जब पौधे 4–5 सप्ताह के हो जाएँ तब रोपाई कर देनी चाहिए इसकी पौध की रोपाई करते समय पंक्तियों और पौधों की आपसी दूरी 25 और 15 से.मी. रखें जबकि कभी–कभी 20 गुणा 20, 20 गुणा 25, 25 गुणा 35 से.मी. पर भी रोपाई करते है।

सिचाईः–

पौध रोपण के तुरंत बाद सिचाई करदें उसके बाद में एक सप्ताह के अंतर से, देर वाली फसल में 12–15 दिन के अंतर से सिचाई करें,यह ध्यान रहे कि फुल निर्माण के समय भूमि में नमी कि कमी नहीं होनी चाहिए।

कीट नियंत्रणः–

1.कैबेज मैगेट यह जड़ों पर आक्रमण करता है जिसके कारण पौधे सुख जाते है। इसकी रोकथाम के लिए खेत में नीम कि खाद का प्रयोग करना चाहिए।

2.चौंपा यह कीट पत्तियों और पौधों के अन्य कोमल भागों का रस चूसता है जिसके कारण पत्तिय पिली पड़ जाती है। इसकी रोकथाम के लिए नीम का काढ़ा को गोमूत्र के साथ मिलाकर अच्छी तरह मिश्रण तैयार कर 750 मि.ली. मिश्रण को प्रतिपम्प के हिसाब से फसल में तर–बतर कर छिडकाव करें।

3.ग्रीन कैबेज वर्म ये दोनों पत्तियों को खाते है जिसके कारण पत्तियों कि आकृति बिगड़ जाती है। रोकथाम इसकी रोकथाम के लिए नीम का तेल मिलाकर अच्छी तरह मिश्रण तैयार कर 500 मि.ली. मिश्रण को प्रतिपम्प के हिसाब से फसल में तर–बतर कर छिडकाव करें।

रोग / नियंत्रणः–

1.आद्र विगलन यह रोग फफूंदी के कारण होता है जिसके कारण पौधा मर जाता है। रोकथाम इसकी के लिए बीज को बोने पूर्व नीम का तेल या कैरोसिन से उपचारित करें।

2.ब्लैकराट यह रोग एक्सेंथो मोनास कैम्पेस्ट्रिस द्वारा होता है रोगी पौधों की पत्तियों पर अंग्रेजी के (ट) के आकार भूरे या पीले रंग के धब्बे स्पष्ट दिखाई पड़ते है डंठल या जड़ के भीतरी भाग काले पड़ जाते है पत्ते धीरे–धीरे पीले पड़कर सुख जाते है। रोकथाम के लिए बीज को बोने पूर्व गोमूत्र या कैरोसिन से उपचारित करें।

3.क्लबराट और सोफ्टराट यह रोग फफूंदी के कारण होते है पौधा पतला, कोमल तथा उससे दुर्गन्ध आती है यह रोग स्नोबाल में अधिक लगता है। रोकथाम गोभी वर्गीय फसलों को ऐसे क्षेत्र में नहीं उगाना चाहिए जिनमे इन रोगों का प्रकोप रहा हो और सरसों वाले कुल के पौधे को इसके समीपन उगाएँ।

कटाईः–

जब फुला हुआ तना 5–8 से.मि. व्यास का हो जाए तब कटाई कर लेनी चाहिए देरी से कटाई करने से गांठों में रेखा बढ़ जाती है।

उपज– इसकी प्रति हे.140–150 क्विंटल उपज मिल जाती है।

*****

14

ब्रोकली

वानस्पतिक नाम –ब्रेसिका ओलेरेसिया इटैलिका | खाने योग्य भाग –फूल

गुणसूत्र= सख्या –18 | परिवार –क्रुसिफेरि

परिचय :–

ब्रोकोली का खाने वाला भाग छोटी छोटी बहुत सारी हरे फूल कलिकाओं का गुच्छा होता है, जो फूल खिलने से पहले पौधों से काट लिया जाता है और यह खाने के काम आता है। ब्रोकोली की खेती ठीक फूलगोभी की तरह की जाती है। इसके बीज व पौधे देखने में लगभग फूलगोभी की तरह ही होते हैं। फूलगोभी में जहां एक पौधे से एक फूल मिलता है वहां ब्रोकोली के पौधे से एक मुख्य गुच्छा का टने के बाद भी, पौधे से कुछ शाखायें निकलती हैं तथा इन शाखाओं से बाद में ब्रोकोली के छोटे गुच्छे बेचने अथवा खाने के लिये प्राप्त हो जाते है। ब्रोकली का रंग हरा होता है इसलिए इसे हरी गोभी भी कहते है उत्तर भारत के मैदानी क्षेत्रों में जाड़े के दिनों में इन सब्जियों की खेती की जा सकती है जबकि हिमाचल प्रदेश, उत्तरांचल और जम्मूकश्मीर में इनके बीज भी बनाए जा सकते है। आगे आने वाले समय में सब्जियों का उत्पादन तथा निर्यात दोनों ही बढ़ने की काफी संभावनाएँ हैं। इसकी खेती पिछले कई वर्षों में धीरे–धीरे बडे शहरों के आस–पास कुछ किसान करने लगे हैं। बडे महानगरों में इस सब्जी की मांग भी अब बढने लगी है। पाँच सितारा होटल तथा पर्यटक स्थानों पर इस सब्जी की मांग बहुत है तथा जो किसान इसकी खेती करके इसको सही बाजार में बेचते हैं उनको इसकी खेती से बहुत अधिक लाभ मिलता है। इस हरी सब्जी में लोहा, प्रोटीन, कैल्शियम, कार्बोहाइड्रेट, क्रोमियम, विटामिन ए और सी पाया जाता है, जो सब्जी को पौष्टिक बनाता है। इसके अलावा इसमें फाइटोकेमिकल्स और एंटी–ऑक्सीडेंट भी होता है, जो बीमारी और बॉडीइंफेक्शन से लडने में सहायक होता है। ब्रोकोली विटामिन सी से भरी हुई है। ब्रोकोली की लगभग सभी किस्में विदेशी हैं। यह कई पोषक तत्वों से भरपूर है। यह कई बीमारियों से बचाने के साथ ब्रेस्ट कैंसर और प्रोस्टेट कैंसर के भी खतरे को कम करती है। अपने स्वास्थ्य के प्रतिसचेत और वजन कम करने की इच्छा रखने वाले लोगों के लिए ब्रोकोली अच्छा विकल्प है। ऐसा माना जाता है कि ब्रोकोली भूमध्य सागरीय उपज है। ब्रोकोली लैटिन शब्द 'ब्रैक्यिम' से बना है जिसका मतलब है शाखा। इसमें शक्ति शाली फाइटो केमिकल

(प्लांट–केमिकल) पाए जाते हैं, जो कैंसर जैसी घातक बीमारी से लडने में मदद करते हैं। ब्रोकोली खाने के कई न्यूट्रिशन लफाय दे होते हैं। ब्रोकोली को आप उबालकर खाएंगे तो आपको ज्यादा फायदा होगा। ब्रोकोली में बीटा–कैरोटीन होता है जो आंखों में मोतिया बिंद और मस्कुलर डीजेनरेशन होने से रोकती है। ब्रोकोली में कैल्शियम, फास्फोरस, मैग्नीशियम और जिंक होता है, जो हड्डियों को मजबूत बनाता है।

ब्रोकोली शरीर को एनीमिया और एल्जाइ मर से बचाती है क्योंकि इसमें बहुत ज्यादा आइरन और फोलेट पाया जाता है। ब्रोकोली को नियमित खाने से गर्भवती महिलाओं को मदद मिलती है। इसमें फाइटो केमिकल्स होने के कारण, यह एंटी कैंसर न्यूट्रिशनल वेजिटेबल है। ब्रोकोली में कैरोटीनॉय डल्यूटिन होता है जो हृदय की धमनियों को मोटा होने से रोकता है, जिससे हार्ट अटैक और अन्य हार्ट सबंधी बीमारियों कारिस्क टलता है। ब्रोकली खाने से न केवल स्वास्थ्य और पोषण मिलता है, बल्कि इसमें लो कैलोरी होने की वजह से वजन भी कम होता है।

खेत की तैयारीः–

ब्रोकोली को उत्तर भारत के मैदानी भागों में जाड़े के मौसम में अर्था त्सितम्बर मध्य के बाद से फरवरी तक उगाया जा सकता है। इस फसल की खेती कई प्रकार की मिट्टी में की जा सकती है, लेकिन सफल खेती के लिये बलुई दोमट मिट्टी बहुत उपयुक्त है। सितम्बर मध्य से नवम्बर के शुरू तक पौधा तैयार की जा सकती है बीज बोने के लगभग 4 से 5 सप्ताह में इसकी पौध खेत में रोपाई करने योग्य हो जाती हैं इसकी नर्सरी ठीक फूलगोभी की नर्सरी की तरह तैयार की जाती है।

जलवायु मिट्टीः–

ब्रोकली के लिए ठंडी और आद्र जलवायु की आवश्यकता होती है यदि दिन अपेक्षाकृत छोटे हों तो फूल की बढ़ोत्तरी अधिक होती है फूल तैयार होने के समय तापमान अधिक होने से फूल छितरेदार,पत्तेदार और पीले हो जाते हैं।

इस फसल की खेती कई प्रकार की मिट्टी में की जा सकती है लेकिन सफल खेती के लिये बलुई दोमट मिट्टी बहुत उपयुक्त है। जिसमे पर्याप्त मात्रा में जैविक खाद हो इसकी खेती के लिए अच्छी होती है हल्की रचना वाली भूमि में पर्याप्त मात्रा में जैविक खाद डालकर इसकी खेती की जा सकती है।

प्रजातिय :– ब्रोकोली की हरे रंग की गंठी हुई शीर्ष वाली किस्मे अधिक पसंद की जाती है, इनमे नाइनस्टार, पेरिनियल, इटैलियनग्रीन स्प्राउटिंग,याकेलेब्रस, बाथम 29 और ग्रीन हेड प्रमुख किस्मे है।

संकर किस्मों:–

में पाईरेट पेक में, प्रिमियक्राप, क्लीपर, क्रुसेर, स्टिकव ग्रीन सर्फ मुख्य है। प्रीमियम क्रॉप, टोपर, ग्रीन कोमट, क्राई टेरीयन आदि। भारतीय कृषि अनुसंधान संस्थान, नई दिल्ली ने हाल ही में पूसा ब्रोकोली 1 किस्म की खेती के लिये सिफारिश की है तथा इसके बीज थोड़ी मात्रा में पूसा संस्थान क्षेत्रीय केन्द्र, कटराइन कुल्लूघाटी, हिमाचल प्रदेश से प्राप्त किये जा सकते हैं।

लगाने का समय :–

उत्तर भारत के मैदानी क्षेत्रों में ब्रोकोली उगाने का उपयुक्त समय ठण्ड का मौसम होता है इसके बीज के अंकुरण तथा पौधों को अच्छी वृद्धि के लिए तापमान 20 –25 डिग्री सेल्सियस होना चाहिए इसकी नर्सरी तैयार करने का समय अक्टूम्बर का दूसरा पखवाडा होता है पर्वतीय क्षेत्रों में कम उचाई वाले क्षेत्रों में सितम्बर– अक्टूम्बर, मध्यम उचाई वाले क्षेत्रों में अगस्त सितम्बर, और अधिक उचाई वाले क्षेत्रों में मार्च–अप्रैल में तैयार की जाती है।

बीज दर:–

गोभी की भांति ब्रोकली के बीज बहुत छोटे होते है। एक हेक्टेअर की पौध तैयार करने के लिये लगभग 375 से 400 ग्राम बीज पर्याप्त होता है।

नर्सरी तैयार करना:–

ब्रोकोली की पत्तागोभी की तरह पहले नर्सरी तैयार करते है और बाद में रोपण किया जाता है कम संख्या में पौधे उगाने के लिए 3 फिट लम्बी और 1 फिटचौड़ीतथाजमीनकीसतहसे 1.5से. मी. ऊँची क्यारी में बीज की बुवाई की जाती है क्यारी की अच्छी प्रकार से तैयारी करके एवं सड़ी हुई गोबर की खाद मिलाकर बीज को पंक्तियों में 4–5 से. मी. की दूरी पर 2.5 से. मी. की गहराई पर बुवाई करते है बुवाई के बाद क्यारी को घास–फूस की महीन पर्त से ढक देते है तथा समय–समय पर सिचाई करते रहते है जैसे ही पौधा निकलना शुरू होता है ऊपर से घास–फूस को हटा दिया जाता है नर्सरी में पौधों को कीटों से बचाव के लिए नीम का काढ़ा का प्रयोग करें।

रोपाई:–

नर्सरी में जब पौधे 8–10 या 4 सप्ताह के हो जायें तो उनको तैयार खेत में कतार से कतार, पक्ति से पंक्ति में 15 से 60 से. मी. का अन्तर रखकर तथा पौधे से पौधे के बीच 45 सें०मी० का फसला देकर रोपाई कर दें। रोपाई करते समय मिट्टी में पर्याप्त नमी होनी चाहिए तथा रोपाई के तुरन्त बाद हल्की सिंचाई अवश्य करें।

खाद और उर्वरकः–

रोपाई की अंतिम बार तैयारी करते समय प्रति 10 वर्ग मीटर क्षेत्रफल में 50 किलो ग्राम गोबर की अच्छेतरी के से सड़ी हुई खाद कम्पोस्टखाद इसके अतिरिक्त 1 किलोग्राम नीम खली 1 किलोग्राम अरंडी की खली इन सब खादों को अच्छी तरह मिलाकर क्यारी में रोपाई से पूर्व समान मात्रा में बिखेर लें इसके बाद क्यारी की जुताई करके बीज की रोपाई करें। रासायनिक खाद की दशा में खाद की मात्रा प्रतिहेक्टेअर गोबर की सड़ी खादः 50–60 टन नाइट्रोजनः 100–120 कि० ग्रा० प्रति हेक्टेअर फॉसफोरस : 45–50 कि०ग्रा० प्रति हेक्टेअर गोबर तथा फॉस्फरस खादों की मात्रा को खेत की तैयारी में रोपाई से पहले मिट्टी में अच्छी प्रकार मिला दें। नाइट्रोजन की खाद को 2 या 3 भागों में बांटकर रोपाई के क्रमशः 25 ,45 तथा 60 दिन बाद प्रयोग कर सकते हैं। नाइट्रोजन की खाद दूसरी बार लगाने के बाद, पौधों पर परत की मिट्टी चढाना लाभदाय होता है।

निराई–गुड़ाई व सिंचाईः–

इस फसल में लगभग 10–15 दिन के अन्तर पर हल्की सिंचाई की आवश्यकता होती है। ब्रोकोली की जड़ एवं पौधों की अच्छी बढ़वार के लिए के लिए क्यारी में से खरपतवार को बराबर निकालते रहना चाहिए गुड़ाई करने से पौधों की बढ़वार तेज होती है गुड़ाई के उपरांत पौधे के पास मिटटी चढ़ा देने से पौधे पानी देने पर गिरते नहीं है।

कीड़े व बीमारियाँ :–

काला सडन, तेला, तना सडन ,मृदुरोमिल रोग यह प्रमुख बीमारियाँ हैं। इसकी रोकथाम के लिए 5 ली। देशी गाय के मठ्ठे में 2 किलो नीम की पट्टी 100 ग्राम तम्बाकू की पट्टी 1 किलो धतूरे की पट्टी को 2 ली. पानी के साथ उबालें जब पानी 1 ली। बचे तो ठंडा करके छान के मठ्ठे में मिलाले 140 ली पानी के साथ (यह पूरे घोल का अनुपात है आप लोग एकड़ में जितना पानी लगे उस अनुपात में मिलाएं) मिश्रण तैयार कर पम्प के द्वारा फसल में छिडकाव करें।

कटाई व उपजः–

जब हरे रंग की कलियों का मुख्य गुच्छा बनकर तैयार हो जाये, शीर्ष रोपण के 65–70 दिन बाद तैयार हो जाते है तो इसको तेज चाकू या दरांती से कटाई कर लें। ध्यान रखें कि कटाई के साथ गुच्छा खूब गुंथा हुआ हो तथा उसमें कोई कली खिलने न पाएँ। मुख्य गच्छा काटने के बाद, ब्रोकोली के छोटे गुच्छे ब्रिकी के लिये प्राप्त होगें। ब्रोकोली की अच्छी फसल से लगभग 12 से 15 टन पैदावार प्रति हेक्टेअर मिल जाती है।

15

मटर

वानस्पतिक नाम –पाइसम सेटाइवम किस्म होरेंस उत्तप्ति स्थान –एथोपिया

खाने योग्य भाग –पोड गुणसूत्र= सख्या –14

परिवार –फ्रेबेसी

परिचय :–

शोत कालीन सब्जियो मे मटर का स्थान प्रमुख है। इसकी खेती हरी फल्ली (सब्जी), साबुत मटर, एवं दाल के लिये किया जाता है। आजकल मटर की डिब्बा बंदी भी काफी लोकप्रिय है। इसमे प्रचुर मात्रा मे प्रोटीन, कार्बोहाइड्रेट, फास्फोरस, रेशा, पोटेशियम एवं विटामिन्स पाया जाता है। स्वाद एवं पौष्टिकता की दृष्टि से दलहनी फसलो मे से मुख्य फसल है। देश भर मे इसकी खेती व्यावसायिक रूप से की जाती है। इस लेख के माध्यम से इसका अधिक उत्पादन प्राप्त करने के लिये उन्नत तकनीकी के महत्वपूर्ण पहलुओ पर प्रकाश डाला गया है–

उन्नत शील किस्मे:–

मटर के किस्मो को दो वर्गो मे विभाजित किया गया है जिसमे से एक फील्ड मटर व दूसरा गार्डन मटर या सब्जी मटर है–

फील्ड मटर:– इस वर्ग के किस्मो का उपयोग साबुत मटर, दाल के लिये, दाने एवं चारे के लिये किया जाता है। इन किस्मो मे प्रमुख रूप से रचना, स्वर्णरेखा, अपर्णा, हंस, जे.पी. –885, विकास, शुभ्र, पारस, अंबिका आदि है।

गार्डन मटर:–

इस वर्ग के किस्मो का उपयोग सब्जियो के लिये किया जाता है। इसकी प्रमुख उन्नत किस्मे निम्न है–

अगेती किस्मे:– ये किस्मे बोने के लगभग 60–65 दिनो बाद पहली तुड़ाई करने योग्य हो जाती है जैसे– आर्केल, असोजी, अलास्का, लिंकोलन, काशी नंदनी, पंजाब–88, मटर

अगेती–6, आजाद मटर–3, जवाहर मटर–3, हरभजन, पंत सब्जी मटर–3, पंत सब्जी मटर–5, पूसा प्रगति, काशी उदय आदि।

मध्यम किस्मे:– ये किस्मे बोने के लगभग 85–90 दिनो बाद पहली तुड़ाई करने योग्य हो जाती है जैसे– बोनविले, काशी शक्ति, एन.डी.वी.पी.–8, एन.डी.वी.पी.–10, जवाहर मटर–1, जवाहर मटर–4, जवाहर मटर–83, पंत उपहार, विवके, आजाद मटर–1, आजाद मटर–4 आदि।

पछेती किस्मे:– ये किस्मे बोने के लगभग 100–110 दिनो बाद पहली तुड़ाई करने योग्य हो जाती है जैसे– आजाद मटर–2, जवाहर मटर–2 आदि।

जलवायु एवं भूमि:–

यह ठंडी व नम जलवायु चाहने वाली फसल है। इसकी बीज अंकुरण के लिये औसत 22 डिग्री सेल्सियस एवं अच्छी वृद्धि एवं विकास के लिये 10–18 डिग्री सेल्सियस तापमान की आवश्यकता होती है। यदि फलियो के निर्माण के समय गर्म या शुष्क मौसम हो जाये तो मटर के गुणो एवं उत्पादन पर प्रतिकूल प्रभाव पड़ता है। इसकी सफल खेती के लिये उचित जल निकास क्षमता वाली, जीवांश पदार्थ युक्त दोमट तथा बलुई दोमट मृदा उपयुक्त मानी जाती है।

बीज की मात्रा एवं बीजोपचार:–

अगेती किस्मो के लिये 100 कि.ग्रा. एवं मध्यम व पछेती किस्मो के लिये 80 कि.ग्रा. बीज प्रति हेक्टेयर लगता है। बीजो को बुंवाई से पहले कार्बेंडाजिम या बाविस्टिन (3 ग्रामधकि. ग्रा. बीज) से उपचारित कर बोना चाहिये ताकि बीज एवं मृदा जनित रोगो से बचाव हो सके। इसके बाद राइजोबियम कल्चर (5 ग्रामधकि.ग्रा. बीज) से उपचारित करने से लाभ होता है।

बुंवाई का समय एवं विधि:–

मटर की बुंवाई अच्छे उत्पादन के लिये मध्य अक्टूबर से नवंबर माह तक कर लेवे। इसकी बुंवाई हल के पीछे कूड़ो मे या सीड ड्रील द्वारा की जाती है। पौधो की आपस मे दूरी 10 से.मी. एवं कतार से कतार की दूरी 30 से.मी. रखना चाहिये।

खाद एवं उर्वरक:–

मृदा जांच के आधार पर खाद व उर्वरक का उपयोग करना लाभकारी रहता है। यदि किसी कारणवश मृदा जांच ना हो पाया हो तो निम्न मात्रा मे खाद एवं उर्वरक का प्रयोग करना चाहिये। गोबर या कम्पोस्ट खाद (10–15 टनध्हे.) खेत की तैयारी के समय देवें। चूंकि यह दलहनी फसल है इसलिये इसका जड़ नाइट्रोजन स्थिरीकरण का कार्य करता है अतः फसल को कम नाइट्रोजन देने की आवश्यकता पड़ती है। रासायनिक खाद के रूप मे 20–25

कि.ग्रा. नाइट्रोजन, 40–50 कि.ग्रा. फॉस्फोरस एवं 40–50 कि.ग्रा. पोटाशध्हे. बीज बुंवाई के समय ही कतारों में दिया जाना चाहिये। यदि किसान उर्वरको की इस मात्रा को यूरिया, सिंगल सुपर फॉस्फेट एवं म्यूरेट आफ पोटाश के माध्यम से देना चाहता है तो 1 बोरी यूरिया, 5 बोरी सिंगल सुपर फास्फेट एवं 1.5 बोरी म्यूरेट आफ पोटाश प्रति हेक्टेयर पर्याप्त रहता है।

निराई–गुड़ाई एवं सिंचाई:–

अच्छी पैदावार प्राप्त करने के लिये खेत को खरपतवारो से मुक्त रखना चाहिये। कम से कम 2 बार निराई–गुड़ाई करना चाहिये। खरपतवारो का रासायनिक नियंत्रण के लिये बासालिन या पेंडीमेथलीन 1–1.5 कि.ग्रा. मात्रा प्रति हेक्टेयर को बुंवाई से पूर्व या बुंवाई के तीन दिन बाद मृदा मे पर्याप्त नमी रहने की अवस्था मे प्रयोग करे। बीज बोने के तुरंत बाद हल्की सिंचाई करना चाहिये। पहली सिंचाई बुंवाई के 30 दिन बाद या फूल आने से पूर्व करे एवं दूसरी सिंचाई फलियो के निर्माण के समय करना आवश्यक रहता है। सिंचाई मे ध्यान रखे कि अधिक जल भराव से फसल पर हानिकारक प्रभाव पड़ता है।

पौध संरक्षण:–

मटर की फसल मे रोगो मे मुख्य रूप से चूर्णिल आसिता, गेरूआ एवं उकटा लगता है वही कीटो मे मुख्य रूप से फली भेदक, माहो एवं पर्ण सुरंगक नुकसान पहुंचाते है।

चूर्णिल आसिता (पाउडरी मिल्ड्यू):–

इस रोग का प्रकोप शुष्क मोसम मे फलियां बनते समय होता है। सामान्यतः जल्दी तैयार होने वाली किस्मो मे यह रोग कम लगता है। इस रोग मे पत्तियों पर सफेद चूर्ण युक्त धब्बे बनने लगते है। रोगग्रस्त पौधा सफेद चूर्ण से ढंका दिखाई देता है जिसके कारण पौधो मे प्रकाश संश्लेषण की क्रिया मंद पड़ जाती है एवं पौधे छोटे रह जाते है। रोग की तीव्रता होने पर नये फूल नही आते है एवं फलियो का विकास नही होता। फलियो मे बनने वाले दाने छोटे रह जाते है।

नियंत्रण:– जल्दी तैयार होने वाली किस्मो का चयन करना चाहिये। नत्रजन की मात्रा ज्यादा नही देनी चाहिये इससे रोग का तीव्रता बढ़ती है। फसल चक्र अपनाना चाहिये। बीजो को कार्बेंडाजिम या बाविस्टिन (3 ग्रामधकि.ग्रा. बीज) से उपचारित कर बोना चाहिये। खड़ी फसल मे रोग का प्रकोप होने पर घुलनशील गंधक (3 ग्राम) या बाविस्टिन (1 ग्राम) या केलेक्सिन (1 ग्राम) मे से किसी एक दवा को प्रति लीटर पानी मे घोलकर 15 दिन के अंतराल मे 2 बार छिड़काव करना चाहिये। रोग प्रतिरोधी किस्मो जैसे पूसा प्रगति, रचना, अंबिका, शुभ्रा, अपर्णा, अर्का अजीत, फूले प्रिया, आजाद मटर–4, जवाहर मटर–4,5 आदि को लगाना चाहिये।

गेरूआ (रस्ट):–

रोग का प्रारंभिक लक्षण पौधे के हरे भागो पर पीले, गोल या लंबे धब्बे समूहो मे पाये जाते है जो बाद मे भूरे रंग मे परिवर्तित हो जाते है। यह रोग नम जलवायु वाले क्षेत्रो मे अधिक उग्रता से उत्पन्न होता है।

नियंत्रणः–फसल चक्र अपनाना चाहिये। रोगरोधी किस्मे जैसे हंस, अर्का अजीत आदि का चयन करना चाहिये। खड़ी फसल मे रोग का प्रकोप होने पर घुलनशील गंधक (3 ग्राम) या बाविस्टिन (1 ग्राम) या केलेक्सिन (1 ग्राम) मे से किसी एक दवा को प्रति लीटर पानी मे घोलकर 15 दिन के अंतराल मे 2 बार छिड़काव करना चाहिये या सल्फर पाउडर 25 कि.ग्रा. राख के साथ मिश्रण करके प्रति हेक्टेयर भुरकाव करना चाहिये।

उकटाः–

इस रोग मे प्रभावित खेत की फसल हरा का हरा मुरझाकर सूख जाता है। यह रोग पौधें में किसी भी समय प्रकोप कर सकता है। अगेती फसलो मे यह रोग ज्यादा लगता है।

नियंत्रणः– ग्रीष्मकालीन गहरी जुताई करके खेतों को कुछ समय के लिये खाली छोड देना चाहिये। बीज को ट्राइकोडर्मा विरडी (5 ग्रामधकिलो बीज) या कार्बेंडाजिम (3 ग्रामधकिलो बीज) से उपचारित करके बोना चाहिये। फसल चक्र अपनाना चाहिए। प्रभावित खडी फसल में रोग का प्रकोप कम करने के लिये गुडाई बंद कर देना चाहिए क्योंकि गुडाई करने से जडों में घाव बनतें है व रोग का प्रकोप बढता है। संक्रमित क्षेत्रो मे देरी से तैयार होने वाली किस्मो को लगाना चाहिये।

फली भेदकः–

इस कीट की इल्लियां फलियां बनते समय उसमे छेद करके अंदर घुसकर दानो को खा जाती है जिसके कारण संक्रमित फलियां उपयोग करने योग्य नही रह जाती।

नियंत्रणः–फलियो की तुड़ाई करने के बाद कार्बारिल 50 डब्लू पी. की 2 किलो मात्रा को घोल बनाकर या मेलाथियान 2 मि.ली.ध्ली. पानी के हिसाब से घोल बनाकर प्रति हेक्टेयर छिड़काव करना चाहिये।

माहोः–

यह कीट पत्तियो एवं तनो से रस चूसकर चिपचिपा मधु के समान रस स्त्राव करती है जिन पर बाद मे काली फफंदी रोग विकसित हो जाती है। जिसके कारण पौधो मे प्रकाश

संश्लेषण की क्रिया मंद पड़ जाती है एवं पौधे छोटे रह जाते है। फलियां कम लगती है एवं विषाणु रोग को फैलाने म भी सहायता करती है।

नियंत्रणः— नियंत्रण के लिये रोगार या मेथाइल आक्सी डेमेटान की 2 मि.ली. मात्रा प्रति लीटर पानी के हिसाब से घोल बनाकर 15 दिन के अंतराल मे 2 बार प्रति हेक्टेयर छिड़काव करना चाहिये।

पर्ण सुरंगक कीट (लीफ माइनर):—

इस कीट की इल्लियां पत्तियो मे सुरंग बनाकर हरे पदार्थ एवं क्लोरोफिल को खा जाती है जिससे पत्तियो मे सफेद रंग की धारियां बन जाती है। पत्तियां मुरझाकर सूख जाती है एवं फूलध्फलियां बहुत कम लगते है।

नियंत्रणः— नियंत्रण के लिये रोगार या मेथाइल आक्सी डेमेटान की 2 मि.ली. मात्रा प्रति लीटर पानी के हिसाब से घोल बनाकर 15 दिन के अंतराल मे 2 बार प्रति हेक्टेयर छिड़काव करना चाहिये।

फलियो की तुड़ाईः—

इसकी फलियो की तुड़ाई किस्मो एवं फलियो के उपयोग पर निर्भर करती है। सामान्यतः अगेती किस्मे बुंवाई के 60—65 दिन बाद एवं मध्यम किस्मे बुंवाई के 85—90 दिनो बाद एवं पछेती किस्मे बुंवाई के 100—110 दिन बाद पहली तुड़ाई के लायक हो जाती है। फलियो की 7—10 दिनो के अंतराल पर 3—4 बार तुड़ाई करनी चाहिये। सब्जियो के लिये फलियो की तुड़ाई सही समय पर करनी चाहिये नही तो वे कठोर हो जाती है। जब फलियां पूर्ण विकसित हो जाये, उसका रंग गहरा हरा हो जाये, दाने भरकर विकसित हो जाये तब तुड़ाई करनी चाहिये। फलियो को सावधानी पूर्वक तोड़ना चाहिये ताकि पौधे या अन्य फूलध्फलियां को नुकसान न हो।

उपजः—

किस्म	हरीफलियां (किंवटलध्हेक्टे.)	दाना (किंवटलध्हेक्टे.)
अगेती	30—40	10—15
मध्यम	60—75	15—20
पछेती	80—100	25—30

भंडारणः— ताजे बिना छिले मटर को 0 डिग्री सेल्सियस तापक्रम एवं 90—95 प्रतिशत सापेक्षिक आद्रता पर 2 सप्ताह तक भंडारित किया जा सकता है।

16

फराशबीन (फ्रंचबीन)

वानस्पतिक नाम–फेजियोलस वुल्गेरिस — उत्तप्ति स्थान–द. अमेरिका

गुणसूत्र सख्या – 22 24 21 — परिवार–फेबेसी

परिचय :–

फराश बीन की खेती भारतवर्ष के सम्पूर्ण मैदानी क्षेत्रों में सर्दियों के मौसम में व पहाड़ी क्षेत्रों में गर्मियों के मौसम में की जाती है। दलहनी कुल की सब्जियों में फराश बीन का प्रमुख स्थान है। दक्षिणी भारत में इसकी खेती पूरे वर्ष की जाती है। फराश बीन की हरी फलियों का उपयोग सब्जी कि रूप में तथा सूखे दानों का उपयोग दालों के रूप में किया जाता है। इसकी हरी फलियों व सूखे दानों में प्रोटीन, कार्बोहाइड्रेट्स, कैरोटीन, विटामिन्स व फोलिक अम्ल प्रचुर मात्रा में पाया जाता है। भारत में इसकी खेती हिमाचल प्रदेश, जम्मू व काश्मीर, उत्तराखण्ड, उत्तर प्रदेश, झारखण्ड, पश्चिमी बंगाल, कर्नाटक, महाराष्ट्र, आन्ध्रप्रदेश तथा पूर्वोत्तर राज्यों में की जाती है।

जलवायुः–

अच्छे जल निकास वाली जिवांसयुक्त बलुई–दोमट से लेकर दोमट मृदा जिसका पी. एच. मान 6–7 के मध्य हो फराश बीन (फ्रेन्चबीन) की खेती के लिए उपयुक्त होती है। जल ठहराव की अवस्था इस फसल के लिए अति हानिकारक होती है।

मृदाः–

फराशबीन मूलतः गर्म जलवायु की फसल है। अच्छी बढ़वार व उपज के लिए 18–20 डिग्री सेंटीग्रेट तापमान उपयुक्त होता है। 16 डिग्री सेंटीग्रेट से कम व 22 डिग्री सेल्सियस से अधिक तापक्रम का फसल की वृद्धि व उपज पर प्रतिकूल प्रभाव पड़ता है।

प्रमुख किस्में:–

सीमित बढ़वार वाली (बुश टाइप):–

काशी परम :– पौधे झाड़ीदार (बुश टाइप) हरे रंग के होती हैं। फलियां 10–12 सेमी. लम्बी, गोल व गूदेदार तथा गहरे हरे रंग की होती है। बुवाई के 60–65 दिन में फलियां तुड़ाई योग्य हो जाती है। हरी फलियों की औसत उपज 150 कुन्तल प्रति हेक्टेयर है तथा सूखे दानों (बीज) का उत्पादन 8–10 कुन्तल प्रति हेक्टेयर है।

काशी सम्पन्न (बी.आर.एफ.बी.बी.–1):– यह केवल सब्जी के लिए उगाने वाली किस्म है इस किस्म के पौधे बौनी किस्म के होते हैं। इस किस्म के खाने योग्य फलियों की तुड़ाई 3–4 बार की जा सकती है। फलियों की तुड़ाई सब्जी के लिए दिसम्बर के अन्तिम सप्ताह से लेकर फरवरी के अन्तिम सप्ताह तक की जा सकती है। इस किस्म में तापक्रम 30–32 डिग्री सेन्टीग्रेट पर भी फलत होती रहती है। इस किस्म की औसत उपज 234 कु./हे0 हरी फलियां हैं।

काशी राजहंश (बी.आर.एफ.बी.बी.–2):– यह केवल सब्जी के लिए उगाये जाने वाली किस्म है जिनके पौधे बौने किस्म के होते हैं। इस किस्म के पौधों में तापक्रम 30–32 डिग्री सेन्टीग्रेट पर भी फलन होती रहती है। इस किस्म की औसत उपज 210 कु./हे. हरी फलियां है।

अर्का कोमल:– इस किस्म के पौधे सीधे व झाड़ीदार (बुश टाइप) होते हैं। फलियां दूरस्थ स्थानों को भेजने व लम्बे समय तक रखने के लिए उपयुक्त होती है। बुवाई के 70–80 दिनों में फलियां प्रथम तुड़ाई के लिए तैयार हो जाती है। हरी फलियों की औसत उपज 90 कुन्तल प्रति हेक्टेयर है।

अर्का सुविधा:–पौधे झाड़ीनुमा होते हैं। फलियां सीधी, गोल, गूदेदार व हल्की हरी होती है। हरी फलियां बुवाई के लगभग 70 दिन बाद तुड़ाई के लिए तैयार हो जाती है। हरी फलियों की औसत उपज 190 कुन्तल प्रति हेक्टेयर है।

कन्टेन्डर:–पौधे झाड़ीनुमा तथा फुल गुलाबी रंग के होते हैं। फलियां गोल मुलायम व हरे रंग की होती है। बीज का आकार अण्डाकार होता है। फलियां बुवाई के 50–55 दिन में तुड़ाई के लिए तैयार हो जाती है। फलियों की औसत उपज 80–95 कुन्तल प्रति हेक्टेयर है।

पूसा पार्वती:– पौधे झाड़ीनुमा, फलियां गोल व हरे रंग की आकर्षक होती है। यह अधिक उपज देने वाली किस्म है तथा पहाड़ों पर उगने के लिए सबसे उपयुक्त है। इसके बीज अण्डाकार होते हैं। बुवाई के 50–60 दिन में फलियां प्रगथम तुड़ाई के लिए तैयार हो जाती है। हरी फलियों का औसत उत्पादन 80–85 कुन्तल प्रति हेक्टेयर है।

स्वर्ण प्रिया:– पौधे झाड़ीनुमा, फलियां गोल, गुदेदार व हरी होती है। हरी फलियां बुवाई के 50–55 दिन में प्रथम तुड़ाई के लिए तैयार हो जाती है। इस किस्म की हरी फलियों की औसत उपज 120–140 कुन्तल प्रति हेक्टेयर है।

पन्त अनुपमाः– पौधे छोटे, झाड़ीनुमा, सीधी बढ़वार वाले होते हैं। फलियां चिकनी, मुलायम, गोल व हरे रंग की रेशा रहित है। यह कोणीय पर्ण धब्बा (एंगुलर लीफ स्पाट) के प्रति रोगरोधी तथा सामान्य बीन मोजैक विशाणु (कामन बीन मोजैक वायरस) के प्रति सहनशील किस्म है। इस किस्म की हरी फलियों की औसत उपज 90 कुन्तल प्रति हेक्अेयर है।

असीमित वढ़वार वाली किस्में (पोल टाइप):–

पूसा हेमलताः–

पौधे चढ़ने वाले मध्यम ऊँचाई (2.5 मी.) के होते हैं तथाप इण्टर नोड (पार्श्व) की लम्बाई कम होती है। फलियां मध्यम लम्बी (14 सेमी.), गोल, गूदेदार, रेशारहित तथा हल्के हरे रंग की होती है। बुवाई के 60 दिन में हरी फलियां प्रथम तुड़ाई के लिए तैयार हो जाती है।

स्वर्ण लताः–

पौधे चढ़ने वाले, फलियां गोल गूदेदार, रेशारहित अच्छी गुणवत्ता वाली होती है। फलियां बुवाई के 50–60 दिन में प्रथम तुड़ाई के लिए तैयार हो जाती है। इस किस्म की उपज 100–125 कुन्तल प्रति हेक्टेयर है।

खाद एवं उर्वरकः–

अच्छी उपज के लिए 20–25 टन सड़ी गोबर की खाद खेत की तैयारी के समय मृदा में अच्छी तरह मिला देते हैं। इसके अतिरिक्त 80–120 किग्रा. नत्रजन 50 किग्रा. फास्फोरस तथा 50 किग्रा. पोटाश प्रति हेक्टेयर की दर से देते हैं। नत्रजन की आधी मात्रा, फास्फोरस व पोटाश की पूरी मात्रा बुवाई के पहले या बुवाई के समय आधारीय खुराक के रूप में देते हैं। नत्रजन की शेष मात्रा दो बराबर भागों में बांटकर बुवाई के लगभग 20–25 दिन व 30–40 दिन बाद टाप ड्रेसिंग के रूप में करना चाहिए।

बीज दर एवं उपचारः– बौनी (झाड़ीनुमा) किस्मों के लिए 70–80 किग्रा. प्रति हेक्टेयर तथा लता वाली (पोल टाइप) किस्मों के लिए 40–50 किग्रा प्रति हेक्टेयर बीज की आवश्यकता होती है। बीज को बुवाई से पूर्व फफूंदनाशी रसायन कैप्टान/थीरम/कार्बेन्डाजिम की 2 ग्राम प्रति किग्रा बीज की दर से दपचारित कर बुवाई करनी चाहिए। इससे फसल की प्रारम्भिक अवस्था में मृदा जनित बीमारियों से सुरक्षा हो जाती है।

खेत की तैयारीः– यदि खेत में नमी की कमी हो तो बुवाई से पूर्व खेत को पलेवा कर लेना चाहिए। बुवाई के पूर्व खेत की अच्छी तरह जुताई व पाटा लगाकर तैयार कर लेना चाहिए। बुवाई के समय बीज अंकुरण के किए खेत में पर्याप्त नमी होनी आवश्यक है।

बुवाई का समय एवं विधिः–

उत्तरी भारत के मैदानी क्षेत्रों में फराश बीन की बुवाई का सबसे उपयुक्त समय 25 अक्टूबर से 07 नवम्बर तथा तराई क्षेत्रों में फरवरी–मार्च है। पहाड़ी क्षेत्रों में फराश बीन की खेती ग्रीष्म व वर्षा ऋतु में की जाती है। इसके लिए कम उंचाई वाले क्षेत्रों में फरवरी–मार्च व अगस्त का महीना, मध्यम ऊँचाई वाले क्षेत्रों में मार्च से जुलाई तथा अधिक ऊँचाई वाले क्षेत्रों में अप्रैल से जून का समय सर्वोत्तम होता है।

बीज की बुवाई समतल खेत में या उठी हुई मेड़ों या क्यारियों में की जाती है। उठी हुई मेड़ों या क्यारियों में बुवाई करना पौधों की अच्छी वृद्धि व अधिक उत्पादन के लिए उपयुक्त पाया गया है। झाड़ीनुमा (बुश टाइप) किस्मों के लिए कतार से कतार की दूरी 45–60 सेमी तथा पौध से पौध की दूरी 10–15 सेमी रखते हैं। लता वाली (पोल टाइप) किस्मों के लिए कतार से कतार की दूरी 75–100 सेमी तथा पौध से पौध की दूरी 25–30 सेमी रखते हैं।

खरपतवार नियंत्रणः–

फसल की प्रारम्भिक अवस्था में खेत को खरपतवार मुक्त रखने के लिए एक से दो निराई–गुड़ाई पर्याप्त होती है। निराई–गुड़ाई अधिक गहराई तक नहीं करनी चाहिए। वैसे खरपतवार नियन्त्रण के लिए पूर्व निर्गमन खरपतवारनाशी रसायनों जैसे पेन्डामेथालीन (स्टाम्प) 3.5 लीटर मात्रा को 1000 लीटर पानी में घोल बनाकर बुवाई के 48 घंटे के अन्दर छिड़काव करें। इससे 40–45 दिनों तक मौसमी खरपतवारों का नियन्त्रण हो जाता है। इसके बाद यदि आवश्यक हो तो एक निराई कर देनी चाहिए। लता वाली किस्मों को सहारा देना आवश्यक है। सहारा न देने की अवस्था में पौधे भूमि पर ही फैल जाते हैं तथा उपज पर प्रतिकूल प्रभाव पड़ता है। जिसके कारण गुणवत्तायुक्त उत्पादन में भारी गिरावट आ जाती है। सहारा देने के लिए पौधों की कतारों के समानान्तर 1.5–2.0 मीटर लम्बे बांस/लकड़ी/एंगिल आयरन के खम्भों को 5–7 मीटर की दूरी पर गाड़ देते हैं। इन पर रस्सी या लोहे के तार खींचकर ट्रेलिस बनाकर लताओं को चढ़ा देते हैं। पौधों की बढ़वार के अनुसार रस्सी य तार की कतारों की संख्या 30–45 सेमी के अन्तराल पर बढ़ाते जाते हैं।

सिंचाई प्रबन्धनः–

फराश बीन की फसल मृदा नमी के प्रति अति संवेदनशील होती है। अतः खेत में पर्याप्त नमी होनी चाहिए। अपर्याप्त नमी होने पर पौधे मुरझा जाते हैं जिसके कारण उत्पादन पर प्रतिकूल प्रभाव पड़ता है। इसके लिए मृदा नमी को ध्यान में रखते हुए नियमित अन्तराल पर सिंचाई करते रहना चाहिए।

तुड़ाई एवं उपजः–

फलियों की तुड़ाई हमेशा मुलायम अवस्था में करनी चाहिए। देर से तुड़ाई करने पर फलियों में सक्तम रेशे बन जाते हैं। जिससे इनका बाजार मूल्य घट जाता है। बौनी (झाड़ीनुमा) किस्मों में 3–4 तुड़ाई मिल जाती है। जबकि लता (पोल टाइप) किस्मों में लम्बे समय तक फलत मिलती रहती है। यदि फराश बीन की खेती सूखे दानों के लिए की गयी हो तो फलियों की तुड़ाई सूखी अवस्था में ज बवे चिटकने के करीब हो करनी चाहिए।

फराश बीन की झाड़ीनुमा (बुश टाइप) किस्मों से हरी फलियों की उपज 60–80 कुन्तल व लता वाली (पोल टाइप) किस्मों की 80–100 कुन्तल प्रति हेक्टेयर होती है। सूखे दानों की औसत उपज 10–15 कुन्तल प्रति हेक्अेयर होती है।

तुड़ाई उपरान्त प्रबन्धनः–

हरी फलियों को तुड़ाई के पश्चात ठंडे छायादार स्थानों पर रखना चाहिए। क्षतिग्रस्त, सड़ी–गली, कीड़ों मकोड़ों से प्रभावित व विकृति फलियों को छांटकर निकाल देते है। जूट के बैग में भरकर फलियों को यथाशीघ्र बाजार में विक्रय हेतु भेज देते हैं। फलियों को ताजा बनाये रखने के लिए बीच–बीच में पानी का छिड़काव कर सकते हैं। हरी मुलायम फलियों को 4–5 डिग्री सेन्टीग्रेट तापमान व 95 प्रतिशत सापेक्षित आर्द्रता पर 6–8 दिनों तक भण्डारित कर सकते हैं।

प्रमुख कीट एवं नियन्त्रणः–

तना छेदक कीट (स्टेम बोरर):–

इस कीट का मैगट क्षतिकारक होता है जो तने में छेद करके सुरंग बनाकर क्षति पहुंचाता है जिससे पौधे का ऊपरी भाग सूख जाता है। इस कीट का प्रकोप शुरू की अवस्था में ज्यादा होता है।

नियन्त्रणः–

बुवाई के समय इमिडाक्लोप्रिड 48 एफएस /5–9 मिली/किग्रा. बीज या इमिडाक्लोप्रिड 70 डब्लूएस /5–10 ग्राम/किग्रा. बीज या थायोमेथोक्जाम 70 डब्लूएस 3–5 ग्राम/किग्रा. बीज की दर से उपचारित करें।

बीन बिटिलः–

इस कीट के प्रौढ़ व सूड़ी दोनों पौधे के पत्तियों को खाकर क्षति पहुंचाते हें। इस कीट के नियन्त्रण के लिए मैलाथियान 50 ईसी. /1.5 मिली या क्लोरपायरीफास 20 ईसी/2

मिली या इमिडाक्लोप्रिड 17.8 एसएल /0.5 या डाइमेथेएट 30 ईसी./2.5 मिली. प्रति लीटर पानी में घोल बनाकर छिड़काव करना चाहिए।

प्रमुख रोग एवं नियन्त्रणः–

कालर राटः–इस रोग का प्रारम्भिक लक्षण पौधो पर पड़ता है जो मीन की अधिकता के कारण जमीन की सतह से प्रारम्भ होता है और सम्पूर्ण छाल सड़न से ढक जाती है। जिससे संक्रमित भाग पर सफेद फफूंद वृद्धि हो जाती है जो छोटे–छोटे टुकड़ों में बनकर धीरे–धीरे स्क्लेरोटिनिया में बदल जाती है। जो मिट्टी में जावित रहते हैं और उपयुक्त वातावरण मिलने पर पुनः सक्रिय हो जाती है। इस कीट के नियंत्रण के लिए बीमारी बीजों का उपचार बुवाई से पूर्व ट्राइकोडर्मा 5 ग्राम/किग्रा की दर से करनी चाहिए। बुवाई के 20 दिन उपरान्त, ट्राइकोडर्मा के घोल से (10 ग्राम/लीटर पानी) जड़ों को तर करना चाहिए। त्वरित रोग नियंत्रक के लिए, संध्या के समय जड़ के समीप कापर आक्सीक्लोराइड 4 ग्राम/लीटर पानी की दर से जड़ों का तर करें।

रस्टः–यह फफूंद जनित रोग है जो पौधों के सभी ऊपरी भाग पर छोटे, हल्के उभरे हुए धब्बे के रूप में दिखाई देते हैं तने पर साधारणतः लम्बे उभरे हुए धब्बे बनते हैं। इस बीमारी के नियन्त्रण के लिए खेत में औसतन दो धब्बे प्रति पत्तियों के दिखने पर फफूंदनाशक जैसेः फ्लूसिलाजोल/हेक्साकोनाजोल/बीटरटेनाल/ट्राईआडम्मेफान 1 मिली. प्रति लीटर पानी में 5–7 दिन के अन्तराल पर छिड़काव करना चाहिए।

स्क्लेरोटीना ब्लाइटः– यह फफूंद जनित रोग है जो लोबिया की फसल को काफी हानि पहुंचाता है। प्रारम्भिक अवस्था में लक्षण सफेद होकर सड़ना, बाद में सड़े भाग पर फफूंद का बढ़ना व संक्रमित भाग एवं फलों एवं छिलके के अंदरूनी भाग में जालीनुमा स्क्लेरोटीना का सफेद माइसीलियम (फफूंद) में परिवर्तित हो जाता है। संक्रमण प्रायः फूलों से शुरू होकर बाद में फलियों तक पहुचता जाता है। इस बीमारी के नियन्त्रण के लिए पौधों में पुष्पधारण करने के साथ फफूंदनाशक जैसेः कार्बेन्डाजिम (1 ग्राम/लीटर पानी) के घोल का 7–10 दिन के अन्तराल पर क्रम से छिड़काव करना आवश्यक है।

विषाणु रोग (गोल्डेन माजैक):– यह वायरस जनित रोग है। लक्षण में ऊपरी पत्तियों पर पीले एवं हरे रंग के धब्बे बनते हैं। संक्रमित फलियां साधारण हरे रंग से पीली पड़ जाती है। इसके नियन्त्रण के लिए कार्बोफ्यूरान 1.5 कि.ग्रा./हेक्टेयर की मिट्टी में मिलने के उपरान्त बुवाई करनी चाहिए। इमिडाक्लोप्रिड 0.3 मिली./लीटर या थयमेथोक्जोन 1 मिली./3 लीटर पानी के घोल का छिड़काव फूल लगने तक 7–10 दिन के अन्तराल पर करते रहना चाहिए।

बैक्टीरियल ब्लाइट्सः– यह जीवाणु जनित रोग है, जिसमें संक्रमित उत्तक पीले पड़ जाते हैं एवं मरने के उपरान्त विभिन्न आकार एवं नाप के उभार/धब्बे बनाते हैं। जो बाद में (वर्षा ऋतु) बड़े धब्बे के समान लक्षण पत्तियों पर दिखते हैं। वर्षा ऋतु में, फलियों पर भी छोटे धब्बे बनते हैं। इस बीमारी के नियन्त्रण के लिए बुवाई के पूर्व बीजों को स्ट्रेप्टोसाइक्लीन घोल (100 पीपीएम की दर से) 30 मिनट के लिए डुबोने के उपरान्त बुवाई करें। साफ, रोगमुक्त एवम अवरोधी बीजों का प्रयोग करें।

पत्ती का धब्बा रोगः– इसके लक्षण छोटे धब्बों के रूप में बनते हैं एवं धब्बों को घेरे हुए हल्की वृत्ताकार की आकृति होती है। पत्तियां भूरे रंग की होकर सूख जाती हैं। 90 प्रतिशत से अधिक हानि सामान्यतः बीज जनित कवक से होती है। डाइफेनोकोनाजोल 1 मिली. /लीटर पानी या थायोफेनेट मिथाइल 1 ग्राम/लीटर पानी के दो छिड़काव दस दिनों के अन्तराल पर करना चाहिए।

*****

17

सेम

वानस्पतिक नाम –डालीकस लबलब उत्तप्ति स्थान–भारत

गुणसूत्र सख्या –22 **24** परिवार–फेबेसी

परिचय :–

इसकी खेती सम्पूर्ण भारत वर्ष में सफलतापूर्वक की जाती है। मुख्य रूप से इसकी खेती मुलायम फलियों के लिए की जाती है परन्तु इसकी कुछ किस्मों का उपयोग दाल के रूप में किया जाता है। इसमें प्रोटीन व खनिज तत्व प्रचुर मात्रा में पाये जाते हैं। इसके अतिरिक्त इसमें कार्बोहाइड्रेट, विटामिन, कैल्शियम, सोडियम, फास्फोरस, मैग्नीशियम, पोटैशियम, आयरन, सल्फर, इत्यादि भी पाया जाता है।

जलवायु/मृदाः–

यह गर्म जलवायु की फसल है। अच्छी पैदावार के लिए 18–30 डिग्री सें.ग्रे. तापमान उपयुक्त होता है। असिंचित अवस्था में भी की जा सकती है जहां कि 630–690 मि.मी. वर्षा होती है।बलुई–दोमट से लेकर दोमट मृदा जिसका पी.एच. मान 6–7 के मध्य हो खेती के लिए उपयुक्त होती है।

उन्नत किस्में:–

काशी हरितमाः इसकी फलियां हरी, चपटी, मुलायम व रेशा रहित होते हैं तथा बीज का रंग लाल भूरा होता है। फली की लम्बाई 13.8–14.9 सें.मी., चौड़ाई 3.1–3.4 सें.मी., मोटाई 0.89–0.98 सें.मी.। हरी फलियों की औसत उपज 350 कु./हे.

काशी खुशहाल (वी.आर. सेम–3): पौधे असीमित बढ़वार वाले होते है। यह एक अगेती किस्म जो बीजों के बुवाई के 95–100 दिनों बाद खाने योग्य फलियों की तुड़ाई की जा सकती है। फलियां गहरी हरी चपटी जिनकी लम्बाई लगभग 15 सें.मी. तथा चौड़ाई 2.5 से.मी. रहती है। इस किस्म की औसत उपज 357 कु/हे. है।

पूसा सेम–2: इसकी फलियाठ चौड़ी, गहरे रंग की रेशा रहित तथा 15–17 सें.मी. लम्बी होती है। इसकी हरी फलियों की औसत उपज 138 कुन्तल प्रति हेक्टेयर है।

पूसा सेम–3: फलियाठ काफी चौड़ी, मुलायम, गूदेदार तथा बिना रेशे की होती है। फलियों की लम्बाई 15–16 सें.मी. होती है। इसकी हरी फलियों की औसत उपज 170 कुन्तल प्रति हेक्टेयर है।

जवाहर सेम–53: इसके फलियां हरे सफेद रंग की होती है तथा किनारे पर बैगनी रंग के धब्बे होते हैं। फलियां 8–10 सें.मी. लम्बी तथा 3–7 सें.मी. चौड़ी होती है। हरी फलियों की उपज 140–150 कुन्तल प्रति हेक्टेयर है। इसके प्रति 100 ग्राम खाने योग्य भाग में 3.5 ग्राम प्रोटीन पायी जाती है।

जवाहर सेम–79: फलियां आकर्षक सफेद रंग की, 8–10 सें.मी. लम्बी तथा 3–7 सें.मी. चौड़ी होती है। प्रत्येक फली में 3–4 बीज पाये जाते हैं। इसके प्रति 100 ग्राम खाने योग्य भाग में 3. 5 ग्राम प्रोटीन पायी जाती है। इसकी उपज क्षमता 170–175 कुन्तल प्रति हेक्टेयर है।

कल्याणपुर–टाइपः यह चढ़ने वाली किस्म है इसकी लताओं की लम्बाई 4–5 मीटर तथा पौधे का रंग हरा होता है। फूल और फलियों गुच्छों मे आती हैं तथा प्रति गुच्छे में 8–12 फलियां लगती हैं। फलियां सफेद, चौड़ी चपटी और रसदार होती है। इसकी हरी फलियों की उपज 160–170 कुन्तल प्रति हेक्टेयर तथा बीज की उपज 2–5 कुन्तल प्रति हेक्टेयर प्राप्त हो जाती है।

रजनी: तने का रंग प्रारम्भिक अवस्था में बैगनी होता है और बाद में हरा हो जाता है। फलियां हरे रंग की, 12 सें.मी. लम्बी तथा 1.2–1.5 सें.मी. चौड़ी होती है।

खाद एवं उर्वरकः–

अच्छी पैदावार के लिए 10–15 टन सड़ी गोबर की खाद भूमि की तैयारी के समय खेत में मिला देते हैं। इसके अलावा 20–30 कि.ग्रा. नत्रजन, 40–50 कि.ग्रा. फास्फोरस तथा 40–50 कि.ग्रा. पोटाश की प्रति हेक्टेयर आवश्यकता होती है। नत्रजन की आधी मात्रा तथा फास्फोरस तथा पोटाश की पूरी मात्रा बुवाई के समय खेत मे डालते हैं तथा नत्रजन की शेष मात्रा दो बराबर भागों में बांटकर बुवाई के लगभग 20–25 दिन 0 35–40 दिन बाद टाप ड्रेसिंग के रूप में करना चाहिए।

खेत की तैयारीः–

बुवाई के पूर्व खेत की अच्छी तरह जुताई व पाटा लगाकर तैयार कर लेना चाहिए। बुवाई के समय बीज अंकुरण के लिए खेत में पर्याप्त नमी होनी आवश्यक है।

बीज दर एवं उपचारः–

एक हेक्टेयर क्षेत्रफल के लिए लगभग 20–30 कि.ग्रा. बीज की आवश्यकता होती है। बीज को बुवाई से पूर्व फफूंदनाशी रसायन कैप्टान/थीरम/कार्बेन्डाजिम की 2 ग्राम प्रति किग्रा बीज की दर से उपचारित कर बुवाई करनी चाहिए।

बुवाई का समय एवं विधिः–

सबसे उपयुक्त समय जुलाई–अगस्त है। सेम की बुवाई समतल खेत में उठी हुई मेड़ों/क्यारियों में करनी चाहिए। बुवाई समतल खेत में या उठी हुई मेड़ों या क्यारियों में की जाती है। उठी हुई मेड़ों या क्यारियों में बुवाई करना पौधों की अच्छी वृद्धि व अधिक उत्पादन के लिए उपयुक्त पाया गया है। लता वाली (पोल टाइप) किस्मों के लिए कतार से कतार तथा पौध से पौध की दूरी 100 ग 75 से.मी. रखते हैं।

खरपतवार नियंत्रणः–

खरपतवार मुक्त रखने के लिए एक से दो निराई–गुड़ाई पर्याप्त होती है। निराई–गुड़ाई अधिक गहराई तक नहीं करनी चाहिए। वैसे खरपतवार नियंत्रण के लिए पूर्व निर्गमन खरपतवारनाशी रसायनों जैसे–पेन्डामेथालीन (स्टाम्प) 3.5 लीटर मात्रा को 1000 लीटर पानी मे घोल बनाकर बुवाई के 48 घंटे के अन्दर छिड़काव करें।

सहारा देनाः–

स्हारा देने के लिए पौधों की कतारों के समानान्तर 1.5–2.0 मीटर लम्बे बांस/लकड़ी/एंगिल आयरन के खम्भों को 5–7 मीटर की दूरी पर गाड़ देते हैं। इन पर रस्सी या लोहे के तार खींचकर ट्रेलिस बनाकर लताओं को चढ़ा देते हैं। पौधों की बढ़वार के अनुसार रस्सी या तार की कतारों की संख्या 30–45 सेमी के अन्तराल पर बढ़ाते जाते हैं।

पलवार का प्रयोगः–

बुवाई के तुरन्त बाद मल्च का उपयोग करना चाहिए। मल्चिंग करने से बीजों का जमाव मृदा ताप के बढ़ने के कारण अधिक होता है, खेत में नमी संरक्षित रहती है तथा खरपतवार नहीं उग पाते हैं जिसके फलस्वरूप पैदावार अनुकूल प्रभाव पड़ता है।

सिंचाई प्रबन्धनः–

फूल तथा फलन के समय खेत में नमी का अभाव नहीं होना चाहिए। अपर्याप्त नमी होने पर पौधे मुरझा जाते हैं जिसके कारण उत्पादन पर प्रतिकूल प्रभाव पड़ता है। इसके लिए मृदा नमी को ध्यान में रखते हुए नियमित अन्तराल पर सिंचाई करते रहना चाहिए।

तुडाई एवं भण्डारणः–

सब्जी उपयोग के लिए हरी फलियों की तुड़ाई नर्म, मुलायम व हरी अवस्था में की जाती है। कुल मिलाकर 6–10 तुड़ाई की जाती है। सेम की हरी फलियों को 0–1.6 डिग्री सेन्टीग्रेड तापमान पर 85–90 प्रतिशत सापेक्षिक आर्द्रता पर 2–3 सप्ताह तक रखा जा सकता है।

प्रमुख कीट एवं नियन्त्रणः–

काला माहूः

काले रंग के शिशु एवं वयस्क दोनों हानिकारक होते हैं। जो नये पत्तियों, शाखाओं तथा फलियों से रस चूसते हैं।

नियन्त्रणः–

पौधे के तने अथवा अन्य भाग जहां मांहू का कालोनी दिखाई दे उसको तोड़कर नष्ट कर दें।

लीफ माईनर (पत्ती में सुरंग बनाने वाला कीड़ा):–

यह कीट पौध अवस्था में ज्यादा हानिकारक होता है। मैगट पत्तियों में टेड़े–मेढ़े सुरंग बनाकर पत्तियों के हरे भागों को खाकर खत्म कर देता है।

नियन्त्रणः–

नत्रजन का समुचित प्रयोग करना चाहिए अन्यथा ज्यादा प्रयोग से कीट का आक्रमण बढ़ जाता है। पौध के निचले भाग पर कीड़ों से प्रभावित पुरानी पत्तियों को निकालकर नष्ट कर देना चाहिए। इसके नियन्त्रण के लिए 4 प्रतिशत नीम गिरी चूर्ण का छिड़काव (40 ग्राम नीम गिरी) प्रति लीटर पानी में लाभकारी पाया गया है।

फली छेदकः–

फलियों को उनके अन्दर छेद करके खाते हैं। जिससे फलियां विक्री हेतु अनुपयुक्त हो जाती हैं तथा पैदावार पर विपरीत प्रभाव पड़ता है।

नियन्त्रणः–

क्षतिग्रस्त, फूल और फलियों को पौधों से निकालकर नष्ट करें। एन.एस.के.आई 4 प्रतिशत या बैसिलस थ्रूजेंसिस किस्म कुर्सटाकी (बी.टी.)/2.5 ग्राम/ली. को पुष्पावस्था के

दौरान छिड़काव करें। कीटनाशक जैसे रेनेक्सपायर 18.5 एससी./0.3 मिली./लीटर को 10 दिनों के अन्तराल पर दो या तीन बार छिड़काव करें।

प्रमुख रोग एवं नियन्त्रणः–

कालर राटः–

जमीन की सतह से प्रारम्भ होता है और सम्पूर्ण छाल सड़न से ढक जाती है। जिससे संक्रमित भाग पर सफेद फफूंद वृद्धि हो जाती है जो छोटे–छोटे टुकड़ों में बनकर धीरे–धीरे स्क्लेरोटिनिया में बदल जाती है। इस रंग के जीवाणु मिट्टी में जीवित रहते हैं और उपयुक्त वातावरण मिलने पर पुनः सक्रिय हो जाती हैं।

नियन्त्रणः–

- ❖ बीजों का उपचार बुआई से पूर्व ट्राईकोडर्मा 5 ग्राम/किग्रा की दर से करनी चाहिए।
- ❖ खरपतवार नियन्त्रण समय–समय पर करते रहें।
- ❖ बुवाई के 20 दिन उपरान्त ट्राईकोडर्मा के घोल से (10 ग्राम/लीटर पानी) जड़ों को तर करना चाहिए।

रस्टः–

यह फफूंद जनित रोग है जो पाधों के सभी ऊपरी भाग पर छोटे, हल्के उभरे हुए धब्बे के रूप में दिखाई देते हैं तने पर साधारणतः लम्बे उभरे हुए धब्बे बनते हैं।

नियन्त्रणः–

खेत में औसतन दो धब्बे प्रति पत्तियों पर दिखने पर, फफूंदनाशक जैसे–फ्लूसिलाजोल/हेक्साकोनाजोल/बीटरटेनाल/ट्राईआडीमेफान 1 मिली. प्रति लीटर पानी का 5–7 दिन के अन्तराल पर छिड़काव करना चाहिए।

स्क्लेरोटीना ब्लाइटः

प्ररम्भिक अवस्था में लक्षण सफेद होकर सड़ना, बाद में सड़े भाग पर फफूंद का बढ़ना व संक्रमित भाग एवं फलों एवं छिलके के अंदरूनी भाग में जालीनुमा स्क्लेरोटीना का सफेद माइसीलियम (फफूंद) में परिवर्तित हो जाता है। संक्रमण प्रायः फूलों से शुरू होकर बाद में फलियों तक पहुंचता जाता है।

नियन्त्रणः–

पौधों में पुष्धारण करने के साथ फफूंदनाशक जैसेः कार्बेन्डाजिम (1 ग्राम/लीटर पानी) एवं मैंकोजेब (2.5 ग्राम या कार्बेन्डाजिम +मैंकोजेब 1.5 ग्राम/लीटर पानी) के घोल का 7–10 दिन के अन्तराल पर क्रम से छिड़काव करना आवश्यक है।

विषाणु रोग (गोल्डेन मोजैक):–

लक्षण में ऊपरी पत्तियों पर पीले एवं हरे रंग के धब्बे बनते हैं। बाद में अधिकांश पत्तियां पूर्णतया पीली पड़ जाती है। संक्रमित फलियां साधारण हरे रंग से पीली पड़ जाती है।

नियन्त्रणः–

इसके नियन्त्रण के लिए कार्बोफ्यूरान 1.5 कि.ग्रा./हेक्टेयर की मिट्टी में मिलने के उपरान्त बुवाई करनी चाहिए। फूल लगने तक इमिडाक्लोप्रिड 0.3 मिली./लीटर या थायमेथोक्जोन 1 मिली./3 लीटर पानी के घोल का छिड़काव 7–10 दिन के अंतराल पर करते रहना चाहिए।

बैक्टीरियल ब्लाइट्सः–

यह जीवाणु जनित रोग है, जिसमें संक्रमित उत्तक पीले पड़ जाते हैं एवं मरने के उपरान्त विभिन्न आकार एवं नाप के उभार/धब्बे बनाते हैं। जो बाद में (वर्षा ऋतु) बड़े धब्बे के समान लक्षण पत्तियों पर दिखते हैं। वर्षा ऋतु में फलियों पर भी छोटे धब्बे बनते हैं।

नियन्त्रणः–

बुवाई के पूर्व बीजों को स्ट्रेप्टोसाइक्लीन घोल (100 पीपीएम की दर से) 30 मिनट के लिए डुबोने के उपरान्त बुवाई करें। साफ, रोगमुक्त एवं अवरोधी बीजों का प्रयोग करें।

पत्ती का धब्बा रोगः–

इसके लक्षण छोटे धब्बों के रूप बनते हैं एवं धब्बों को घेरे हुए हल्की वृत्ताकार की आकृति होती है। पत्तियां भूरे रंग की होकर सूख जाती है। 90 प्रतिशत से अधिक हानि सामान्यतः बीज जनित कवच से होती है।

नियन्त्रणः

डाईफेनोकोनाजोल 1 मिली./लीटर पानी या थायोफेनट मिथाइल 1 ग्राम/लीटर पानी के दो छिड़काव दस दिनों के अन्तराल पर करना चाहिए।

*****

18

मूली

वानस्पतिक नाम –रैफेनस सैताइवम उत्तप्ति स्थान –केंद्रीय और पश्चिमी चीन

खाने योग्य भाग –जड गुणसूत्र= सख्या –18

परिवार – ब्रासीकेसी

परिचय :–

सम्पूर्ण देश में विशेष कर गृह उ।नों में उगाई जाती है। मूली, सलाद के रूप में उपयोग की जाने वाली सब्जी है। उत्पत्ति स्थान भारत तथा चीन देश माना जाता है। मूली में गंध सल्फर तत्व के कारण होती है। इसे क्यारियों की मेड़ों पर भी उगा सकते हैं। बीज बोने के 1 माह में तैयार हो जाती है। फसल अवधि 40–70 दिनों की है। सलाद में एक प्रमुख स्थान रखने वाली मूली स्वास्थ्य की दृष्टि से बहुत लाभकारी, गुणकारी महत्व रखती है। साधारणतः इसे हर जगह आसानी से लगाया जा सकता है।

जलवायु:–

मूली खेती के लिए 10–15 डिग्री सेल्सियस तापमान सर्वोत्तम माना गया है, मूली अधिक तापमान के प्रति सहनशील है किन्तु सुगंध विन्यास और आकार के लिए ठंडी जलवायु कि आवश्यकता होती है अधिक तापमान के कारण जड़ें कठोर और चर परी हो जाती है, आज के समय में यह कहना कि मूली सिर्फ इसी मौसम में लगाई जाती है या लगाई जाना चाहिए, उचित नहीं होगा, क्यों कि मूली हमें हर मौसम व समय में उपलब्ध हो जाती है।

भूमि:–

मूली के उत्पादन के लिए रेतीली दोमट और दोमट भूमि अधिक उपयुक्त रहती है मटियार भूमि मूली कि फसल उगाने के लिए अनुपयुक्त रहती है क्योंकि इसमें भूमि ऐसी जड़ों का समुचित विकास नहीं हो पाता है। बीज उत्पादन के लिए ऐसी भूमिका चुनाव करना चाहिए जिस्में पानी के निकास की उचित व्यवस्था हो एवं फसल के लिए प्रर्याप्त मात्रा में जैविक पदार्थ उपलब्ध हो।

मृदा गहराई तक हल्की, भुरभुरी व कठोर परतों से मुक्त होनी चाहिए। उसी खेत का चयन करें जिसमें पिछले एक वर्ष में बोई जाने वाली किस्म के अलावा कोई दुसरी किस्म बीज उत्पादन के लिए ना उगाई गई हो। इसकी फसल के लिए खेत सर्वोत्तम पी.एच. मान 6–7 होता है। खेत खरपतवारों व अन्य फसलों के पौद्यों से मुक्त होना चाहिए। खेत की मृदा रोगों व कीटों से मुक्त होनी चाहिए।

भूमि की तैयारीः–

मूली के लिए गहरी जुताई कि आवश्यकता होती है क्योंकि इसकी जड़ें भूमि में गहरी जाती है गहरी जुताई के लिए ट्रेक्टर या मिटटी पलटने वाले हल से जुताई करें इसके बाद दो बार कल्टीवेटर चलाएँ जुताई के बाद पाटा अवश्य लगाएं, 5–6 जुताई कर खेत को तैयार किया जाए।

उन्नत किस्मः–

मूली की भरपूर पैदावार के लिए आवश्यक होता है कि कृषक भाई उन्नत जाति का चयन करें।

पूसा हिमानी, पूसा चेतवी, पूसा रेशमी, हिसार मूलीनं. 1, पंजाब सफेद, रैपिडरेड, व्हाइट टिप आदि। पूसा चेतवी जहाँ मध्यम आकार की सफेद चिकनी मुलायम जड़ वाली है, वहीं यह अत्यधिक तापमान वाले समय के लिए भी अधिक उपयुक्त पाई गई है। इसी तरह पूसा रेशमी भी अधिक उपयुक्त है तथा अगेती किस्म के रूप में विशष महत्वपूर्ण है।

बोने का समयः–

मूली साल भर उगाई जा सकती है फिर भी व्यवसायिक स्तर पर इसे मैदानों में सितम्बर से जनवरी तक और पहाड़ों में मार्च से अगस्त तक बोया जाता है साल भर मूली उगाने के मूली का प्रजातियों के अनुसार उनकी बुवाई का समय का चुनाव किया जाता है जैसे कि मूली की पूसा रश्मि पूसा हिमानी का बुवाई का समय मध्य सितम्बर है तथा जापानी सफेद एवं व्हाईट आइसी किल किस्म कि बुवाई का समय मध्य अक्टूम्बर है तथा पूसा चौत्की कि बुवाई मार्च के अंत समय में करते है तथा पूसा देशी किस्म कि बुवाई अगस्त माह के मध्य समय।

बीज की मात्रा

मूली की एक हैक्टेयर खेती के लिए 5–10 किग्रा बीज पर्याप्त होता है। मूली की बुवाई खेत की मेढ़ों पर की जाती है। यहाँ मेढ़ों के बीच की दूरी 45 सेमी तथा ऊँचाई 22–25 सेमी रखी जाती है।

खाद एवं उर्वरकः–

50 क्विंटल गोबर की खाद या कम्पोस्ट, 20 किलो नीम की खली बुबाई के समय छिड़काब करे, रासायनिक का दकी दशा में 75 किग्रा नत्रजन, 40 किग्रा फास्फोरस तथा 40 किग्रा पोटाश देना चाहिए। गोबर व गोबर कचरे से बनी कम्पोस्ट खाद खेत की तैयारी के समय ही डाल देना चाहिए। नत्रजन की आधी मात्रा तथा पोटाश व फास्फोरस की पूरी मात्रा अंतिम जुताई में दे देना चाहिए तो लाभकारी होता है।

सिचाईः–

गर्मी वाली फसल में ४–५ दिन के अंतर से सिचाई करें जबकि सर्दी वाली फसल में १०से१५ दिन के अंतर से सिचाई करनी चाहिए। वर्षा ऋतू कि फसल में सिचाई कि कोई आवश्यकता नहीं है ।

खरपतवार नियंत्रणः–

खरपतवारों के नियंत्रण के लिए खेत की 2–3 बार निराई–गुड़ाई करें दूसरी निराई–गुड़ाई करने के समय पौधों की छटनी कर दें समय पर डौली से ऊपर निकली जड़ों को ढक दें। साथ ही मेढ़ों पर मिट्टी भी चढ़ाते रहना चाहिए।

कीट नियंत्रणः–

मूली की फसल पर एफिड, सरसों की मक्खी, पत्ती काटने वाली सूँडी अधिक हानि पहुँचाती है।

खुदाईः–

पूरी बड़ी मूली जब वह नरम व कोमल हो निकालें क्योंकि देरी से विशेष करयूरोपियन टाई पकि मूली की जड़ों में पिथ बन जाता है जिसका बाजार में भाव कम मिलता है यूरोपियन किस्मों को बोने के २५–३० दिन बाद निकालना शुरू करदें एशिया ईटाई पकी मूली 40–50 दिन बाद निकालना शुरू करें।

उपजः–

मूली उपज भूमि की उर्वरा शक्ति उसकी उगे जाने वाली जातियों और फसल की देख–भाल पर निर्भर करती है यूरोपियन जातियों से 80–100 क्विंटल और एशियाई जातियों से 250–300 क्विंटल प्रति हे. उपज मिल जाती है।

*****

19

शलजम

वानस्पतिक नाम –ब्रैसिका कैम्पेस्टिस किस्म रापा उत्तप्ति स्थान –भूमध्यक्षेत्र

खाने योग्य भाग –जड गुणसूत्र= सख्या –20

परिवार –ब्रैसिकेसी

परिचयः–

शलजम भी एक जड़वाली फसल है ठन्डे मौसम में हरी सब्जी के रूप में जड़ों व पत्तियों को प्रयोग किया जाता है। शलजम का अचार, सलाद तथा सब्जी के रूप में अधिक प्रयोग करते हैं। ठण्डे मौसम की फसल होने से कम तापमान पर अधिक स्वाद होता है। लेकिन मार्च व अधिक तापमान बढ़ने पर वृद्धि रुककर स्वाद बदल जाता है। बुवाई से 20–25 दिन के बाद साग में प्रयोग अधिक करते हैं तथा व्यावसायिक रूप से बाजार मूल्य अधिक मिलता है। शलजम की जड़ों व पत्तियों में अधिक पोषक–तत्व पाये जाते हैं। इससे अधिक मात्रा में कैल्शियम व विटामिन 'सी' प्राप्त होता है तथा अन्य पोषक तत्व कैलोरीज, फास्फोरस, कार्बोहाइड्रेटस आदि मिलते हैं।

भूमि व जलवायुः–

शलजम की फसल को लगभग सभी प्रकार की भूमि में उगाया जा सकता है। लेकिन अच्छी उत्पादन प्राप्त करने के लिए हल्की चिकनी दोमट या बलुई दोमट भूमि अति उत्तम सिद्ध हुई है। भूमि में जल–निकास ठीक होना चाहिए व भूमि उपजाऊ होनी चाहिए।

शलजम शरद ऋतु की फसल है। इसलिये ठण्डी जलवायु की आवश्यकता पड़ती है। यह अधिक ठन्ड व पाले को सहन कर लेती है। अच्छी वृद्धि के लिये ठन्ड व आर्द्रता वाली जलवायु सर्वोत्तम रहती है। पहाड़ी क्षेत्र में पैदावार अधिक मिलती है।

खेत की तैयारीः–

खेत जुताई में मूली की फसल की तरह करनी चाहिए तथा अन्य क्रियाएं, जैसे घास व ठूंठ आदि को बाहर निकालकर जला दें तथा भूमि को बिल्कुल भुरभुरा करें तथा छोटी क्यारियां बना लें।

उन्नत शील किस्में:–

1. लाल–4 वसफेद–4–ये किस्म शीघ्र तैयार होने वाली है। लाल किस्म को अधिकतर शरद ऋतु में लगाते हैं। जड़ें गोल, लाल तथा मध्यम आकार की होती हैं जो 60 दिन में तैयार हो जाती है।

2. सफेद–4:– ये अधिकतर वर्षा ऋतु में लगाते हैं। इसकी जड़ों का रंग बर्फ जैसा सफेद होता है। गूदा चरपराहट वाला होता है। ये 50–55 दिन में तैयार हो जाती है। उपज 200 कु. प्रति हैक्टर मिलती है।

3. परपल–टोप:– जड़ें बड़े आकार की, ऊपरी भाग बैंगनी, गूदा सफेद तथा कुरकुरा होता है। यह अधिक उपज देती है। इसका गूदा ठोस तथा ऊपर का भाग चिकना होता है।

4. पूसा–स्वर्णिमा:–इस किस्म की जड़ें गोल, मध्य आकार वाली, चिकनी तथा हल्के पीले रंग की होती हैं। यह 65–70 दिन में तैयार हो जाती है। सब्जी के लिये उत्तम है।

5. पूसा–चन्द्रिमा:–इसकी जड़ें गोलाई लिये हुए होती है। यह अधिक उपज देती हैं। यह किस्म 55–60 दिन में तैयार हो जाती है। उपज 200–250 कु. प्रति हैक्टर देती है।

6. पूसा–कंचन:–छिलका ऊपर से लाल, पीले रंग का गूदा होता है। यह अगेती किस्म है जो शीघ्र तैयार होती है। जड़ें मीठी व सुगन्धित होती हैं।

7. पूसा–स्वेती:–यह किस्म भी अगेती है। बुवाई अगस्त–सितम्बर में की जाती है। जड़ें काफी समय तक खेत में छोड़ सकते हैं। जड़ें चमक दार व सफेद होती हैं। 40–45 दिन में खाने लायक होती है।

8. स्नोवाल:–अगेती किस्मों में से है। इसकी जड़ें मध्यम आकार की, चिकनी, सफेद एवं गोलाकार होती हैं। गूदा नरम, मीठा होता है।

बीज की मात्रा एवं बुवाई का समय:–

शलजम का बीज समय व किस्म 4 किलो बीज प्रति हैक्टर बोना चाहिए जिसमें अंकुरण की 90–95: क्षमता है। बुवाई का समय जुलाई–नवम्बर तक होता है। अगेती, मध्य तथा पिछेती किस्मों को आवश्यकतानुसार बोना चाहिए। बुवाई कतारों में 30 सेमी. की दूरी पर करें तथा पौधा 10–15 सेमी. पर रखें। बुवाई छिडककर भी कर सकते हैं। बगीचों के लिए बीज की मात्रा 8–10 ग्राम 8–10 वर्गमी. क्षेत्र के लिये पर्याप्त होता है, जिसे उपरोक्त समय के अनुसार बोयें तथा गर्भ में 4–5 बीज बोयें।

खाद एंव उर्वरकों का प्रयोगः–

शलजम की फसल के लिए 20–25 ट्रैक्टर– ट्रौली सड़ी गोबर की खाद मिटटी में मिलायें तथा उर्वरक– 80 किलो नाइट्रोजन, 50 किलो फास्फोरस तथा 50 किलो पोटाश प्रतिहैक्टर प्रयोग करना चाहिए। 325 किलो यूरिया में से 160 किलो यूरिया व 310 किलो सिंगल सुपर फास्फेट तथा 82 किलो म्यूरेट आफ पोटाश प्रति हैक्टर बुवाई से 15 दिन पहलें मिट्टी में भली–भांति मिलायें तथा शेष मात्रा को दो भागों में करके बुवाई से 15–20 दिन बाद पानी लगाने के 4–5 दिन बाद तथा दूसरी मात्रा को बोने से 35–40 दिन के बाद खड़ी फसल में छिड़क दें। इस प्रकार से फसल की वृद्धि अधिक होती है।

पौधों की सिंचाईः–

यदि खेत सूखा हो तो हल्की पलेवा करके बोयें। बोने से 15–18 दिन बाद प्रथम पानी दें। पलेवा ना करें तो 10–12 दिन के बाद हल्का पानी दें। अन्य सिंचाई नमी के अनुसार 1 2–15 दिन के बाद करते रहें। पहली सिंचाई के बाद थीनिंग का भी ध्यान रखें जिससे वृद्धि ठीक हो सके।

खरपतवार नियन्त्रणः–

शलजम की फसल में जाड़े वाले खरपतवार हो जाते हैं। इनके लिए निकाई गुड़ाई करना जरूरी है। जड़ों के बढ़ने से पहले हल्की–हल्की

चढ़ाये जिससे जड़ों का ठीक विकास हो सके तथा यूरिया की दूसरी मात्रा मिट्टी चढ़ने के बाद डालें।

फसल–सुरक्षाः–

कीटः–

एफिडस व पत्ती काटने वाला कीड़ाः–

इन दोनों के लिए मेटासिस्टमस 2 मिली. दवा एक लीटर पानी में घोलकर छिड़कने से आक्रमण नहीं होता। दवा के 10–12 दिन बाद पत्ती व जड़ों को धोकर प्रयोग करें।

रोगों से शलजम के पौधों की सुरक्षा कैसे करेंः–

अधिकतर पाउडरी–मिल्डयू लगता है। यह भी पत्तियों को प्रभावित करता है। पत्तियां सफेद– सी हो जाती हैं। नियन्त्रण के लिए फंजी साइड बेवस्टिन या डाईथेन एम–45 के 0.2ः के घोल का प्रयोग करें। जड़ों को धोकर खाने में प्रयोग करें।

खुदाईः–

खुदाई करने की अलग–अलग अवस्थाएं हैं। 20–25 दिन की फसल की पत्तियों के लिए उखाड़ लेते हैं तथा जड़ों के लिये आकार बढ़ने पर खोदते हैं। जड़ों को समय से ही खोद लें जिससे स्वाद ना बदले। खुदाई खुरपी या फावड़े से करें तथा जड़ें कटन पायें। जड़ों को धोकर तथा साफ करके बाजार ले जाना चाहिए।

उपजः–

शलजम की पत्तियों के अतिरिक्त जड़ें– कृषि–क्रियाएं समय से करने पर 500–600 क्विंटल प्रति हैक्टर आसानी से पैदा की जा सकती हैं। बगीचों में 15–20 किलो 8–10 वर्ग मी. क्षेत्र में जड़ें पैदा की जाती हैं तथा समय–समय पर खोदकर सब्जी में प्रयोग की जाती हैं।

*****

20

चुकंदर

वानस्पतिक नाम –बीटा ब्रैसिका कैम्पेस्टिस किस्म रापा

उत्तप्ति स्थान –भूमध्यक्षेत्र खाने योग्य भाग –जड़

गुणसूत्र= सख्या –18 परिवार–चीनोपोडिएसी

परिचय :–

चुकंदर की उपयोगी गुण, यह 8–15: चीनी, 1.3–1.8: प्रोटीन, 3–5: कार्बनिकअम्ल, मैग्नीशियम, कैल्शियम, पोटेशियम, फास्फोरस, आयोडीन, आयरन और मैंगनीज की बड़ी मात्रा में, साथ ही विटामिन सी, बी 1, बी 2 मेंशामिल, पी, पीपी। गरमी चुकंदर पर अन्य सभी भोजन रसीला सब्जियों से बढ़कर है। यह रस, रक्त को शुद्ध करने में मदद करता पेट और जिगर की गति विधि को बढ़ावा देने। यह प्रतिवर्ष औसतन हरव्यक्ति सब्जियों के कम से कम 6 किलो का उपभोग करना चाहिए के लिए अनुमान है।

जलवायु :–

चुकंदर कि खेती ४–५ हजार मीटर कि उचाई तक कि जा सकती है३०–६० से.मी. वर्षा वाले क्षेत्र इसकी खेती के लिए उपयुक्त माने गए है चुकंदर के लिए उच्चतम तापमान ५०–६० डिग्री फारेनहाईट है तापमान अधिक होने पर जड़ों में चीनी कि मात्रा अधिक होने लगती है वृद्धि के समय शुष्क मौसम, चमकीला, दिन व रात में ठंडक होना अति उत्तम है।

भूमि:–

चुकंदर लवणीय मृदाओं में भी आसानी से उगाया जा सकता है। दोमट या बलुई दोमट मृदाएँ चुकंदर के लिए अच्छी रहती है भारी (चिकनी) मृदाओं में इसकी खेती सफलता पूर्वक कर सकते है परन्तु खुदाई के समय जड़ों से मिटटी कि सफाई करने में कठनाई उत्पन्न होती है मृदा उपजाऊ होना आवश्यक है मृदा का जलनिकास भी बहुत आवश्यक है छोटे पौधो पर भूमि में पानी ठहरने से हानीकारक प्रभाव पड़ता है।

किस्में:–

ईरोटाइपईमेरोबी, मेरोक, पोलीइग्लोपोलीएन, पी.पोलीए., जे.पोलीमेरोबी, मेगनापोलीरोमांस, कायाब्रुश, ईट्रिपेलक्सयु, एस. एच. –६, बी.जी.डब्ल्यू – ६७४, यु.एस.–७५, यु. एच.–३५ए.न.एस.एच.–१

बीज बुवाई पौधरोपण:–

बीज बुवाई के समय मृदा में नमी कि मात्रा, बोने के समय व बीज कि जाति पर निर्भर करती है एक अंकुर वाली जातियों में ५–६किलो ग्राम तथा बहुअंकुर वाली जातियों में १०–१२ किलोग्राम बीज प्रति हे. कि आवश्यकता पड़ती है।

अंतरण:–

प्रति एकड़ .3,००० – 5०,००० पौधे रखना लाभ दायक है उसके लिए पंक्तियों से पंक्तियों कि दुरी ४०–६० से.मी. व पौधे से पौधे कि दुरी२०–२५ से.मी. रखी जाति है।

बोने का समय :–

बोने का समय साधारणतया १५ अक्तूबर से १५ नवम्बर तक इसकी बुवाई करते है, बीज के लिए बुवाई का समय १५ अप्रैल है, हिमाचल प्रदेश में चुकंदर का बीज उत्पादन अच्छा होता है।

बोने कि विधि:–

चुकंदर कि बुवाई समतल खेत में या मेढ़ों पर कि जाती है अगर चुकंदर बोने वाली सीडड्रिल उपलब्ध हो तो उससे सीधे मेढ़ों के ऊपर या समतल खेत में बुवाई कि जा सकती है, यदि ड्रिल उपलब्ध न हो तो देशी हल से या किसी हल के यंत्र से एच्छिक दुरी पर कुंढ़ (५०से.मी.कि दुरी पर) खोलने का कार्य किया जाता है और इनमे १०–२० से.मी. के अंतर पर बीजों कि बुवाई कर देते है बोने से पहले बीजों को रातभर ८–१० घंटे पानी में भिगाना चाहिए तथा बोने से पहले बीजों को थोड़ी देर छाया में सुखाना चाहिए। बुवाई से पहले पलेवा करना अच्छा रहता है।

आर्गनिक खाद :–

चुकंदर कि अच्छी फसल लेने के लिए गोबर कि सड़ी हुई खाद लगभग १०से१२ क्विंटल प्रति एकड़ में और आर्गनिक खाद एवं नीम की खली लगनी चाहिए पोटाश और बोरान के लिए जैव व्यवस्था की जा सकती है।

सिचाईः–

साधारणतः पहली दो सिचाइया बुवाई के १५–२०दिन के अंतर पर करते है बाद में फसल कि कटाई तक २०–२५ दिन के अंतर पर सिचाइया करते रहते है आवश्यकता से अधिक पानी खेत में नहीं ठहरने देना चाहिए इससे शर्करा कि मात्रा पर बुरा प्रभाव पड़ता है खुदाई के समय भूमि में कम नमी रखना , सुक्रोज कि मात्रा बढ़ाता है। चुकंदर को अधिक पानी की आवश्यकता नही होती है सिचाइयों कि संख्या व समय सर्दियों कि वर्षा के ऊपर निर्भर करता है

खरपतवार नियंत्रणः–

फसल बोने के ६० दिन बाद तक फसल को खरपतवारों से मुक्त रखा जाता है बुवाई के ३०दिन बाद खेत में पहली निराई –गुड़ाई कर देते है दूसरी निराई –गुड़ाई ५५ दिन के बाद करते है।

कीट नियंत्रण–

कटवार्म या कटुआ, तम्बाकू की सुंडी, बिहार हेयरी कैटर पिलर, ग्रीन पिच, एफिड, पत्तियों का चित्ती रोग

रोकथाम

इनकी रोकथाम के लिए नीम का काढ़ा और गोमूत्र को मिलाकर २५०मी .ली. पम्प द्वारा तर–बतरकर खेत में छिडकाव करें।

खुदाईः–

खुदाई बुवाई के ५–६ महीने बाद फसल पककर तैयार हो जाती है परिपक्वता के समय पत्तियां सुख जाती है खुदाई से १५ दिन पहले सिचाई रोक देते है।

पौधो की छंटाईः–

बहु अंकुर किस्म के बीज से, एक से एक अधिक पौधे निकलते है इसलिए खेत में पौधों कि इच्छित संख्या रखने के लिए अंकुरण के लगभग ३० दिन बाद पौधों कि छंटाई करना आवश्यक होता है।

*****

21

गाजर

वानस्पतिक नाम –डाकस करोटा एल उत्तप्ति स्थान –मध्य एशिया

खाने योग्य भाग –जड गुणसूत्र= सख्या –18

परिवार –एपीएसी

परिचय :–

गाजर की खेती पुरे भारत मे की जाती है इसका उपयोग सलाद, अचार एवं हल्वा के रूप मे किया जाता है। गाजर का रस कैरोटीन का महत्वपूर्ण स्त्रोत माना जाता है। कभी कभी इसक उपयोग मक्खन को रंग करने के लिये भी किया जाता है। गाजर मे विटामिन जैसे थियामीन एवं राबोफलेविन प्रचुर मात्रा मे पाया जाता है। संतरे रंग के गाजर मे कैरोटीन की मात्रा अधिक पाई जाती है।

गाजर के रस का एक गिलास पूर्ण भोजन है। इसके सेवन से रक्त में वृद्धि होती है। गाजर के रस में विटामिन'ए', 'बी', 'सी', 'डी', 'ई', 'जी', और' के 'मिलते हैं। गाजर का जूस पीने या कच्ची गाजर खाने से कब्ज की परेशानी खत्म हो जाती है। गाजर में बिटा–केरोटिन नामक औषधीय तत्व होता है, जो कैंसर पर नियंत्रण करने में उपयोगी है। इसके सेवन से इम्यूनिटी सिस्टम तो मजबूत होता ही है, साथ ही आँखों की रोशनी भी बढ़ती है।

आहार मूल्य :–

काली गाजर बनाने के लिये, जो कि अच्छी पाचक है, प्रयोग की जाती है। नारंगी रंग की गाजर में कैरोटीन, थियामिन तथा रीबोप्लेविन की अधिक मात्रा पायी जाती है–

गाजर का आहार विश्लेषण इस प्रकार है–

नमी	86.0 ग्राम	लेहा	002.2.0 मि0 ग्राम
प्रोटीन	00.9 ग्राम	सोडियम	035.6 मि0 ग्राम
वसा	00.2 ग्राम	पोटेशियम	108.00 मि0 ग्राम

रेसा	01.2 ग्राम	कापर	0.13 मि0 ग्राम
खनिज पदार्थ	01.1 ग्राम	सल्फर	27.00 मि0 ग्राम
अन्य कार्बोहाइडेट्स	10.6 ग्राम	विटामिन–ए	31.50 [illegible]
कैलोरीज	47	थियामिन	0.04 मि0 ग्राम
कैल्शियम	80 मि0 ग्राम	राइबोय्लेविन	0.02 मि0 ग्राम
आक्जेलिक एसिड	5 मि0 ग्राम	निकोटिनिक एसिड	0.02 मि0 ग्राम
फॉस्फोरस	30 मि0 ग्राम	विटामिन सी	3.00 मि0 ग्राम

जलवायुः–

यह फसल ठण्डी जलवायु की है। इसके जड़ों का रंग और बढ़वार तापमान द्वारा प्रभावित होता है। इसकी बढ़वार और रंग के लिए 10–15 डिग्री से तापमान अच्छा होता है। इससे ज्यादातापमान पर जड़ें छोटी और कम तापमान पर जड़ें लम्बी व पतली बनती हैं।

भूमि एवं भूमि की तैयारीः–

इस फसल की खेती सभी प्रकार की भूमि में की जा सकती है। दोमट व बलुई दोमट भूमि जिसमें जीवांश की पर्याप्त मात्रा हो तथा सिंचाई और जल निकास के उचित साधन हों तथा भूमि में किसी तरह की कड़ी परत न हो इसकी खेती के लिए सबसे उचित समझी जाती है। ज्यादा सख्त और बहुत हल्की मिट्टी में जड़ों में शाखाएं फूट जाती है। जिससे जड़ें खराब हो जाती हैं। भूमि की कई बार जुताई करके मिट्टी भुरभुरी बना लेनी चाहिए।

उन्नत जातियाँः–

इस फसल की प्रजातियों में यूरोपीय और एशियाई दो तरह की प्रजाति पायी जाती है। एशियाई प्रजातियों में अधिक गर्मी सहन करने की क्षमता होती है अतः इनके बीज मैदानी क्षेत्रों में बनाए जा सकते हैं। इन किस्मों की बुवाई का उपयुक्त समय अगस्त से अक्टूबर का महीना है।

पूसा केन्करः–

इस प्रजाति की पत्तियां अपेक्षाकृत छोटी व जड़ें हल्के लाल रंग की होती हैं। इस प्रजाति को लम्बे समय तक खेत में रखा जा सकता है।

पूसा मेघालीः–

इसकी जड़ें गोलाकार, लम्बी, नीचे की तरफ पूंछ जैसी पीले रंग की होती है। इसकी जड़े फरवरी–मार्च में तैयार हो जाने पर मई तक चलती रहती हैं।

चेन्टेनः–

यह प्रजाति गृह वाटिका वन विन्यास में लगाने वाली प्रजाति है। यह 75–90 दिन में तैयार हो जाती है। इसकी बुवाई अक्टूबर–दिसम्बर में की जाती है।

नैन्टसः–

इसकी जड़ें पतली तथा मध्यम आकार की होती है। जड़ों के ऊपर वाला भाग मोटा होता है जो अन्त में बहुत पतली हो जाती है। जड़ के गूदे का रंग नारंगी और जड़ के बीच की नस भी मिलते–जुलते रंग की होती है। यह खाने में मुलायम होती है।

गाजर नं0–29ः–

इस प्रजाति की जड़ें बेलनाकार, लगभग 15 से.मी. लम्बी एवं नारंगी रंग की होती है इसमें जड़ों के फटने की समस्याएं नहीं होती है। जड़ों के तैयार होने के बाद देर से खुदाई करने पर भी जड़ें खाने योग्य रहती हैं।

पूसा बसुदाः–यह एक हाइब्रिड प्रजाति है जिसकी जड़ें चिकनी, आकर्षक एवं लाल रंग की हाती है। इसकी जड़ें 85–90 दिनों में खुदाई के लिए तैयार हो जाती हैं तथा इसकी औसत उपज 350 कु./हे. है।

पूसा रूधिराः–गाजर की इस प्रजाति की जड़ें 15–20 सेमी तथा गहरे लाल रंग की होती है। बुवाई के 80–85 दिन में जड़ें तैयार हो जाती हैं।

पूसा असिताः–यह गहरा बैगनी रंक की जड़ों वाली किस्म है। इसकी जड़ों की लम्बाई 18–20 सेंमी होती है जो बीज बुआई के 90–110 दिनों में खुदाई योग्य तैयार हो जाती है।

पूसा बृष्टिः– पूसा बृष्टि लाल जड़ वाली प्रजाति है जिसकी जड़ें 18–20 सेंमी लम्बी होती है यह कि 85–90 दिनों में तैयार हो जाती है।

उर्वरक एवं खादः– गाजर की फसल के लिए एक हेक्टेयर खेत में लगभग 8–10 टन गोबर की सड़ी खाद बुवाई के 3–4 सप्ताह पूर्व डालकर अच्छी तरह मिट्टी में मिला देनी चाहिए। बुवाई के पूर्व एवं अन्तिम जुताई के साथ 30 कि.ग्रा. नाइट्रोजन, 25 कि.ग्रा. फास्फोरस तथा 30 कि.ग्रा. पोटाश प्रति हेक्टेयर की दर से खेत में डालें। बुवाई के लगभग 5–6 सप्ताह बाद 30 कि.ग्रा. नाइट्रोजन ब्रोडकास्टिंग कर (टप ड्रेसिंग) के रूप में डालें।

बीज दर एवं बुवाई का समयः–

- गाजर की पूसा केसर तथा पूसा मेघाली प्रजाति की बुवाई अगस्त से अक्बूर तक तथा नेन्टेस की बुवाई नवम्बर–दिसम्बर में करते हैं। एक हेक्टेयर खेत के लिए बीज की आवश्यकता 6–8 कि.ग्रा. होती है।

बीज की बुवाई व दूरीः–

खेत में बुवाई के समय खेत में पर्याप्त नमी होनी चाहिए। इसके लिए बुवाई से पूर्व खेत का पलेवा करके ओट आने पर खेत की तैयारी करते हैं। इसकी बुवाई या तो छोटी–छोटी समतल क्यारियों में या 30–45 सें.मी. की दूरी पर बनी मेंड़ों पर करते हैं। यदि क्यारियों में बुआई करनी हो तो बीज को क्यारियों में मिट्टी में मिला देते हैं। मेड़ों पर बीज 1–2 सेमी. गहराई पर लाइन बनाकर बीज बोते हैं और मिट्टी से ढक देते हैं। जब बीज जम जाये तो पौधों की दूरी 6–7 सें.मी. रखते हैं।

अन्तःसस्य क्रियाएँः–

गाजर की फसल खरपतवार से प्रभावित होती है एवं गाजर के पौधों की बढ़वार धीमी गति से होती है। इसलिए शुरूआत में खरपतवार निकालना अतिआवश्यक है। यदि फसल मेड़ों पर उगाई गई है तो पौध से पौध की दूरी 8–7 सें.मी. की कर दें और जरूरत से ज्यादा पौधे उखाड़ दें। यह आवश्यकता हो तो बुआई के लगभग 40–50 दिनों बाद गुड़ाई करके मेंड़ों पर मिट्टी चढ़ा देवें।

सिंचाईः–

गाजर की बुआई के समय भूमि में पर्याप्त नमी की कमी हो तो बुआई के तुरन्त बाद हल्की सिंचाई करें। परन्तु बुआई के समय भूमि में जमाव के लिए पर्याप्त नमी होनी चाहिए तो पहली सिंचाई बीज उगाने के बाद करनी चाहिए। बाद की सिंचाइयां गर्म मौसम मे सप्ताह में एक बार करते हैं। इस बात का ध्यान रखना चाहिए कि खेत सूखने और सख्त होने न पाये नहीं तो जड़ों का समुचित विकास नहीं हो पाता।

बीजोत्पादन :–

चयनित जड़ों को रोपाई के लिए तैयार करते समय एक तिहाई जड़ के साथ 4–5 सें.मी पत्तो रखें। खेत को तैयार करते समय उसमें 15–20 टन गोबर की खाद, 40 कि.ग्रा. नत्रजन, 50 कि.ग्रा. फॉस्फोरस और 60 कि.ग्रा. पोटाश मिलाएं। जड़ों की रोपाई 60 ग 45 से. मी. पर करें और तत्पष्चा सिंचाई करें। यह सुनिष्चित करें कि आधाार बीज के लिए पृथक्करण दूरी 1000 मीटर तथा प्रमाणित बीज के लिए 800 मीटर हो।

बीज उपज :–औसतन 400–500 कि.ग्रा. प्रति हैक्टर बीज उपज हो जाती है।

खुदाई:–

गजर की जड़ेंज ब पूर्ण आकार की हो जाय तो उनकी खुदाई करते हैं। सुगमतापूर्वक खुदाई के लिए खेत में हल्की सिंचाई कर दें और पत्तियों को काट दें। खुदाई खुर्पी या फावड़े से करें। इसकी खुदाई बैलों द्वारा हल चलाकर भी की जा सकती है। खुदाई करने के बाद जड़ों को पानी से अच्छी तरह से धो लें। बहुत बारीक जड़ों को अलग कर दें।

प्रमुख रोग एवं रोकथाम:–

चूर्णी फफूंदी रोग:– गजर की फसल पर चूर्णी फफूंद नामक रोग का प्रकोप होता है। इस रोग में सफेद रंग का पाउडर जगह–जगह पत्तियों पर छा जाता है।

रोकथाम:– चूर्णी फफूंदी रोग की रोकथाम के लिए लक्षण दिखाई पड़ते ही 25 कि.ग्रा. घुलनशील गन्धक को 600 लीटर पानी में घोल बनाकर एक हेक्टेयर की दर से छिड़काव करें। आवश्यक हो तो 10 दिन के अन्तराल पर दुबारा छिड़काव करें।

पीलापन:– गाजर में पीलापन एक विषाणु (वाइरस) रोग है जो फड़का कीड़े (सिक्स स्पोटेड लीफ हापर) द्वारा फैलता है।

रोकथाम:– गाजर की फसल को इस कीड़े से बचाने के लिए मैलाथियान की 1.5 मिली. प्रति लीटर पानी में घोलकर छिड़काव करें।

प्रमुख कीट एवं उनकी रोकथाम:–

गाजर की सुरसुरी (कैरट वीटिल):– टांग रहित सफेद लार्वा गाजर के ऊपरी हिस्से में सुरंग बनाकर नुकसान पहुंचाता है।

रोकथाम:– गाजर की सुरसुरी कीट के रोकथाम के लिए इमिडिक्लोप्रिड 17.8 एस.एल. 0.3 मि.ली. प्रति लीटर पानी में मिलाकर छिड़काव करें।

*****

22

शकरकंद

वानस्पतिक नाम –आईपोमिय बटाटास **खाने योग्य भाग –जड**

गुणसूत्र= सख्या –90 **परिवार –कोनवालवुलेसी**

परिचयः–

शकरकंद एक वर्षी पौधा है, पर यह अनुकूल परिस्थिति में बहुवर्षीसा व्यवहार कर सकता है। यह एकस पुष्पक पौधा है। इसके रूपान्तरित जड़की उत्पत्ति तने के पर्व सन्धियों से होती है जो जमीन के अन्दर प्रवेश कर फूल जाती है। जड़ का रंग लाल अथवा भूरा होता है एवं यह अपने अन्दर भोजन संग्रह करती है। यह उष्ण अमरी का का देशज है। अमेरीका से फिलिपीन होते हुए, यह चीन, जापान, मलयेशिया और भारत आया, जहाँ व्यापक रूप से तथा सभी अन्य उष्ण प्रदेशों में इसको खेती होती है। यह ऊर्जा उत्पादक आहार है। इसमें अनेक विटामिन रहते हैं विटामिन ''ए' और ''सी' की मात्रा सर्वाधिक है। इसमें आलू की अपेक्षा अधिक स्टार्च रहता है।

यह उबाल कर, या आग में पकाकर, खाया जाता है। कच्चा भी खाया जा सकता है। सूखे में यह खाद्यान्न का स्थान ले सकता है। इससे स्टार्च और ऐल्कोहॉल भी तैयार होता है। इसे भूख मिटाने के लिए सबसे उपयोगी माना जाता है. शकरकंद की खेती वैसे तो पूरे भारत में की जाती है, लेकिन ओडिशा, बिहार, उत्तर प्रदेश, मध्यप्रदेश, पश्चिम बंगाल व महाराष्ट्र में इसकी खेती सबसे अधिक होती है. शकरकंद की खेती में भारत दुनिया में छठे स्थान पर आता है।

जलवायुः–

इसकी खेती के लिए 21 से 26 डिगरी सेंटी ग्रेड तापमान सबसे सही माना जाता है. यह शीतोष्ण व समशीतोष्ण जलवायु में उगाई जाने वाली फसल है. इसे 75 से 150 सेंटी मीटर बारिश की हर साल जरूरत पड़ती है।

भूमिः–

शकरकंद की खेती के लिए रेतीली दोमट मिट्टी सबसे अच्छी मानी जाती है, क्योंकि ऐसी मिट्टी में कंदों की बढ़वार अच्छी तरह से हो पाती है.

इसकी बोआई से पहले खेत की 1 बार मिट्टी पलटने वाले हल या रोटावेटर से जुताई करनी चाहिए. उसके बाद 2 जुताई कल्टीवेटर से करके खेत को छोटी–छोटी समतल क्यारियों में बांट लेना चाहिए. उसके बाद मिट्टी को भुरभुरी बनाकर उसमें प्रति हेक्टेयर 150 से 200 क्विंटल गोबर की खाद मिला लेना फसल उत्पादन के लिए अच्छा होता है.

प्रजातियों का चयनः–

प्रमुख प्रजातियों में पूसा लाल, पूसा सुनहरी, पूसा सफेद, सफेद सुनहरी लाल, श्री मद्रएस 10101, नरेंद्र शकरकंद 9, एच 41, केवी 4, सी ओ आई पी 1, राजेश शकरकंद 92, एच 42 (1) खास हैं.

रोपाईः–

इसकी रोपाई से पहले मई या जून महीने में इसकी लताओं से नर्सरी तैयार की जाती है. अगस्त से सितंबर तक तैयार लताओं की कटिंग करके मेंड़ों या समतल जगह पर रोपाई की जाती है. इसकी कटिंग की रोपाई के लिए लाइन से लाइन की दूरी 60 सेंटी मीटर व पौधे से पौधे की दूरी 30 सेंटी मीटर रखी जाती है. जमीन में इसकी कटिंग को 6–8 सेंटी मीटर की गहराई पर रोपा जाता है. रोपाई के समय यह ध्यान देना चाहिए कि बेलकी कटिंग 60–90 सेंटी मीटर से कम नहो. काटी गई बेल को मिट्टी में दबा दिया जाता है. 1 हेक्टेयर खेत के लिए शकरकंद की 6–7 क्विंटल बेल या 59000 टुकड़ों की जरूरत पड़ती है.

खाद की मात्राः–

शकरकंद की खेती के लिए 1 हेक्टेयर खेत में 150 से 200 क्विंटल गोबर की सड़ी खाद व 50–60 किलो ग्राम नाइट्रोजन, 50–60 किलो ग्राम फास्फोरस और 100–120 किलो ग्राम पोटाश की जरूरत पड़ती है. नाइट्रोजन, फास्फोरस व पोटाश की आधी मात्रा आखिरी जुताई के समय व शेष आधी मात्रा बोआई के 30 दिनों बाद देते हैं. इसके कंदों की बढ़त के लिए जैविक खाद ज्यादा अच्छी होती है।

सिंचाई:–

शकरकंद की बेलों की कटिंग की रोपाई के 4–5 दिनों बाद पहली सिंचाई कर देनी चाहिए. इसके बाद बारिश की मात्रा को देखते हुए 10–15 दिनों के अंतर पर सिंचाई करते रहना चाहिए. शकर कंद के खेत की तब तक निराई गुड़ाई जरूरी है, जब तक कि इसकी फसल खेत को ढक नले.

कीट व बीमारियों की रोकथामः–

सूंड़ी:–यह कीट बरसात में फसल को नुकसान पहुंचाता है. ये शकरकंद की पत्तियों को खाकर छलनी कर देते हैं, जिससे पत्तियां भोजन नहीं बना पाती हैं और फसल की बढ़त रुक जाती है. इस कीट की रोकथाम के लिए नीम के काढ़ेका 250 मिली लीटर प्रति एकड़ की दर से छिड़काव करना चाहिए.

पीविल:–इसके कंदों में घुसकर कंदों बेकार कर देता है. इसकी रोकथाम के लिए सबसे अच्छा उपाय बोआई के समय कंद शोधन होता है। शकरकंद की फसल में 2 रोगों का हमला ज्यादा तर देखा गया है, जिसमें पहला तना सड़न है, जो कि फ्यूजेरियम आक्सी सपोरम नामक फफूंदी के कारण होता है. इस रोग की वजह से फसल के तने में सड़न आ जाने से फसल बेकार हो जाती है. इसकी रोकथाम के लिए रोगन लगने वाली फसल का चुनाव करना सही होता है

कली सड़न– कंदों की सतह पर धुंधले काले रंग के धब्बे बन जाते हैं, जिसकी वजह से पौधे मर जाते हैं. इसकी रोकथाम के लिए 250 मिली लीटर नीम के काढ़े का प्रति एकड़ की दर से छिड़काव करना चाहिए.

खुदाई व भंडारण:–

शकरकंद की खुदाई उसकी रोपाई के समय पर निर्भर करती है. जुलाई महीने में रोपी गई फसल की खुदाई नवंबर महीने में की जा सकती है. जब पत्तियां पीली पड़कर सूखने लगें, तो फावड़े या कुदाल से फसल की खुदाई करके उस पर लगी मिट्टी को साफ करें. फिर किसी छायादार वह वादार जगह पर स्टोर करें।

*****

23

लहसुन

वानस्पतिक नाम –ऐलियस सैटाइवस **उत्तप्ति स्थान–मध्य एशिया**

खाने योग्य भाग –गाठं/हरि पत्ति **गुणसूत्र= सख्या –16**

परिवार –एलिएसी

परिचयः–

भारत में लहसुन लगभग 140 हजार हेक्टेयर क्षेत्रफल में उगाया जाता हैं, जो कि विश्व में लहसुन की खेती में चीन के बाद दूसरा स्थान हैं। राजस्थान में लहसुन का क्षेत्रफल 15 हजार हेक्टेयर एवं उत्पादकता 4300 किलो ग्राम प्रति हेक्टेयर हैं। लहसुन में गंधक युक्त योगिक एलाएल प्रोपाइ लडाई सल्फाइड तथा एलिन नामक अमीनो अम्ल पाये जाते हैं। सामान्यद शामें एलिन रंगहीन, गंधहीन तथा जल में घुलन शील होता हैं, परन्तु जब लह सुन काटा, छिला तथा कुचला जाता हैं तो इसमें उपस्थित एलीनेज एन्जाइम सक्रिय हो जाते हैं तथा एलिन को एलिसिन में बदल देते हैं। इसी परिवर्तन के कारण इसमें से विशिष्ट तेज गंध आने लगती हैं। जीवाणुओं के विरुद्ध सक्रियता भी इसी एलिसिन नामक पदार्थ के कारण होती हैं।

भूमि एवं जलवायुः–

लहसुन की खेती किसी भी प्रकार की भूमि में की जा सकती हैं, परन्तु इसके लिए जीवाश्म युक्त उपजाऊ व जलनिकास युक्त दोमट मिट्टी उपयुक्त होती हैं। भारी, चिकनी मिट्टी में कंद का आकार छोटा व खुदाई में कठिनाई होती हैं। यह पाला व लवणीयता को भी कुछ स्तर तक सहन कर सकती हैं। लहसुन की वृद्धि के समय ठंडा व नम जलवायु तथा कन्द परिपक्वता के समय शुष्क जलवायु उपयुक्त रहती हैं। ठंडी जलवायु का पौधा होने के कारण इसकी खेती फलदार बगीचों में भी की जा सकती हैं। अधिक तापमान व नमी में कलियों के सड़ने की संभावना रहती हैं तथा अंकुरण पर विपरीत प्रभाव पड़ता हैं।

भूमि की तैयारीः–

लहसुन की खेती के लिए गहरी जुताई तथा इसके बाद हेरों से भूमिकी जुताई करना उपयुक्त रहता हैं। जिससे मिट्टी भुरभुरी हो जाती हैं। इसके बाद खरपतवार निकालकर खेत को समतल कर लेते हैं।

उन्नत किस्मेंः–

1. जाम नगर सफेद इस. किस्म के कंदों में कलियाँ आकार में होती हैं एवं कंदों का व्यास 3.5 से 4.5 से.मी. तक होता हैं। इसकी उपज 130 क्विंटलध्हेक्टेयर तक प्राप्त होती हैं। इसकी संस्तुतिर बीमौसम में ऐसे क्षेत्रों के लिए की जाती हैं, जहां पर्पलब्लाच या अंगमारी की बीमारी नहीं आती हैं।

2. यमुना सफेद (जी–1). इस किस्म के कंद रंग सफेद, चमकदार एवं घने होते हैं। प्राप्त कंदों का व्यास 4.0 से 4.5 से.मी. होता हैं। अधिकतर कीटों–रोगों के प्रति इस किस्म में निरोधकता पाई जाती हैं। इस किस्म के द्वारा 150 क्विंटलध्हेक्टेयर उपज प्राप्त की जा सकती हैं।

3. यमुना सफेद 2 (जी–50). यह देश के उत्तरी प्रांतों के लिए उपयुक्त हैं।कंदों का व्यास 3.5 से 4.0 से.मी. होता हैं। इसकी औसत पैदावार 150 से 200 क्वी.ध्हैक. हैं।

4. जी–282. यह देश के उत्तरी एवं मध्य भाग के लिए अनुमोदित की गई किस्म हैं। अन्य की अपेक्षा इसकी पत्तियां अधिक छोड़ी, कंद तथा कलिया बड़े आकार की होती हैं। इसके कंदों काव्या. 5.0 से 6.0 से.मी. होता हैं। इसकी औसत पैदावार 175 से 200 क्वी.ध्हैक. हैं। मुख्यतः यह किस्म निर्यात के लिए उपयुक्त पाई गई हैं।

5. एग्री फाण्ड पार्वती (जी–313) यह किस्म उत्तरी भारत में मध्यम व ऊँचे स्थानों के लिए उपयुक्त हैं। इसके कंद बड़े आकार में एवं कंद का व्यास 5.0 से 6.0 से.मी. होता हैं। इस किस्म के द्वारा 175 से 225 क्वी.ध्है. तक उपज प्राप्त की जा सकती हैं।

बीज की मात्राः–

लहसुन के लिए 5–6 क्वी.ध्है. बीज की आवश्यकता होती हैं। लेकिन मशीन द्वारा बुवाई करने पर इसकी मात्रा 6–7 क्वी. तक होती हैं।

रोपाई का समय :–

लहसुन की बुवाई अक्टुम्बर माह में करते हैं। बुवाई के समय इसके लिए कतार से कतार की दुरी 15 से.मी. तथा पौधे से पौधे की दुरी 7 से.मी. रखनी चाहिए। लहसुन की अगेती बुवाई करने पर कली सदन की समस्या अधिक होती हैं।

खाद एवं उर्वरकः–

सामान्यतः खेती की तैयारी के समय 20 से 25 टन गोबर की खादध्है. की दर से भूमि में मिलाकर जुताई करना चाहिए। कलिया लगने से पहले 50 की.ग्रा. नत्रजन, 60 की.ग्रा. फास्फोरस, 100 की.ग्रा. पोटाश तथा 25 की.ग्रा. जिंक सल्फेटध्है. की दर से बुवाई से पूर्व आवश्यकता होती हैं। बुवाई के एक महीने बाद 50 की.ग्रा. नत्रजन खड़ी फसल में छिड़कना लाभकारी होता हैं।

सिंचाई व निराई–गुड़ाईः–

भूमि में नमी की कमी हो तो कलियों की बुवाई के बाद एक हल्की सिंचाई करते है। इसके पश्चात वानस्पतिक वृद्धि व कंद बनते समय 7–8 दिन के अंतराल पर हल्की सिंचाई व फसल पकने की अवस्था पर 12 दिन के अंतराल पर सिंचाई करें। लहसुन की खेती से अच्छी पैदावार के लिए 3–4 बार निराई–गुड़ाई अवश्य करें। जिससे कंद को हवा मिले एवं नई जड़ो का विकास हो सके। एक माह बाद सिंचाई के तुरंत बाद डंडे या रस्सी से पौधों को हिलाने से कंद का विकास अच्छा होता है।

वृद्धिनियामक का प्रयोगः–

लहसुन की अधिक उपज प्राप्त करने के लिए 0.05 मि.ली. प्लेनोफिक्सया 500 मि.ग्रा. साईकोसिलया 0.05 मि.ली. इथेपानध्लीटर पानी में घोल बनाकर बुवाई के 60–90 दिन पश्चात छिड़काव करना उचित रहता है। लहसुन की खुदाई से दो सप्ताह पहले 3 ग्राम मैलिक हाइड्राजाइडध्लीटर पानी में छिड़काव करने से भण्डारण के समय अंकुरण नहीं होता है तथा लहसुन 10 माह तक सुरक्षित रखे जा सकते है।

खुदाई एवं उपजः–

ऊपर की पत्तियां पीलीया भूरी पड़ने लगे तथा मुख्य तना मुड़ जाने पर लहसुन पकाना माना जाता है। इस प्रकर लहसुन के कंद को पकने में 4–5

माह का समय लगता है। खुदाई के पश्चात कंद को साफ करके ऊपर की पत्तियों से बांधते हैं तथा 3–4 दिन के लिए किसी छायादार स्थान पर रखते है। जिससे खेत की गर्मी कंद से निकल सकें। इसके बाद ठन्डे व शुष्क कमरे में लहसुन की 100 से 125 क्विंटल प्रतिहेक्टेयर उपज प्राप्त होती है।

*****

24

प्याज

वानस्पतिक नाम –ऐलियस सीपा **उत्पति स्थान–उ०प्र० भारत**

खाने योग्य भाग –बल्ब/हरि पत्ती **गुणसूत्र= सख्या –18**

परिवार –एलिएसी

परिचय :–

भारत दुनिया में प्याज का दूसरा सबसे बड़ा उत्पादक है. प्याज सब्जी व मसाले की खास फसल है. इसे अकेले या दूसरी सब्जियों के साथ मिलाकर खाया जाता है. प्याज का जमीन के अंदर का भाग व पत्तियां खाने में इस्तेमाल की जाती हैं. सब्जी बनाने में वसलाद के अलावा इसके औषधीय गुण के कारण इसका अपना अलग महत्त्व है. भारत में उगाई जाने वाली सब्जियों में प्याज सबसे ज्यादा पसंद किया जाता है. भारत के सभी भागों मे सफलता पूर्वक की जाती है। इसकाउपयोग सलाद, सब्जी, अचार एवं मसाले के रूप में किया जाता है।जिसमें विटामिन सी, फास्फोरस आदि पौष्टिक तत्व प्रचुर मात्रा में पाये जाते हैं। गर्मी में लू लग जाने तथा गुर्दे की बीमारी में भी प्याज लाभदायक रहता है। भारत में रबी तथा खरीफ दोनो ऋतूओं मे प्याज उगाया जा सकता है।

जलवायु एवं भूमिः–

प्याज की फसल के लिए ऐसी जलवायु की अवश्यकता होती है जो ना बहुत गर्म हो और ना ही ठण्डी। अच्छे कन्द बनने के लिए बड़े दिन तथा कुछ अधिक तापमान होना अच्छा रहता है। आमतौर पर सभी किस्म की भूमि में इसकी खेती की जाती है, लेकिन उपजाऊ दोमट मिट्टी, जिसमे जीवांश खाद प्रचुर मात्रा में हो व जल निकास की उत्तम व्यवस्था हो, सर्वोत्तम रहती है। भूमि अधिक क्षारीय व अधिक अम्लीय नहीं होनी चाहिए अन्यथा कन्दों की वृद्धि अच्छी नहीं हो पाती है। अगर भूमि में गंधक की कमी हो तो 400 किलो जिप्सम प्रति हेक्टर की दर से खेत की अन्तिम तैयारी के समय कम से कम 15 दिन पूर्व मिलायें।

उन्नत किस्में:—

खरीफ में बुवाई हेतु – रबी में बुवाई हेतु एन–53, एग्री फाउंड डार्क रेड – पूसा रेड, पूसा रतनार, एग्री फाउंड लाइट रेड, एग्री फाउंड रोज, पूसा व्हाइट राउंड, पूसा व्हाइट फ्लैट किस्में :

प्याज की कुछ उन्नत किस्में हैं अर्का निकेतन, अर्का बिंदु, अर्का प्रगति, पूसा रेड, पूसा रत्नार, पूसा माधवी, पूसा व्हाइट, फ्लैट एग्री फाउंड, डार्क रेड, एन 53, निफाद 53, हिसार 2, पंजाब सिलेक्शन, पंजाब रेड राउंड, कल्याणपुर रेडराउंड व उदयपुर 102 वगैरह. हाइब्रिड प्रजातियां : अर्का कीर्तिमान, अर्कालालिमा व अर्का पीतांबर वगैरह.

खाद एवं उवर्रकः—

प्याज के लिए अच्छी सड़ी हुई गोबर की खाद 400 क्विंटल प्रति हेक्टर खेत की तैयारी के समय भूमि में मिलावें। इसके अलावा 100 किलो नत्रजन, 50 किलो फास्फोरस एवं 100 किलो पोटाश प्रति हेक्टर की दर से आवश्यकता होती है। नत्रजन की आधी मात्रा तथा फास्फोरस एवं पोटाश की पूरी मात्रा रोपाई से पूर्व खेत की तैयारी के समय देवें। नत्रजन की शेष मात्रा रोपाई के एक से डेढ़ माह बाद खड़ी फसल में देवें।

बुवाईः—

प्याज की बुवाई खरीफ मौसम में, यदि बीज द्वारा पौधा बनाकर फसल लेनी हो तो, मई के अन्तिम सप्ताह से लेकर जून के मध्य तक करते हैं और यदि छोटे कन्दों द्वारा खरीफ में अगेती या हरी प्याज लेनी हो तो कन्दों को अगस्त माह में बोयें। प्याज की खेती के लिए छोटे कन्द बनाने के लिए बीज को जनवरी के अन्तिम सप्ताह में या फरवरी के प्रथम सप्ताह में बोयें। रबी फसल हेतु नर्सरी में बीज की बुवाई नवम्बर–दिसम्बर में करनी चाहिए।

एक हेक्टर में फसल लगाने के लिए 8–10 किग्रा बीज पर्याप्त होता है। पौधे एवं कन्द तैयार करने के लिए बीज को क्यारियों में बोयें, जो 3•1 मीटर आकर की हो। वर्षाकाल में उचित जल निकास हेतु क्यारियों की ऊँचाई 10–15 सेंटीमीटर रखनी चाहिए। नर्सरी में अच्छी तरह खरपतवार निकालने तथा दवा डालने के लिए बीजों को 5–7 सेंटीमीटर की दूरी पर कतारों में 2–3 सेंटीमीटर गहराई पर बोना अच्छा रहता है। क्यारियों की मिट्टी को बुवाई से पहले अच्छी तरह भुरभुरी कर लेनी चाहिए।

पौधों के आद्र गलन बीमारी से बचाने के लिए बीज को ट्राइकोडर्मा विरिडी (4 ग्राम प्रति किग्रा बीज) या थिरम (2 ग्राम प्रति किग्रा बीज) से उपचारित करके बोना चाहिए। बोने के बाद बीजों को बारीक खाद एवं भुरभुरी मिट्टी व घास से ढक देवें। उसके बाद झारे से पानी देवें, फिर अंकुरण के बाद घास फूस को हटा देवें।

रोपाई:–

रबी मौसम में बोई जाने वाली प्याज की नर्सरी अक्तूबर नवंबर में डालते हैं और पहाड़ी क्षेत्रों में मार्च से जून के महीने में यह काम करते हैं. बीजों को पूरी तरह से तैयार नर्सरी में डालते हैं. नर्सरी में तैयार पौधों को लगाने के लिए खेत को छोटे छोटे टुकड़ों में बांटलेना चाहिए और उसके बाद पौधों को रोपना चाहिए. लाइन और पौधे के बीच की दूरी कम से कम 8 से 10 सेंटी मीटर रखनी चाहिए. इससे खरपतवार निकालने व सिंचाई में आसानी होती है. बीजों को बोने से पहले थायरम 3 ग्राम प्रतिकिलो ग्राम या बाविस्टीन 2 से 3 ग्राम प्रतिकिलो ग्राम बीज की दर से उपचारित करें.

कन्दों से बुवाई:–

कन्दों की बुवाई 45 सेंटीमीटर की दूरी पर बनी मेड़ों पर 10 सेंटीमीटर की दूरी पर दोनों तरफ करते हैं। 5 सेंटीमीटर से 2 सेंटीमीटर व्यास वाले आकर के कन्द ही चुनना चाहिए। एक हेक्टर के लिए 10 क्विंटल कन्द पर्याप्त होते हैं।

सिंचाई:–

बुवाई या रोपाई के साथ एवं उसके तीन–चार दिन बाद हल्की सिंचाई अवश्य करें ताकि मिट्टी नम रहें। बाद में भी हर 8–12 दिन में सिंचाई अवश्य करतें रहें। फसल तैयार होने पर पौधे के शीर्ष पीले पड़कर गिरने लगते हैं तो सिंचाई बन्द कर देनी चाहिए।

निंदाई–गुड़ाई:–

फसल को खरपतवार से मुक्त रखने के लिए समय–समय पर निराई–गुड़ाई करके खरपतवार को निकालते रहना चाहिए। इसके अतिरिक्त खरपतवारनाशी जैसे स्टाम्प 30 ई.सी. का 3 लीटर/ हेक्टेयर की दर से रोपाई के 2–3 दिनबाद छिडकाव करें। खड़ी फसल में यदि सकरी पत्ती वाले नींदा

अधिक होतो क्वीजालो फॉपईथाइल 5 ई सी के 400 मि.ली.ध्हेक्टर के मान से करें।

खरपतवार नियंत्रणः–

अंकुरण से पूर्व प्रति हेक्टर 1.5–2 किग्रा एलाक्लोर छिडकें अथवा बुवाई से पूर्व 1.5–2.0 किग्रा फ्लूक्लोरेलिन छिड़ककर भूमि में मिलायें, तत्पश्चात एक गुड़ाई 45 दिन की फसल में करें।

प्रमुख कीट एवं व्याधियां:–

पर्ण जीवी (थ्रिप्स):

ये कीट छोटे आकार के होते हैं तथा इनका आक्रमण तापमान में वृद्धि के साथ तीव्रता से बढ़ता है और मार्च में अधिक स्पष्ट दिखाई देता है। इन कीटों द्वारा रस चूसने से पत्तियां कमजोर हो जाती हैं तथा आक्रमण के स्थान पर सफेद चकते पड़ जाते हैं। इमिडाक्लोप्रिड 17.8 एस एल (0.3–0.5 मिलीलीटर प्रति लीटर पानी) का छिड़काव करें।

तुलासिताः–

पत्तियों की निचली सतह पर सफेद रूई जैसी फफूंद की वृद्धि दिखाई देती है। मेन्कोजेब या जाईनेब का 2 ग्राम प्रति लीटर पानी की दर से छिड़काव करना चाहिए।

अंगमारीः–

पत्तियों की सतह पर सफेद धब्बे बन जाते हैं जो बाद मे बीच से बैंगनी रंग के हो जाते हैं। मेन्कोजेब या जाईनेब का 2 ग्राम प्रति लीटर पानी के हिसाब से छिड़काव करना चाहिए। इसके साथ तरल (स्प्रेडर) साबुन का घोल अवश्य मिलाना चाहिए।

गुलाबी जड़ सडनः–

इस रोग में जड़े हल्की गुलाबी होकर गलने लगती हैं। कार्बेण्डाजिम का 1 ग्राम प्रति किलो बीज की दर से बीजोपचार करके बुवाई करें। पौध रोपण के समय पौधों को कार्बेण्डाजिम के 1 ग्राम प्रति लीटर पानी के घोल में डुबोकर रोपाई करें।

खुदाईः–

कन्दों से लगाई प्याज की फसल 60 से 100 दिन में तथा बीजों से तैयार की गई फसल 140 से 150 दिन में तैयार होती है। रबी फसल की खुदाई पत्तियों के पीली होकर जमीन पर गिरने पर शुरू करनी चाहिए। खरीफ मौसम में पत्तियां नहीं गिरती है अतः दिसम्बर–जनवरी में जब गाठों का आकर 6 से 8 सेन्टीमीटर व्यास वाला हो जाये तो पत्तियों को पैरों से जमीन पर गिरा देना चाहिए, जिससे पौधों की वृद्धी रूक जाये एवं गाठें ठोस हो जायें। इसके लगभग 15 दिन बाद गांठों की खुदाई करनी चाहिए।

पृथक्करण दूरीः–

शल्क कंद उत्पादन के दौरान दो किस्मों के बीच में न्यूनतम 5 मीटर का फासला होना चाहिए। प्रमाणित बीज फसल उत्पादन के लिए न्यूनतम 400 मीटर की पृथक्करण दूरी तथा आधार बीज फसल के लिए यह पृथक्करण दूरी 1000 मीटर होनी चाहिए। प्याज एक पर–परागित फसल है जिसमें मधुमक्खिया तथा अन्य कीट परागण में मदद करते है अतः आनुवंशिक रुप से शुद्भ बीज उत्पादन के लिए निर्धारित न्यूनतम पृथक्करण दूरी का होना आवश्यक है।

बीजोत्पादन विधिः–

उत्तर भारत के मैदानी भागों में बीजोत्पादन की दो विभिन्न विधियां है।

बीज से बीज तैयार करनाः–

इस विधि में सीधा बीज से बीज तैयार किया जाता है। इसके अंर्तगत पौध शाला में बीज की बुवाई अगस्त माह में तथा पौध की रोपाई अक्टुबर में की जाती है। अप्रैल–मई में बीज तैयार होता है।

इस विधि में अपेक्षाकत अधिक बीज की उपज होती है एवं बीज हेतु कन्दोंध्गॉठों के भंडारण तथा पुनः रोपण आदि का खर्चा भी बचता है। इस विधि में प्याज के बीज की जातीय शुद्भता बनाए रखना सम्भव नहीं है। क्योंकि इसमें कन्दों के रंग, आकार आदि गुणों की परख नहीं की जा सकती।

शल्क कंदों से बीज बनाना :–

प्याज के अच्छी गुणवत्ता वाले बीज उत्पादन हेतु अधिकतर इस विधि का उपयोग किया जाता है। इसके अंर्तगत दो विधियॉ आती है।

(क) एक वर्षीय विधिः–

इस विधि में खरीफ में उगाई जाने वाली प्रजातियां जैसे एन–53, एग्रीफाउड डार्क रैड आदि का बीज तैयार किया जाता है। इसमें जून माह में पौध तैयार करते है तथा पौध की रोपाई अगस्त में की जाती है। कंद नवंबर–दिसंबर माह में तैयार हो जाते है। कंदों की खुदाई के 15–20 दिन उपरांत चुने हुए स्वस्थ कंदों को बीज खेत में लगाते है। पुष्प दंड जनवरी–फरवरी में निकलते है तथा बीज अप्रैल–मई में निकाला जाता है। यह विधि लगभग एक वर्ष का समय लेती है।

(ख) दि वर्षीय विधिः–

इस विधि से रबी प्याज की प्रजातियां जैसे पूसारैड, पूसा माधवी, पूसा रिध्दि, पूसा व्हाइट फलैट, पूसा व्हाइट राउंड, एस–48, एग्री फाउंड लाइट रैड, एन.एच.आर.डी.एफ. रैड आदि का बीज तैयार करते है। इसमें बीज अक्टुबर–नवंबर में बोया जाता है तथा पौध की रोपाई दिसंबर से जनवरी के प्रथम पखवाडे तक करते है। शल्ककंद अप्रैल–मई में तैयार हो जाते है। खुदाई के उपरांत चुने हुए स्वस्थ शल्क कंदों को अक्टुबर तक भंडारण में रखते है। जिन्हे अक्टुबर–नवंबर में बीज उत्पादन हेतु खेत में लगाते है। बीज अप्रैल–मई में निकाला जाता है। इस विधि से बीज तैयार करने में लगभग डेढ वर्ष का समय लगता है। उत्तर भारत में बीज की अच्छी उपज एवं उच्च गुणवत्ता हेतु प्याज के बीज उत्पादन के लिए यह विधि अपनाई जाती

सुखानाः–

खुदी हुई गांठों को पत्तियों के साथ एक सप्ताह तक सुखायें। यदि धूप तेज हो तो छाया में लाकर रख देवें तथा एक सप्ताह बाद पत्तों को गांठ के 2.0 से 2.5 सेंटीमीटर ऊपर से काट देवें तथा एक सप्ताह तक सुखायें।

उपजः–

इस प्रकार उन्नत तकनीकें अपनाकर प्याज से प्रति हेक्टर लगभग 200 से 350 क्विंटल तक पैदावार ली जा सकती है।

भण्डारणः–

आमतौर पर खरीफ की तुलना में रबी प्याज में भण्डारित करने की आवश्यकता ज्यादा होती क्योंकि यह बाजार में तुरंत कम बिकता है। प्याज को

भण्डारित करते समय निम्न सावधानियां रखना चाहिए।1. भण्डारण से पहले कंदों को अच्छी तरह सुखालें । अच्छी तरह से पके हुए स्वस्थ (4–6 सेमी आकार) चमक दार व ठोस कंदों का ही भण्डारण करें। 2. भण्डारण नमी रहित हवादार गृहों में करें। ।भण्डारण में प्याज के परत की मोटाई 15 सेमी. से अधिक न हों। 3. भण्डारण के समय सड़े गले कंद समय–समय पर निकालते रहना चाहिए।

*****

25

सलाद

वानस्पतिक नाम –लेक्टूका सैटाइवा **उत्तप्ति स्थान –माइनर एशिया**

खाने योग्य भाग –पत्ति **गुणसूत्र= सख्या –16 व 18**

परिवार –एस्टेसी

परिचय :–

अन्य सब्जियों की तरह यह भी सम्पूर्ण भारत वर्ष में पैदा की जाती है। इसकी कच्ची पत्तियों को गाजर, मूली, चुकन्दर तथा प्याज की तरह सलाद तथा सब्जी के प्रयोग में लाया जाता है। ये फसल मुख्य रूप से जाड़ों में उगायी जाती है। मुख्य सलाद की फसल है, अधिक ठण्ड में बहुत अच्छी वृद्धि होती है तथा तेजी से बढ़ती है। इस फसल को अधिकतर व्यवसायिक रूप से पैदा करते हैं और फसल की कच्ची व बड़ी पत्तियों को बड़े–बड़े होटल तथा घरों में मुख्य सलाद के रूप में प्रयोग करते हैं। इसलिए इस फसल की पत्तियां सलाद के लिये बहुत प्रसिद्ध हैं।यह विदेशी फसल है जिसको विदेशों में बहुत उगाया जाता है।

सलाद के सेवन से शरीर को अधिक मात्रा में खनिज पदार्थ तथा विटामिन्स मिलते हैं। यह विटामिन'ए' का एक मुख्यस्रोत है। इसके अतिरिक्त प्रोटीन, कार्बोहाइड्रेट्स, कैल्सियम तथा विटामिनस'ए'व'सी' दोनों ही प्राप्ति होते हैं।

भूमि व जलवायु:–

सलाद की फसल के लिए ठन्डे मौसम की जलवायु सबसे उत्तम होती है। अधिक तापमान होने पर बीज आना शुरू हो जाता है और पत्तियों का स्वाद बदल जाता है। इस लिए लगातार 12 डी०सेग्रड से 15 डी० सेग्रेड तापमान उपयुक्त होता है। बीज अंकुरण के लिये भी तापमान 20–25 डी०सेग्रेड सबसे

अच्छा होता है। 30 डी०सेग्रेड का तापमान के ऊपर बीजों का अंकुरण नहीं हो पाता।

उर्वराशक्ति वाली भूमि सबसे अच्छी होती है। हल्की बलुई दोमट व मटियार दोमट भूमि उपयुक्त होती है। भूमि में पानी रोकने की क्षमता होनी चाहिए ताकि नमी लगातार बनी रहे। पी. एच. मान 5.8–6.5 के बीच की भूमि में सफल उत्पादन होता है।

खेती की तैयारी एंव खाद उर्वरकः–

भूमि को 2–3 बार मिट्टी पलटने वाले हल से तथा 3–4 देशी हल या ट्रैक्टर से जुताई करनी चाहिए। खेत को ढेले रहित करके भुरभुरा कर लेना अच्छा है। प्रत्येक जुताई के बाद पाटा लगाना चाहिए।

सलाद के लिये खेत में गोबर की खाद 15–20 ट्रौली प्रतिहेक्टर डालकर मिट्टी में मिलाना चाहिए तथा रासायनिक उर्वरकों का प्रयोग इस प्रकार करना चाहिए कि नत्रजन 120 किलो ,60 किलो फास्फेट तथा 80 किलो पोटाश प्रति हेक्टर देना चाहिए। नत्रजन की आधी मात्रा तथा फास्फेट व पोटाश की पूरी मात्रा को खेत तैयार करते समय बुवाई से पहले मिलाना चाहिए। नत्रजन की शेष मात्रा को दो बार में खड़ी फसल पर पत्तियों को 2–3 बार तोड़ने के बाद छिड़कना चाहिए। इस प्रकार से उपज अधिक मिलती है।

सलाद बगीचों की एक मुख्य फसल है। 3–4 टोकरी देशी खाद डालकर, यूरिया 600 ग्रा., 300 ग्रा. फास्फेट तथा 200 ग्रा. पोटाश 8–10 वर्ग–मी. में डालना चाहिए तथा यूरिया की आधी मात्रा को फसल के बड़ी होने पर 15–20 दिन के अन्तर से दो बार में छिड़कना चाहिए। ध्यान रहे कि दूसरी मात्रा पत्तियों को तोड़ने के बाद छिड़कनी चाहिए। इस प्रकार हरी पत्तियां बाद तक मिलती हैं तथा अधिक मिलती हैं।

प्रमुख जातियांः–

सलाद की निम्नलिखित मुख्य जातियां है। जिनको भारतीय कृषि अनुसंधान संस्थान द्वारा बोने की सिफारिश की जाती है।

1. ग्रेटलेकस, 2.चाइनेजयलो तथा स्लोवाल्ट। उपरोक्त जाति से अधिक मात्रा में पत्तियां तथा मुलायम तना मिलता है।

बोने का समय एवं दूरीः–

सलाद की बुवाई के पहले पौध शाला में पौध तैयार करते है। जब पौध 5–6 सप्ताह की हो जाती है तो खेत में रोप दिया जाता है। बीज अगस्त–सितम्बर में लगाते हैं। रोपाई सितम्बर–अक्टूबर में की जाती है। कतारों की दूरी 30 सेमी० तथा पौधे से पौधे की 25 सेमी० रखते हैं।

बीज की मात्राः–

बीज की मात्रा 500–600 ग्राम प्रति हेक्टर पर्याप्त होता है। बीज को पौधशाला में क्यारियां बनाकर पौध तैयार करना चाहिए तथा बड़ी पौध को पंक्ति में लगाना चाहिए।

सिंचाई एवं खरपतवार नियन्त्रणः–

सलाद के खेत की सिंचाई रोपाई के तुरन्त हल्की करनी चाहिए। इसके बाद 10–12 दिन के अन्तर से करनी चाहिए। फसल में नमी का होना अति आवश्यक है। सिंचाई के बाद निकाई–गुड़ाई करते हैं तथा घास व खरपतवारों को निकाल देना चाहिए।

कटाईः–

सलाद की फसल जब बड़ी हो जाती है तो आवश्यकतानुसार पत्तियों को तोड़ते रहना चाहिए। मुलायम–मुलायम पत्तियोंको तोड़ते रहना चाहिए जिससे कि पत्तियां कड़ी न हो पायें। कड़ी पत्तियों में पोषक–तत्वों की मात्रा कम हो जाती है तथा रेशे की मात्रा बढ़ जाती है। इस प्रकार से 2–3 दिन के अन्तर से तुड़ाई करते रहना चाहिए। तुड़ाई हाथों से तथा कटाई तेज चाकू या हंसिया से करनी चाहिए।

पत्तियों की पैदावारः–

सलाद की पत्तियों की पैदावार उपरोक्त बातों को ध्यान में रखते हुए 125– 150 किलो ध्हेक्टर तथा 600–700 बीज प्रतिहेक्टर प्राप्त की जा सकती है।

बीमारी एवं रोकथामः–

1. पाउडरी मिल्ड्यू–

इस रोग के लक्षण सबसे पहले पत्तियों पर हल्के हरे रंग के धब्बे दिखाई देते हैं। पत्तियों के निचले भाग में अधिकतर दीखते हैं। रोकथाम के लिये फसल को अगेता बोना चाहिए तथा रोगी पौधों को उखाड़ देना लाभदायक रहता है। अधिक बीमारी पर फंजीसाइड का प्रयोग करना चाहिए।

2. मौजेक–

ये रोग वायरस द्वारा लगता है जो कि पौध पर भी अधिक लगता है तथा पत्तियों पर इसका प्रकोप होता है। पत्ते व पौधे हल्के पीले से पड़ जाते हैं। नियन्त्रण के लिये बीज को उपचारित करके ही बोना चाहिए। रोगी पौधों को भी उखाड़कर जला देना चाहिए।

रोगः–

सलाद की फसल पर अधिक कीट नहीं लगते लेकिन कभी–कभी एफिडस का प्रकोप होता है। जो कि अधिक क्षति पहुंचाता है। नियन्त्रण के लिये जिन पौधों पर कीट लगे हों तो उन्हें उखाड़कर जला देना चाहिए तथा अधिक आक्रमण होने पर 0.1: मेटासिसटोक्स या मैलाथीयान का घोल बनाकर 10–10 दिन के अन्तर पर 2–3 छिड़काव करना चाहिए। सावधानी रहे कि दवा के छिड़कने के बाद पत्तियों को ठीक प्रकार से धोकर प्रयोग में लाना चाहिए।

*****

26

लीक

परिचयः–

लीक एक दो साल की जड़ी–बूटि है संयंत्र, सामान्य प्याज के रिश्तेदार, जो कि वर्ष के किसी भी समय खाया जा सकता है। इसके स्टेम को सख्त रूप से एक प्याज कहा जा सकता है। चूंकि लीक में कैरोटीन और विटामिन सी की एक बड़ी मात्रा होती है, इसे सही रूप से एक आहार उत्पाद कहा जा सकता है।

खेती, रोपण और देखभालः–

प्याज की एक लंबी अवधि की वनस्पति है, इस लिए रोपण के साथ लीक लगाने से बेहतर होता है। बीज से लीक की खेती शुरू होती है मध्य मार्च। इसके लिए, बीज तैयार रहना चाहिएः उन्हें तीन दिनों के लिए गर्म पानी (30 डिग्री) में भिगोना चाहिए। इस मामले में, पानी को समय–समय पर बदला जाना चाहिए। फिर बीज को गीला भूसा की परतों के बीच गर्म स्थान में रखा जाना चाहिए। इस तरह की जोड़ तोड़ यह सुनिश्चित करने में मदद करेगा कि बीज तेजी से बढ़ेंगे इससे पहले कि आप लीक लगाने लगे, आपको रोपाई के लिए बक्से तैयार करने की आवश्यकता होती है। प्राइमर के रूप में, मादा या स्फलेमम पीट के साथ एक सब्जी भूमि उपयुक्त है। बीज बोने के लिए, हम एक दूरी पर खांचे बनाते हैं 5 सेमी। एक बॉक्स में 2–3 ग्राम बीज होते हैं। वे एक से अधिक सेंटीमीटर की गहराई तक बंद हैं बुवाई के बाद, मिट्टी को सघन और पानी पिलाया जाता है। अगला, इष्टतम तापमान स्तर (20–25 डिग्री) को बनाए रखने के लिए रोपाई को एक प्लास्टिक बैग के साथ कवर किया जाना चाहिए। एक बार उभरा, तापमान 10 डिग्री तक कमकिया जाना चाहिए। आगे दिन में, हवा का तापमान 15–18 डिग्री होना चाहिए, और रात में – 6–10 डिग्री। अंकुर के विकास के दौरान, यह खनिज उर्वरकों के मिश्रण से दो बार खिलाया जाता है, जिसमें सुपर फोस्फेट, यूरिया और पोटेशियम क्लोराइड शामिल होता है। मोटे हुए क्षेत्रों में यह पौधों को पतला करने के लिए आवश्यक है ताकि शूटिंग के बीच की दूरी दो सेंटीमीटर से कम न हो। लीक के बीज के बीज नियमित रूप

से पानी की आवश्यकता होती है। लगभग एक हफ्ते पहले इसका उत्पादन किया जाएगा खुले मैदान में लीक लगाए जाने के बाद संयंत्र को स्वस्थ होना शुरू करना चाहिए। ऐसा करने के लिए, पानी कम करें, कमरे में तापमान कम करें, जहां प्याज उगाए जाते हैं। खुली हवा में बकरियों के साथ बक्से लगाने से ज्यादा जरूरत नहीं है मई के शुरू में खुले मैदान में प्लांट लीक बीज बोने के पलसे, इसे लगभग दो महीने लगाना चाहिए। इस समय तक पौधे काफी मजबूत थाः इसकी एक ठोस जड़ प्रणाली है, चार अच्छी तरह से विकसित पत्तियां 6 और 20 सेंटी मीटर की ऊँचाई तक पहुंच जाती है। संयंत्र को साइट के एक अच्छी तरह से जलाए जाने वाले हिस्से पर होना चाहिए, क्योंकि छाया में उसे बुरा लगेगा। जब एक स्थायी स्थान पर रोपाई लगाई जाती है, तो दो–लाइन योजना का पालन करना महत्वपूर्ण होता है, जिसका मतलब है कि प्रत्येक दूसरे से 10 सेंटी मीटर की दूरी पर गोली मारता है, और पंक्तियों के बीच– कम से कम 30 सेमी।

रोपण के बाद लीक की देखभालः–

लीक एक सरल पौधे हैं इसलिए, शुरुआती भी इसे बढ़ाना शुरूकर सकते हैं। हालांकि, जब आप खुले मैदान में पौध लगाए हैं, तो यह सुनिश्चित करने के लिए सावधानी बरती जाए कि लीक मजबूत और स्वादिष्ट बढ़ता है। आवश्यकता के अनुसार किसी भी समय प्याज को साफ किया जा सकता है फसल एकत्र करने के बाद सयंत्र को क्षति ग्रस्त कटौती की जरूरत है पत्तियां, जड़ों को लंबाई में एक सेंटीमीटर तक काटते हैं। पत्तियों को एक तिहाई से काट दिया जाता है 2 डिग्री के तापमान पर रेफ्रिजरेटर में स्टोर लीक बेहतर होता है इससे पहले, पॉलीथीन फिल्म में लीक लपेटे जाने चाहिए। तो यह लंबे समय तक संग्रहित होगा और इसके उपयोगी गुणों को नहीं खोएगा।

*****

27

पालक

वानस्पतिक नाम–बिटा वुल्गेरिस

खाने योग्य भाग – पत्ति

परिवार–चीनोपोडिएसी

उत्तप्ति स्थान –भूमध्यक्षेत्र

गुणसूत्र= सख्या –18

परिचयः–

पालक मुख्यतः शीतकालीन फसल है। लेकिन इसे पूरे वर्श भर उगाया जा सकता है। शरद ऋतु में इसकी वानस्पतिक वृद्धि अच्छी होती है और 5–6 कटाइयाँ एक फसल से प्राप्त हो जाती हैं। गर्मी के मौसम में उगाने पर ऊंचे तापक्रम के कारण एक कटाई ही मिलती है और बाद में बीज के डंठल निकल आते हैं। इसकी अच्छी वृद्धि और उपज के लिये 15 से 200 से. तापक्रम उपयुक्त पाया गया है।

आहारः– इसका आहार मूल्य इस प्रकार है–

नमी	92.1 ग्राम	प्रोटीन	2.0 ग्राम
वसा	00.7 ग्राम	खनिज पदार्थ	1.7 ग्राम
रेशा	00.6 ग्राम	अन्य कार्बोहाइड्रेट्स	2.9 ग्राम
कैलोरीज	26 ग्राम	कैल्शियम	73 मिलीग्राम
मैगनीशियम	84 मिलीग्राम	आक्जैलिक अम्ल	658 मिलीग्राम
फॉस्फोरस	21 मिलीग्रम	लेहा	10.9 मिलीग्राम
सोडियम	58.5 मिलीग्राम	पोटेशियम	20.9 मिलीग्राम
कापर	00.01 मिलीग्राम	सल्फर	30 मिलीग्राम
क्लोराइड	51 मिलीग्राम	विटामिन ए	9300 मिलीग्राम

थियामिन	00.03 मिलीग्राम	विटामिन ए	0.07 मिलीग्राम
निकोटिनिक अम्ल	00.5 मिलीग्राम	विटामिन सी	23 मिलीग्राम

वर्गिकी:–

यह चीनोपोडेसी कुल (Chenopodiaceae-Family) का पौधा है। इसका Genus-Spinacia तथा Species Oleracea L. है।

इनके पौधों पर नर एवं मादा फूल आने का स्वभाव अलग–अलग है। इस प्रकार इनके पौधों को चार भागों में बेाटा जाता है–

1. पूर्ण नर (Extreme Males)
2. वनस्पतिक नर (Vegetative Males)
3. मादा फूल (Females)
4. एक ही पौधें पर नर एवं मादा (Monoecious plants)

भूमि और भूमि की तैयारी:–

पालक की खेती किसी भी मिट्टी में की जा सकती है। अच्छे जल निकास वाली, बलुई दोमट या दोमट मिट्टी इसकी खेती के लिये बहुत उपयुक्त होती है। इसमें क्षारीय और लवणीय मिट्टी को सहन करने की क्षमता होती है। इसकी खेती 7 से 8.5 पी.एच. मान वाली मिट्टी में सफलतापूर्वक कर सकते हैं। खेती की 3–4 जुताई करके मिट्टी को भुरभुरी बना लेते हैं। बुआई के पूर्व खेत में छोटी क्यारियाँ और सिंचाई की नालियाँ बना लेनी चाहिए

उन्नत किस्में:–

आलग्रीन:– इस किस्म की पत्तियाँ एक समान हरी तथा बुआई के 20–25 दिन बाद कटाई योग्य हो जाती हैं। औसतन कुल 6–7 कटाई की जाती है। इस किस्म की औसत उपज 200 कु./हे. है।

पूसा हरित– यह किस्म पहाड़ी क्षेत्रों में पूरे वर्श भर उगाई जाती है। मैदानी क्षेत्रों में भी इस किस्म की खेती अच्छी प्रकार से की जाने लगी है। पौधे उर्ध्व विकास करने वाले, एक समान हरे होते हैं। इस किस्म की खेती क्षारीय मश्दा में भी की जा सकती है। प्रति हेक्टेयर औसत पैदावार 200 कु./हे. से भी अधिक है।

पूसा ज्योति– इनकी पत्तियाँ गहरी हरी, रेशा रहित, मुलायम व रसीली होती हैं। पौधे अच्छे व अधिक पत्तियों वाले होते हैं तथा पोटैषियम, कैल्षियम, सोडियम व एस्कार्बिक अम्ल अन्य किस्मों की अपेक्षा अधिक होती है।

जोबनेर ग्रीन– एक समान हरी, मोटी व मुलायम पत्तियों वाली इस किस्म की औसत पैदावार 300 कु./हे. है। पत्तियों का स्वाद काफी अच्छा होता है।

पन्त कम्पोजिट–1:– इस किस्म की पत्तियाँ मुलायम, रसीली व एक समान हरी होती हैं। यह किस्म पत्ती धब्बा बीमारी से अवरोधी है।

एच.एस.–23:– हल्की हरी व मध्यम आकार की पत्तियों वाली यह किस्म बीज की बुआई के 3–4 सप्ताह बाद तैयार हो जाती है। पहली कटाई लगभग 30 दिनों के बाद की जाती है तत्पश्चात् 15–15 दिन के अन्तराल पर 6–8 कटाई की जाती है।

खाद एवं उर्वरक:–

बुआई के 3–4 सप्ताह पूर्व 20–25 टन गोबर की सड़ी खाद या कम्पोस्ट प्रति हेक्टेयर की दर से डालकर खेत की मिट्‌टी में अच्छी तरह मिला देते हैं। इसके अलावा 100 किलोग्राम नाइट्रोजन, 50 किलोग्राम फास्फोरस और 50 किलोग्राम पोटाष प्रति हेक्टेयर की दर से शरदकालीन फसल में डालते हैं। फास्फोरस और पोटाष की पूरी मात्रा और नाइट्रोजन की एक चौथाई मात्रा आपस में मिलाकर बुआई के पूर्व खेत में डालकर मिट्‌टी में मिला देते हैं। शेश नाइट्रोजन बराबर मात्रा में बाँटकर प्रत्येक कटाई के बाद देते हैं। औसतन 3–4 बार टाप ड्रेसिंग शरदकालीन फसल में करते हैं। गर्मी की फसल में उर्वरक की मात्रा आधी हो जाती है क्योंकि केवल एक ही कटाई मिल जाती है।

बीज की मात्रा और बुआई का समय:–

एक हेक्टेयर क्षेत्र में बीज बुआई के लिये 25–30 किलोग्राम बीज की आवश्यकता पड़ती है। बुआई का मुख्य समय अक्टूबर–नवम्बर है लेकिन इसकी बुआई लगभग पूरे वर्श कर सकते हैं। बीज को प्रायः समतल खेत में छिटकवाँ विधि से बोते हैं परन्तु पंक्तियों में बोना अधिक लाभप्रद है। इस विधि से पंक्तियों की दूरी 15–20 सेन्टी मीटर रखते हैं। बीज को 2–3 सेन्टी मीटर गहराई पर बोते हैं। बीज जमने के बाद पौधे से पौधे की दूरी 4–5 सेन्टी मीटर रखते हैं।

सिंचाई:–

बीज की बुआई के समय पर्याप्त नमी होना आवष्यक है। पहली सिंचाई बीज जमने के बाद करते हैं और बाद की सिंचाईयाँ 10–15 दिन के अन्तराल पर करते रहते हैं।

अंतः सस्य क्रियायें:–

खरपतवारों के प्रबन्धन के लिए एक या दो निराई की आवश्यकता होती है। निराई खुर्पी की सहायता से करते हैं। दो पंक्तियों के बीच हल्की गुड़ाई भी कर दें जिससे पौधों की जड़ों में वायु संचार पूर्ण रूप से हो सके।

रोगः–

पालक की फसल में दो बीमारियों का अधिक प्रकोप होता है जो कि फसल को हानि पहुंचाती हैं– (1) डैपिग ऑफ, (2) पाउडरी मिलड्यू।

1.डैपिग आफ की बीमारी सीडिला पर लगती है। छोटा पौधा पिचक जाता है तथा मर जाता है। यह पाइथीयम–अल्टीयम कवक द्वारा लगती है। इस पर नियन्त्रण के लिये सैरासन या सीडैक्स कवकनाशक से बीजों को उपचारित करके बोना चाहिए।

2.पाउडरी मिलड्यू बीमारी के द्वारा पालक की फसल की अधिक हानि होती है। इस बीमारी में पौधों की पत्तियों पर छोटे–छोटे पीले रंग के धब्बे बन जाते हैं जो आगे चलकर बड़ा रूपधारण कर लेते हैं और पूरा पौधा नष्ट हो जाता है। नियन्त्रण के लिए सल्फर का धूल भी लाभ दायक होता है। ऐसे रोगी पौधों को उखाड़कर जला देना चाहिए।

कीट–पतंगे तथा नियन्त्रणः–

पालक की फसल के लिए कुछ कीटों द्वारा भी क्षति पहुंचती है। कैटर पिलर वग्रास हो पर मुख्य कीट हैं जो फसल पर लगते हैं। इन पर नियंत्रण के लिए बी.एच.सी. या डी.टी.टी. पाउडर का छिडकाव करना चाहिए। पालक को छिड़काव से 10 दिन बाद तक प्रयोग में नहीं लाना चाहिए।

कटाईः–

पहली कटाई बुवाई के तीन या चार सप्ताह बाद करते हैं। बाद की कटाईयाँ 15–20 दिन के अन्तर पर करते हैं।कटाई सदैव जमीन से 5–6 सेन्टी मीटर ऊपर करनी चाहिए।

उपजः–

हरी कोमल पत्तियों की औसत उपज 150 कुन्तल प्रति हेक्टेयर प्राप्त होती है।

*****

28

चौलाई

परिचय :–

चौलाई पूरे साल मिलने वाली सब्जी है। चौलाई का सेवन भाजी व साग (लालसाग) के रूप में किया जाता है जो विटामिन सी से भर पूर होता है। इसमें अनेकों औषधीय गुण होते हैं, इसलिए आयुर्वेद में चौलाई को अनेक रोगों में उपयोगी बताया गया है। सबसे बड़ा गुण सभी प्रकार के विषों का निवारण करना है, इसलिए इसे विष दन भी कहा जाता हैं। चौलाई पौधों की एक जाति है जो पूरे विश्व में पायी जाती है। अब तक इसकी लगभग 30 प्रजातियां पाई व पहचानी गई हैं, जिनके पुष्प पर्पल एवं लाल से सुनहरे होते हैं। गर्मी और बरसात के मौसम के लिए चौलाई बहुत ही उपयोगी पत्तेदार सब्जी होती है। अधिकांश साग और पत्तेदार सब्जियां शित ऋतु में उगाई जाती हैं, किन्तु चौलाई को गर्मी और वर्षा दोनों ऋतुओं में उगाया जा सकता है।

इसे अर्ध–शुष्क वातावरण में भी उगाया जा सकता है पर गर्म वातावरण में अधिक उपज मिलती है।

इसका प्रयोग बहुतायत से किया जाता है। यह पित्त–कफनाशक एवं खांसी में उपयोगी है। बुखार में भी इसका रस पीना अच्छा रहता है। ज्यादातर घरों में इसकी सब्जी बनाकर खायी जाती है किन्तु इसके सम्पूर्ण लाभ के लिए इसके रस को निकालकर पीना चाहिए। चौलाई की मुख्य रूप से दो किस्में होती हैं।

1. लाल 2. हरी लाल चौलाई के पौधे का तना लालिमा लिए हुए होता है। इसके पत्तों की रेखाएं भी लाल होती हैं। इसके पत्ते लम्बे गोल तथा ज्यादा बड़े नहो कर मध्यम आकार के होते हैं। हरी किस्म के चौलाई के पौधों की डण्डी और पत्ते का पूरा भाग हरे रंग का होता है। इसके पत्ते बड़े होते हैं। जल चौलाई इसकी एक कांटेदार किस्म है। इसके गुण कुछ अंशों में बढ़कर परन्तु चौलाई के समान ही होते हैं। औषधि रूप में इसके पंचांग, जड़ और पत्तों का उपयोग होता है।

गुणः–

चौलाई में विटामिन ‘सी’, विटामिन ‘बी’ व विटामिन ‘ए’ की अधिकता होती है। विटामिनों की कमी से होने वाले सारे रोगों में चौलाई का रस विशेष लाभ प्रदान करता है। चौलाई का रस शरीर को स्वस्थ करता है तथा शरीर को तरावट देता है। गर्मी को शान्त करती है तथा शुद्ध खून पैदा करती है। यह प्यास को रोकती है। खांसी के लिए लाभदायक होती है तथा पेशाब अधिक मात्रा में लाती है। गर्भावस्था के बाद अथवा अधिक मासिक स्राव या किसी भी कारण से हुए रक्त स्राव (खून बहना) से आई कमजोरी दूर करने में चौलाई का रस बहुत लाभदायक रहता है। शरीर की शिथिलता, कमजोरी दूर करने में, आंखों के रोगों में व रोग प्रतिरोधक क्षमता बढ़ाने में चौलाई का रस बहुत लाभदायक होता है।

आहार मूल्य :–

इसका आहार मूल्य इस प्रकार है–

नमी	85.7 ग्राम	प्रोटीन	4.0 ग्राम
वसा	0.5 ग्राम	खनिज पदार्थ	2.7 ग्राम
रेशा	1.0 ग्राम	अन्य कार्बोहाइडेट्स	6.3 ग्राम
कैलोरीज	46	कैल्शियम	397 मि0 ग्राम
मैग्नीशियम	247 मि0 ग्राम	आक्जेलिक अम्ल	772 मि0 ग्राम
फॉस्फोरस	83 मि0 ग्राम	लोहा	25.5 मि0 ग्राम
सोडियम	230 मि0 ग्राम	पोटेशियम	341 मि0 ग्राम
ताबा	0.33 मि0 ग्राम	सल्फर	61 मि0 ग्राम
क्लोरीन	88 मि0 ग्राम	विटामिन ए	9200 I.U.
थियामिन	0.03 मि0 ग्राम	रीबोफ्लेविन	0.10 मि0 ग्राम
निकोटिनिक अम्ल	1.0 मि0 ग्राम	विटामिन सी	98 मि0 ग्राम

वर्गिकी:–

यह एमेरेन्थेसी कुल का पौधा है। इसकी जीनस एमेरेन्थस है। इसकी लगभग 6 प्रजातियॉ हैं जिनकी खेती की जाती है। मुख्य रूप से छोटी चौलाई एवं बड़ी चौलाई की खेती की जाती है।

उन्नत किस्में:–

बड़ी चौलाई (एमरेन्थस ट्राइकलर) :–यह किस्म ग्रीष्म एवं वर्षा दोनों मौसम के लिए उपयुक्त है। इसकी पत्तियाँ हरी,पत्तियाँ एवं तने आकार में बड़े और शीघ्र बढ़ने वाले होते हैं।

छोटी चौलाई (एमरेन्थस ब्लीटम) :– इसके पौधे छोटे तथा पत्तियाँ छोटी और हरी होती हैं एवं तना पतला होता है। यह किस्म ग्रीष्म ॠतु के लिए अधिक उपयुक्त है।

पूसा कीर्ति :–इस किस्म के पौधे 6–8 सेन्टी मीटर लम्बे, 4–5 सेन्टी मीटर चौड़े व 3–4 सेन्टी मीटर लंबे मूल वृंत वाले होते हैं। इसके मुलायम तनों पर 1.3–1.5 सेन्टीमीटर की दूरी पर पत्तियाँ लगती हैं। पत्ती व डण्ठल का अनुपात 3–4:1 होता है। पहली कटाई 30–35 दिनों बाद करते हैं व 70–80 दिनों तक 3–4 कटाई की जाती है। इसकी हरी पत्तियों की पैदावार 300 कु./हे. है।

पूसा किरण :–इसमें पत्तियाँ अत्यधिक मुलायम, चौड़ी, हरी पत्तियों से लगा डंठल 5–6.5 सेन्टी मीटर लम्बा तथा डंठल व पत्तियों का औसत अनुपात 1:4–6 होता है। पहली बुआई के 21–25 दिन बाद की जाती है जो 70–75 दिन तक चलती रहती है।

पूसा लाल चौलाई :–इस किस्म की पत्तियों व तने का रंग लाल होता है। पत्तियों की लंबाई 5–8 सेन्टी मीटर व चौड़ाई 6.5 सेन्टी मीटर तक होती है। पौधे की ऊँचाई लगभग 42 सेन्टी मीटर होती है। डंठल और पत्ती का अनुपात 1:5 तक पाया जाता है। पहली कटाई बीज बुआई के 22–24 दिन बाद होती है। औसत पैदावार प्रति हेक्टेयर 300 कु./हे. है। को.–5 : यह टेट्राप्लायड (चतुर्गुणित) किस्म है जिसकी बढ़वार और उपज अधिक होती है।

अरूण :–चौलाई की यह प्रजाति केरल कशशि विष्वविद्यालय द्वारा विकसित की गयी है इसके पत्ते तथा तना लाल रंग के होते हैं।

अर्का सुगुना :–इसकी पत्तियाँ आकर्षक, चौड़ी एवं हरी होती है। यह प्रजाति कई बार कटाई हेतु उपयुक्त है। इसमें पहली कटाई बुवाई के 25 दिन बाद की जाती है। इसकी कटाई 90 दिनों तक 10–12 दिन के अंतराल पर की जा सकती है। इसकी औसत उपज 270 कुन्तल प्रति हेक्टेयर है।

अर्का अरूणिमा :– इस किस्म के पौधों की पत्तियाँ बैंगनी रंग की होती है। इसकी औसत उपज 275 टन प्रति कु. है। यह किस्म सफेद रतुआ के प्रति अवरोधी है।

जलवायु:–

चौलाई गर्म जलवायु की फसल है। मैदानी क्षेत्रों में इसकी खेती ग्रीष्म एवं वर्षा ऋतु में करते हैं। शरद ऋतु मेंपौधों की बढ़वार नहीं होती।

भूमि और भूमि की तैयारी:– पालक के अन्तर्गत दिए गए विवरण के अनुसार।

खाद एवं उर्वरक:–

बुआई के लगभग 3–4 सप्ताह पहले 20–25 टन सड़ी हुई गोबर की खाद, मिट्टी में मिला देना चाहिए। तत्व के रूप में प्रति हेक्टेयर 100 किलोग्राम नत्रजन, 50 किलोग्राम फास्फोरस एवं 30 किलोग्राम पोटाष की आवश्यकता पड़ती है। फास्फोरस व पोटाष की पूरी मात्रा व नत्रजन की आधी मात्रा बुआई से पूर्व मिट्टी में अच्छी तरह मिला देते हैं तथा शेश नत्रजन बराबर भागों में बाँटकर प्रत्येक कटाई के बाद छिटक कर डालते हैं।

बुआई का समय:–

साधारणतया ग्रीष्म कालीन फसल की पैदावार अधिक व गुणवत्तायुक्त होती है, जबकि वर्षा ऋतु में पत्तियाँ कीड़ों से प्रभावित हो जाती हैं। ग्रीष्म ऋतु की फसल की बुआई फरवरी–मार्च एवं वर्षा ऋतु की फसल की बुआई जून–जुलाई में करते हैं।

बीज की मात्रा:–

एक हेक्टेयर की बुआई के लिए 1.5–2.0 किलोग्राम बीज की आवश्यकता पड़ती है।

बीज की बुआई:–

चौलाई के बीज बहुत छोटे होते हैं इसलिए इसकी बुवाई रेत मिलाकर करते हैं, ताकि बीज सर्वत्र एक समान पड़े। बीज क्यारियों में छिटकर बोते हैं या 20 से 25 सेन्टी मीटर की दूरी पर कतारों में बुआई करते हैं। यदि पौध घनी उग जाएं तो उनको उखाड़कर प्रति क्यारी पौध सीमित कर लेते है। जहाँ खाली स्थान छूट गया हो वहाँ घने स्थान से पौधों को निकालकर रोपण भी किया जा सकता है। जहाँ तक हो सके बीज की बुआई पर्याप्त नमी की अवस्था में करनी चाहिए, ताकि जमाव अच्छी तरह हो सके।

सिंचाई :–

गर्मी के दिनों में तापक्रम के अनुसार सिंचाई 6–10 या 4–5 दिन के अन्तर पर करते हैं। वर्षा ऋतु में सिंचाई की आवश्यकता नहीं पड़ती है और यदि वर्षा न हो रही हो तोआवश्यकतानुसार सिंचाई करते रहना चाहिए।

अतः सस्य क्रियायें:–

चौलाई की क्यारियों से खरपतवार बराबर निकाल कर क्यारी साफ–सुथरी रखनी चाहिए, ताकि चौलाई के पौधों को बढ़ने में कोई असुविधा न हो। सामान्यतया चौलाई में दो निकाई की आवश्यकता पड़ती है जिसे आवश्यकता के अनुसार करते हैं। निकाई के साथ–साथ हल्की गुड़ाई भी करते रहना चाहिए।

कटाई:– पालक के अन्तर्गत दिए गए विवरण के अनुसार।

उपज:–

पत्तियों की पैदावार, किस्म, बोने के समय, मिट्टी की भौतिक दशा तथा उसमें उपलब्ध तत्वों के ऊपर निर्भर करती है। उचित खाद एवं उर्वरकों के प्रयोग व देख–रेख से हरी पत्तियों की औसत उपज 150–200 कुन्तल प्रति हेक्टेयर प्राप्त होती है।

प्रमुख रोग एवं नियंत्रण:–

पर्णदाग :–

यह रोग सभी पत्तेदार सब्जियों (पालक, चौलाई) की एक प्रमुख समस्या है। हल्के, भूरे गोल धब्बे जिसके किनारे लाल होते हैं पालक को छोड़कर अन्य पत्तीदार सब्जियों में बहुत स्पष्ट नहीं दिखाई देते हैं। यह रोग सामान्यतया सरकोस्पोरा प्रभेद के कवकों द्वारा होता है। यह रोग सलाद, सेलरी एवं चाइनीज पत्तागोभी में अल्टरनेरिया प्रभेद के कवकों द्वारा होता है। अल्टरनेरिया के धब्बे भूरे गोल और पत्ती की पूरी सतह पर फैले होते हैं। चौलाई में सफेद रस्ट नामक बीमारी तेजी से फैल रही हे जिसमें पत्तियों पर सफेद एवं बहुत छोटा धब्बा बनता है। इसका संक्रमण दक्षिण भारत में सबसे ज्यादा होता है।

नियंत्रण :–

घनी बुआई न करें। पौधों की निचली पत्तियों को तोड़कर जला देना चाहिए। बहुत अत्यधिक संक्रमण की अवस्था में क्लोरोथैलोनिल या मैंकोजेब या जीनेब की 2 ग्राम मात्रा प्रति लीटर पानी की दर से घोलकर 2–3 छिड़काव करें। खेत में संतुलित उर्वरक तथा कम्पोस्ट का प्रयोग करें।

सफेद गलन :–

यह रोग सर्वत्र विद्यमान कवक स्कलेरोटीनिया स्कलेरोसियोरम द्वारा उत्पन्न होता है। यह रोग सामान्यतयाठण्डे एवं नम मौसम में अधिक आता है। रोग के लक्षण जलीय मृदुगलन के रूप में पर्ण वृन्त, पुश्प वृन्त एवं तने पर शुरू होता है और पत्ती के कुछ भाग तक फैल जाता है। संक्रमण के बाद कवक जाल घनी हो जाती है एवं कवक तन्तुओं पर जल बिन्दु दिखने लगते हैं। बाद में संक्रमित भागों के ऊपर कवक जाल बहुत घनी हो जाती है और काले रंग की कवक संरचना (स्कलेरोसिया) से ढँक जाता है।

नियंत्रण :–

संक्रमित फूलों, पत्तियों इत्यादि को कुछ स्वस्थ भाग के सहित सुबह के समय काटकर सावधानीपूर्वक इकट्ठा करना चाहिए जिससे स्कलेरोसिया जमीन पर न गिर सकें और फिर खेत के बाहर ले जाकर जला देना चाहिए। कार्बेन्डाजिम कवकनाशी की 1 ग्राम मात्रा प्रति लीटर पानी की दर से घोलकर पर्णीय छिड़काव करें और इसके 6–10 दिन बाद मैंकोजेब 2.5 ग्राम मात्रा प्रति लीटर पानी की दर से छिड़काव करें। छिड़काव निचली पत्तियों एवं तने तक अवश्य पहुँचना चाहिए। वैलिडामाईसीन (2 मी.ली./ली.) या ब्टेलुकोनाजोला, 1.5 मी.ली. /ली. पानी के साथ मिलाकर मष्दा सिंचन करें।

चूर्णिल आसिताः–

संक्रमण की प्रारंभिक अवस्था में पत्तियों पर सफेद पाउडर दिखाई देता है जो संक्रमण बढ़ जाने पर पूरे पौधे पर सफेद चूर्णिल आवरण बना देता है। यह बीमारी मेंथी की फसल को अधिक प्रभावित करती है।

नियंत्रण :–

घुलनशील गंधक 20–25 ग्राम/10 लीटर पानी के घोल का छिड़काव करें। प्रमुख कीट एवं नियंत्रण पत्तेदार सब्जियों में मुख्यतः कर्त्तन कीट (पत्ती काटने वाले कीट) एवं चैंपा (एफिड) नुकसान पहुँचाते हैं। कर्त्तन कीट पत्तियों को काटकर नुकसान पहुँचाता है जबकि चैंपा पत्तियों एवं पौधों के कोमल भाग से रस चूसता है तथा उसकी वृद्धि को प्रभावित करता है। इसके नियंत्रण के लिए मालाथियान 0.05 प्रतिषत का छिड़काव 15 दिन के अन्तराल पर कर सकते है। जहाँ तक हो सके जैविक कीटनाशकों का प्रयोग करें। नीम तेल (4 प्रतिषत) का छिड़काव 10 दिन के अन्तराल पर 4 बार करने से कीटों से सुरक्षा मिलती है। पत्तियों की कटाई कीटनाशकों के प्रयोग से कम से कम 10 दिन बाद करनी चाहिए।

*****

29

भिन्डी

वानस्पतिक नाम –अबेल्मोस्कस एस्कुलेंस एल.

उत्तप्ति स्थान –भारत

खाने योग्य भाग –पोड

गुणसूत्र= सख्या –130

परिवार –मालवेसी

परिचय :–

भिंडी–एक लोकप्रिय एवं लाभकारी सब्जी है। सब्जियों में भिंडी का प्रमुख स्थान है जिसे लोग लेडीज फिंगर या ओकरा के नाम से भी जानते हैं। मुख्य रुप से भिंडी में प्रोटीन, कार्बोहाइड्रेट, खनिज लवणों जैसे कैल्शियम, फास्फोरस के अतिरिक्त विटामिन 'ए', बी, 'सी', थाईमीन एवं रिबोफ्लेविन भी पाया जाता है। भिंडी के फल में आयोडीन की मात्रा अधिक होती है। भिंडी का फल कब्ज रोगी के लिए विशेष गुणकारी होता है। प्रदेश के सभी जिलों में इसकी खेती की जा सकती है।

खेत की तैयारी:–

वर्षा ऋतु के समय पहली वर्षा होने पर खेत को मिटटी पलटने वाले हल से दो बार अच्छी तरह से जुताई करे। इसके पश्चात दो बार डिस्क हैरो या देसी हल से पुनः जुताई कर पाटा चलाये। 250 क्विटल अच्छी सडी हुई गोबर की खाद प्रति हेक्टेयर की दर से अंन्तिम जुताई से पहले फैला दे। ताकी मिटटी मे अच्छी तरह से मिल जाये। सिंचाई की सुविधा होने पर इस फसल को वर्षा ऋतु से 20–25 दिन पहले ही बुआई कर देनी चाहिए। ताकि बाजार भाव अच्छा मिल सके।

जलवायु:–

भिंडी गर्मी तथा खरीफ मौसम की मुख्य सब्जी फसल है। यह 40 सें.ग्रे. से ज्यादा तापमान सहन नहीं कर सकती है। बीज जमाव के लिए उपयुक्त तापमान 17–20 सें.ग्रे. है तथा पौधो की बढ़वार के लिए 35 सें.ग्रे. तक का तापमान उपयुक्त है।

मिट्टीः–

दुमट व बलुई दुमट मिट्टी जिसका पी एच मान 6.0–6.8 हो और वह पोषक तत्व युक्त हो तथा सिंचाई की सुविधा व जलनिकास का अच्छा प्रबंधा होना चाहिए।

उन्नत प्रजातिः–

वर्षा उपहारः– यह प्रजाति येलो वेन मोजेक विषाणु रोग रोधी है। इनके इन्टर नोड पास–पास होते हैं। पत्तियों का रंग गहरा हरा, निचली पत्तियाँ चौड़ी तथा छोटे–छोटे लोब्स वाली एवं ऊपरी पत्तियाँ बड़े लोब्स वाली होती है। वर्षा ऋतु में 40 दिनों में फूल निकलने लगते हैं। तथा फल 6 दिनों बाद तोड़े जा सकते हैं। पैदावार 9–10 टन प्रति हेक्टेयर होंती है। इसकी खेती ग्रीष्म ऋतु में भी कर सकते हैं। इसे पंजाब, हरियाणा, उत्तर प्रदेश, मध्य प्रदेश तथ राजस्थान में उगाने की संस्तुति की जाती है।

पूसा ए–4ः–यह प्रजाति येलो वेन मोजेक विषाणु रोग रोधी है। यह एफिड तथा जैसिड के प्रति सहनशील है। इसके फल गहरे हरे तथा 12–15 से.मी. लम्बे होते हैं। पहली तुड़ाई 45 दिनों बाद शुरू हो जाती है। औसत पैदावार 12–15 टन प्रति हेक्टेयर होती है। यह प्रजाति वर्षा तथा गर्मियों दोनों समय में उगाई जाती है।

अर्का अनामिकाः– यह प्रजाति येलो वेन माजेक विषाणु रो रोधी है। इसके पौधे ऊँचे (120–150 से.मी.) सीधे तथा अच्छी शाखा युक्त होते हैं। फल 20 से.मी. लम्बे तथा मध्यम आकार के होते हैं। फल, रोमरहित, मुलायम, गहरे हरे रंग तथा 5–6 धारियों वाले होते हैं। फलों के डण्ठल लम्बे होने के कारण तोड़ने में सुविधा होती है। यह प्रजाति दोनों ऋतुओं में उगायी जा सकती है। पैदावार 12–15 टन प्रति हेक्टेयर हो जाती है।

अर्का अभयः– यह प्रजाति येलो वेन माजेक विषाणु रो रोधी है। इसके पौधे ऊँचे 120–150 से. मी. सीधे तथा अच्छी शाखायुक्त होते हैं।

हिसार उन्नतः–

पौधे मध्यम ऊँचाई 90–120 से.मी. वाले तथा इन्टर नोड पास–पास होते हैं। पौधे में 3–4 शाखायें प्रत्येक नोड से निकलती है। पत्तियों का रंग हरा होता है। पहली तुड़ाई 46–47 दिनों बसद शुरू हो जाती है। औसत पैदावार 12–13 टन प्रति हेक्टेयर होती है। फल 15–16 से.मी. लम्बे, हरे तथा आकर्षक होते हैं। यह प्रजाति वर्षा तथा गर्मियों दोनों समय में उगाई जाती है।

वी.आर.ओ.–6:– यह प्रजाति चित्त सरा माजैक एवं प्रारम्भिक पत्ती मोड़ विषाणु से पूर्णतया अवरोधी है। इसमें फूल 38 से 40 दिनों में चौथे से छठवें गांठ पर आ जाते हैं। इसकी पैदावार गर्मी के दिनों में 136 कुन्तल तथा बरसात की फसल में 180 कुन्तल प्रति हेक्टेयर तक होती है।

बुवाई का समयः–

1– उत्तर भारत –फरवरी और जुलाई माह।

2– पूर्वी व दक्षिणी भारत –सम्पूर्ण वर्ष. प्रत्येक माह में

बीज की मात्राः–

1– 9–10 किलो प्रति हेक्टेयर (वर्षा ऋतु में)

2– 12–15 किलो प्रति हेक्टेयर (ग्रीष्म ऋतु में)

खाद प्रति हेक्टेयरः–

1– 50 टन गोबर की सड़ी खाद ।

2– 125 कि.ग्रा. कै.अमो. नाइट्रेट, 200 कि.ग्रा. सुपर फास्फेट तथा 50 कि.ग्रा. म्यूरेट आफ पोटाश खेत की अन्तिम तैयारी के समय।

3– 125 कि.ग्रा. कैल्शियम अमोनियम नाइट्रेट को दो बार में पहली बार बुवाई से एक माह बाद तथा दूसरी बार फल आते समय।

बुवाईः–

ग्रीष्म ऋतु में बीजों को एक रात पानी में भिगोकर बोते हैं। अच्छी नमी वाले खेत में हल के पीछे बुआई कर सकते हैं। गर्मी की फसल को मंड़ों पर बोना अच्छा होता है। बीज वाली फसल के लिए 200 मीटर की अलगाव दूरी रखनी चाहिए।

दूरीः–

1– ग्रीष्म ऋतु में : 30 से.मी. ग 20 से.मी.

2– वर्षा ऋतु में : 45 से.मी. ग 30 से.मी.

3– बीज वाली फसल के लिए : 60 से.मी. ग 45 से.मी.

सिंचाई और अन्त कृषि क्रियायें:–

सिंचाई आवश्यकतानुसार तथा 2–3 बार गुड़ाई जरूर करते हैं। मोजेक से रोग ग्रस्त पौधों को देखते ही निकाल देना चाहिए। खरपतवार नाशी जैसे– बैसालीन 2 से 2.5 लीटर प्रति हेक्टेयर बुआई के 4–5 दिन पहले मिट्टी में अच्छी प्रकार मिला देते हैं। यदि वैसालिन न उपलब्ध हो तो लासो 5 लीटर प्रति हेक्टेयर के दर से बुआई से एक दिन बाद छिड़काव करें। यदि खरपतवार अधिक हो तो बुआई के 60 दिनों पश्चात् एक गुड़ाई आवश्यक होती है। बायोअर्ल्जीन का 2 मिली./लीटर की दर से छिड़काव करने से पौधे अच्छी तरह से बढ़ते हैं, और ज्याा पैदावार देते हैं। बीज वाली फसल के रोगींग द्वारा खराब पौधे फूल आने से पहले निकाल देना चाहिए।

पौध संरक्षण:–

भिन्डी की जड़–सड़न बीमारी:–

1–इसके लिए बीज सोधन (सीड ट्रिटमेन्ट) बाविस्टीन नामक दवा से 2.5 ग्राम प्रति कि.ग्रा. की दर से करना चाहिए। रोग के लक्षण दिखाई देने पर बाविस्टीन 1 ग्राम एक लीटर पानी में घोल बनाकर पौध के आस–पास की मिट्टी को पूरी तरह भिगो दें।

2– बीज बोने से पहले खेत में ट्राइकोडरमा बिरीडी फफूंद 5.0 कि.ग्रा. प्रति हेक्टेयर की दर से 100 कि.ग्रा. सेंद्रिय खाद के साथ मिलाकर जमीन में मिला देना चाहिए।

3–झुलसा रोग से बचाने के लिए ठाइथेन एम–45 का 2.5 ग्राम प्रति लीटर पानी में या बाविस्टीन का 1 ग्राम प्रति लीटर पानी में मिलाकर घोल का छिड़काव करें।

पीतसिरा माजैक:–

इस बिमारी के नियंत्रण के लिये मेटासिस्टाक्स या मैलाथियान नामक कीटनाशी दवा 1 मि.ली. प्रति लीटर पानी में घोल बनाकर छिड़काव करें। पत्ती की निचली सतह पर सफेद पावडर दिखाई पड़े तो घुलनशील गंधक 2 ग्राम प्रति लीटर का या केराथेन अथवा कैलिक्सीन 0.5 मि.ली. प्रति लीटर का घोल बनाकर छिड़काव करें।

जैसिड:–

इस कीट के नियंत्रण के लिए बुआई के समय फोरेट (10 जी), 10 कि.ग्रा. प्रति हेक्टेयर की दर से भूमि में मिला देना चाहिए। इन्डोसल्फान 2 मि.ली. प्रति लीटर की दर से पानी में मिलाकर छिड़काव करें। इमिडेक्लोप्रीड से बीज उपचार 5 ग्राम/किलो की दर से

बीज बनाने वाले फसल में देना उचित है। निमयुक्त कीटनाशी असाडिरेक्टीन 1500 पी.पी.एम. का 4 मि.ली. प्रति लीटर पानी की दर से पानी में मिलाकर छिड़काव करें।

तना एवं फल छेदक कीटः–

इस कीट से फसल बचाने के लिए कीट पतंगो का आकर्षित करने के लिए फेरोमोन ट्रेप्स (इरविट ल्यूर एवं हेलील्यूर) का इस्तेमाल पौधों में फूल आते समय करें। कीड़ों द्वारा फैलने वाले वायरस अर्थात विषाणु बिमारी के नियंत्रण के लिए एन.पी.वी. को 250 एल.आई प्रति हेक्टेयर की दर से छिड़काव करें। इसके अलावा इन्डोसल्फान 35 ई.सी. 2 मि.ली. प्रति लीटर या सायपर मेथिन (10 ई.सी.) 0.5 मि.ली. प्रति लीटर पानी में मिलाकर छिड़काव करने से कीटों का नियंत्रण होता है।

सावधानियांः–

1– दवा छिड़कने से पहले फलों की तुड़ाई करें।

2– छिड़काव के बाद 10–15 दिनों तक फलों का सब्जी के लिए उपयोग न करें।

तुड़ाईः–

हर तीसरे दिन मुलायम फलाों को तोड़ते रहना चाहिए। क्योंकि कड़ा होने पर उसमें रेशे की मात्रा बढ़ जाती है। फूल खिलने के 5 से 7 दिन बाद फल तोड़ने लायक हो जाते हैं। बीज के लिये फल पूर्ण तैयार होकर फटने लगे तब तुड़ाई करें। फलों को पूरी तरह सुखाकर बीज निकालें। अच्छे गुणवत्ता वाले बीज में अंकुरण क्षमता कम से कम 65 प्रतिशत होनी चाहिए।

बीजोत्पादनः–

1– दूरीः 60 से.मी. ग 45 से.मी.

2– अलगाव दूरीः– भिन्डी में पर–परागण होता है, अतः जब दो प्रजातियों का बीज पैदा करना हो तो उनके बीच में कम से कम दूरी 200 मीटर की होनी चाहिए।

3– खराब पौधों की छंटाईः– रोगग्रस्त एवं उन पौधों को जो उस जाति से भिन्न दिखाई पड़े जिसका बीज बनाया जा रहा है, फूल आने से पहले ही निकाल लेना चाहिए। फलों के आकर और रंग के आधार पर छंटाई करनी चाहिए। पीतशिरा मोजेक पौधों को निकालकर खत्म कर देना चाहिए।

4– कटाई एवं बीज की सफाईः– जब फली का रंग भूरा हो जाय तो तुड़ाई करनी चाहिए। फली को धूप में अच्छी तरह पूरा सुखाकर फली को हाथ से तोड़कर या लकड़ी से पीटकर

बीज निकालना चाहिए। पहले तीन फल हरे तोड़ना चाहिए जिससे ज्यादा फल आए। आखिर के 2–3 फलों का भी बीज नहीं लेना चाहिए। 3 से लेकर 8वें इंटरनोड पर लगे फलों से अधिक बीज उत्पन्न होता है तथा बीज की गुणवत्ता भी अच्छी आती है। कीड़ों से ग्रस्त फलों का बीज भी नहीं लेना चाहिए।

उपजः 10–12 कुन्तल बीज प्रति हेक्टेयर।

*****

30

कद्दू

वानस्पतिक नाम –कुकुरबिटा मौस्चेटा

उत्तप्ति स्थान –मैक्सिको

खाने योग्य भाग –फल

गुणसूत्र= सख्या –25

परिवार –कुकुरबिटेसी

परिचयः–

कुम्हड़ा या कद्दू एक स्थलीय, द्विबीज पत्री पौधा है जिसका तना लम्बा, कमजोर व हरे रंग का होता है। तने पर छोटे–छोटे रोयें होते हैं। यह अपने आकर्षों की सहायता से बढ़ताया चढ़ता है। इसकी पत्तियां हरी, चौड़ी और वृत्ताकार होती हैं। इसका फूल पीले रंग का सवृंत, नियमित तथा अपूर्ण घंटाकार होता। नर एवं मादा पुष्प अलग–अलग होते हैं। नर एवं मादा दोनों पुष्पों में पाँच जोड़े बाह्य दल एवं पाँच जोड़े पीले रंग के दल पत्र होते हैं। नर पुष्प में तीन पुंकेसर होते हैं जिनमें दो एक जोड़ा बना कार एवं तीसरा स्वतंत्र रहता है। मादा पुष्प में तीन संयुक्त अंडप होते हैं जिसे युक्तांडप कहते हैं। इसका फललं बायागोलाकार होता है। फलके अन्दर काफी बीज पाये जाते हैं। फल का वजन ४ से ८ किलो ग्राम तक हो सकता है। सब सेब ड़ी प्रजाति मैक्सिमा का वजन ३४ किलो ग्राम से भी अधिक होता है। यह लगभग संपूर्ण विश्व में उगाया जाता है। संयुक्त राज्य अमेरिका, मेक्सिको, भारत एंव चीन इसके सबसे बड़े उत्पादक देश हैं। इस पौधे की आयु एक वर्ष होती है।

आहार विशेषज्ञों का कहना है कि कद्दू ह्रदय रोगियों के लिए अत्यंत लाभदायक है। यह कोलेस्ट्राल कम करता है, ठंडक पहुंचाने वाला और मूत्रवर्धक होता है। यह पेट की गड़बड़ियों में भी असर दायक है। कद्दू रक्त में शर्करा की मात्रा को नियंत्रित करता है और अग्न्याशय को सक्रिय करता है। इसी कारण चिकित्सक मधुमेह रोगियों को कद्दू खाने की सलाह देते हैं। इसका रस भी स्वास्थ्य वर्धक माना गया है। कद्दू में मुख्य रूप से बीटा केरोटीन पाया जाता है, जिससे विटामिन ए मिलता है। पीले और नारंगी रंग के कद्दू में केरोटीन की मात्रा अधिक होती है। कद्दू के बीज भी आयरन, जिंक, पोटेशियम और मैग्नीशियम के अच्छे स्रोत हैं। दुनिया भर में इस्तेमाल होने के कारण ही २९ सितंबर को 'पंपकिन डे' के रूप में मनाया जाता है।

आहार मूल्य :–

नमी	92.6 ग्राम	प्रोटीन	1.4 ग्राम
वसा	00.1 ग्राम	खनिज पदार्थ	0.6 ग्राम
रेशा	00.7 ग्राम	अन्य कार्बोहाइडेट्स	4.6 ग्राम
कैलोरीज	25	कैल्शियम	10 मि0 ग्राम
मैग्नीशियम	14 मि0 ग्राम	फास्फोरस	30 मि0 ग्राम
लोहा	00.7 मि0 ग्राम	सोडियम	5.6 मि0 ग्राम
पोटेशियम	139 मि0 ग्राम	कॉपर	0.2 मि0 ग्राम
सल्फर	16 मि0 ग्राम	क्लोरीन	4 मि0 ग्राम
विटामिन ए	81 [illegible]	थियामिन	0.06 मि0 ग्राम
रीवोय्लेविन	0.04 मि0 ग्राम	निकोटिनिक अम्ल	0.5 मि0 ग्राम
विटामिन सी	2 मि0 ग्राम		

उचित लाभ कैसे प्राप्त करें:–

उचित लाभ प्राप्त करने के लिए निर्धारित वैज्ञानिक पद्धति का प्रयोग करें।

बाजार, निर्यात की सम्भावनायें, सरकारी मदद, बीज तथा तकनीकी विधि आदि की उचित जानकारी खेती शुरू करने से पहले प्राप्त कर लें।

सभी किसान अपने क्षेत्र में छप्पन कद्दू की खेती के बारे में अन्य फसलों के साथ लाभ का तुलनात्मक विश्लेशण कर लें।

प्रक्षेत्र का चुनाव:–

- जीवांषयुक्त, अच्छे जल निकास वाली बलुई दोमट भूमि का चुनाव करें।
- भूमि का पीएच मान 6.5–7.5 के बीच हो, इनकी खेती के लिए सर्वोत्तम है।
- ऐसी जमीन का चुनावं करें, जिसका दक्षिणी पूर्वी अथवा दक्षिणी पष्चिमी भाग सूर्य की तरफ झुका हो, क्योंकि उत्तरी पूर्वी अथवा उत्तरी पष्चिमी झुकाव के अपेक्षा उपरोक्त झुकाव वाली जमीन जल्दी गर्म होती है।

- सनई अथवा ढ़ैंचा का प्रयोग हरी खाद के रूप में करें तथा बुआई के लगभग 30 दिन पहले अवश्य पलट दें।

तापमानः–

- मध्य तापमान जलवायु वाले क्षेत्र इसकी खेती के लिए अच्छी होती है।
- बीज जमाव के लिए 24–280 सेल्षियस तापक्रम अच्छा होता है।
- 18–270 सेल्शियस तापमान पौधों के बढ़वार के लिये अच्छा होता है।

भूमि की तैयारीः–

भूमि की जुताई उचित ओट आने पर अच्छी तरह से तैयार करने के लिए 4–5 बार गहरी जुताई करके पाटा चलाना चाहिए। अच्छी तरह से तैयार खेत में निश्चित दूरी पर बेड बना लेते है।

फसल चक्रः–

खीरा, खरबूजा, कद्दू, लौकी तथा तरबूज की फसल लेने के तुरन्त बाद उस खेत में छप्पन कद्दू न लगायें। इन कद्दूवर्गीय पौधों में लगने वाले कीटों तथा रोगों का प्रकोप छप्पन कद्दू में हो सकता है। जिससे पूर्ण फसल नष्ट हो सकती है। खाद्यान्न फसलों के साथ फसल चक्र अपनाना चाहिए। जिस फसल में एट्राजीन खरपतवार का प्रयोग हो उसमें उसके बाद छप्पन कद्दू लगायें। फसल चक्र में हरी खाद वाली फसल को अवश्य ध्यान दे।

संस्तुत किस्मः–

काशी सुभांगी (वी.आर.एस.एस.–06–12)ः–

जिसके पौधे 35–45 सेन्टीमीटर लम्बे, पत्तिया हरी तथा सिल्वरी धब्बे युक्त होती है। कच्चे फल का रंग हरा, आकार लम्बा, बेलनाकार तथा फल पर हल्की 7–8 धारिया एवं वजन 800–900 ग्राम होता है। फल की लम्बाई 68–75 सेमी होती है। इस प्रजाति में औसतन 8–10 फल प्रति पौधे लगते है। इस प्रजाति की खेती करके किसान भाई 325–350 कुन्तल/हेक्टेयर उपज प्राप्त कर सकते है।

बीज की बुआईः–

बीज की मात्रा एवं उपचारः–

प्रति हेक्टेयर क्षेत्र में लगभग 7000–7500 पौधें होने चाहिए। 3.5–4.5 किग्रा प्रति हेक्टेयर बीज की आवश्यकता होती है। बीज को बुवाई से पहले फफुदी नाषक दवा जैसे– 2.5

ग्राम कैप्टान या 3.0 ग्राम थिरम से प्रति किलोग्राम बीज की दर से उपचारित कर लेना चाहिए।

बुआई का समय :–

उत्तर प्रदेष में इस फसल की बुआई सितम्बर माह के द्वितीय पखवाड़े से लेकर नवम्बर के प्रथम पखवाड़े तक करना चाहिए। यदि लो टनेल की सुविधा हो तो दिसम्बर महीने में भी बुआई की जा सकती है।

दूरी तथा बुआई की विधिः–

- बीज की बुआई 1.25–2.5 सेन्टी मीटर गहराई पर करना चाहिए।
- एक स्थान पर 2–3 बीज की बुवाई करने चाहिये।
- पंक्ति से पंक्ति की दूरी 1.50 मीटर तथा पौधे से पौधे की दूरी 80 सेमी रखते है।

उर्वरक एवं प्रयोगः–

मिट्टी की जाँच करेंः–

मिट्टी के जाँच के लिए अपने शहर की मिट्टी प्रयोगशाला में सम्पर्क करें। मिट्टी के नमुने की जाँच में पी.एच. मान नाइट्रोजन, फास्फोरस, पोटैषियम, कैल्षियम तथा मैग्नेषियम की जाँच अवश्य करवायें। उर्वरक की मात्रा का निर्धारण जाँच परिणाम के आधार पर ही करना चाहिए।

उर्वरक प्रबन्धः–

100 किग्रा नत्रजन (175 किलो ग्राम युरिया एवं शेश मात्रा डी.ए.पी. से), 50 किलो ग्राम फास्फोरस (110 किलो ग्राम डीएपी) और 60 किलो ग्राम पोटाष (100 किलो ग्राम म्यूरेटा पोटाष) प्रति हेक्टेयर देना चाहिए। फास्फोरस एवं पोटाष की पूरी मात्रा तथा नत्रजन की आधी मात्रा बुवाई के समय देना चाहिए। शेश नत्रजन की आधी मात्रा बुवाई के 20वें एवं 35वें दिन बाद पौधों की जड़ों के पास देकर मिट्टी चढ़ा देना चाहिए।

विरलीकरण (थिनिंग):–

- जब पौधें लगभग 10 सेमी ऊँचाई के हो जाय तथा कद्दू के लाल कीट का डर न रह जाय तो अतिरिक्त पौधो को निकाल कर एक स्थान पर एक या दो पौधा रहने दे।

- पौधों को उखाड़ने के बजाय पिंचिंग अथवा काट देते है जिससे दूसरे पौधो को कोई हानि नहीं होती है।
- प्रति हेक्टेयर 7000–7500 पौधे की संख्या बनाये रखना चाहिए।

खरपतवार नियंत्रणः–

- निकाई गुड़ाई या खरपतवार नाशी का प्रयोग करके खरपतवार का नियंत्रण करते है।
- यदि खरपतवार का नियंत्रण निकाई गुड़ाई से सम्भव न हो तो खरपतवार नाशी का प्रयोग करना चाहिए।
- रासायनिक खरपतवार नाशी के रूप में व्यूटाक्लोर रसायन 2 किलो/हेक्टेयर की दर से बीज बुआई के तुरंत बाद छिड़काव करते है।
- खरपतवार निकालने के साथ–साथ खेत की 2–3 गुड़ाई करके जड़ों के पास मिट्टी चढ़ाते है जिससे पौधों का विकास तेजी से होता है।

सिंचाईः–

यदि खेत में उपयुक्त नमी न हो तो बुवाई के समय नाली में हल्का पानी लगा देना चाहिए जिससे बीज का जमाव अच्छी तरह से हो जाता है। इसके बाद आवश्यकतानुसार 10–15 दिन के अंतराल पर सिंचाई करते रहना चाहिए। कम पानी एवं अच्छी पैदावार के लिए टपक सिचाई प्रणाली का उपयोग करना चाहिए।

पुष्पन और परागणः–

- छप्पन कद्दू में मोनोशियस प्रकार के फूल लगते है।
- पुष्पन के समय खेत में मधुमक्खी की संख्या कम नहीं होना चाहिए। पुश्पन के समय प्रति हेक्टेयर लगभग 75000–125000 मधुमक्खियाँ खेत में रहनी चाहिए (3–5 कालोनी)।
- सामान्य परागण एवं फल लगने के लिए लगभग एक पुश्प पर 8–10 बार मधुमक्खियों का भ्रमण आवष्यक होता हैं।
- पुष्पन के समय कीड़े मारने वाली दवा मुख्य रूप से सायपरमेथरिन का प्रयोग न करे। इससे मधुमक्खियों के भ्रमण पर बुरा असर पड़ता है।

पौध संरक्षणः–

मुख्य कीट एवं प्रबन्धनः–जमाव के तुरन्त बाद कद्दू के लाल कीट के प्रकोप से बचने के लिए कार्वरिल को 2.0 ग्राम/लीटर पानी में घोल कर बीजपत्र वाली पत्ती पर छिड़काव करना चाहिए। फल लगते समय यदि फल मक्खी का प्रकोप हो रहा हो तो इसके रोकथाम के लिए क्षतिग्रस्त फल को तोड़कर नष्ट कर देते हैं। 20 मि.ली. मैलाथियान 50 ई.सी. : 200 ग्राम गुड़ को 20 लीटर पानी में मिलाकर एक एकड़ में छिड़काव करना चाहिए, अगर इस कीट का प्रकोप अधिक हो तो इसे एक सप्ताह के अन्तराल पर छिड़कते रहना चाहिए। इसके अलावा फल मक्खी के नियंत्रण हेतु ट्रैप का भी प्रयोग कर सकते है। सामान्यतः एक हेक्टेयर क्षेत्रफल में 15–3C ट्रैप की आवश्यकता होती है। ट्रेप की संख्या उसकी बनावट पर भी निर्भर करती है। ट्रेप को समय–समय पर साफ करके फसी हुई मक्खियों को निकालते रहना चाहिए।

मुख्य रोग एवं प्रबन्धनः– शीत ऋतु में छप्पन कद्दू के फल पर (डाऊनी मिल्ड्यू) का प्रकोप होता है। इसके रोकथाम के लिए मेटालैक्जिल 8 प्रतिषत + मैनकोजेब 64 प्रतिषत डब्लू पी (रिडोमिल) दवा को 1.5 ग्राम/लीटर पानी में घोल बनाकर छिड़काव करे। तना तथा फल सड़न बीमारी फल तुड़ाई के समय आने की सम्भावना होती है। इसके रोकथाम के लिए कापर हाइड्राक्साइड 77 प्रतिषत डब्लू पी 2.0 ग्राम/लीटर और फोस्टाइल एलुमिनिमय 80 प्रतिषत डब्लू पी को 1.0 ग्राम प्रति लीटर पानी में घोलकर छिड़काव करने से तना तथा फल सड़न को रोका जा सकता है। इसमें मोजैक वायरस रोग का भी प्रकोप होता है। इस रोग का फैलाव, रस द्रव्य रोगी बीज का प्रयोग तथा कीट द्वारा होता है। इससे पौधों की नई पत्तियों में छोटे, हल्के पीले धब्बों का विकास सामान्यतः षिराओं से शुरू होता है। पत्तियों में मोटलिंग, सिकुड़न शुरू हो जाती है। पौधे विकृत तथा छोटे रह जाते है। हल्के, पीले चित्तीदार लक्षण फलों पर भी उत्पन्न हो जाते हैं। इसकी रोकथाम के लिए विशाणु–मुक्त बीज का प्रयोग तथा रोगी पौधों को खेत से निकालकर नष्ट कर देना चाहिए। विशाणु वाहक कीट के नियंत्रण के लिए डाईमेथोएट (0.05 प्रतिषत) रासायनिक दवा का छिड़काव 10 दिन के अन्तराल पर करते हैं। फल लगने के बाद रासायनिक दवा का प्रयोग नहीं करते हैं।

तुड़ाई एवं उपजः–फल कोमल एवं मुलायम अवस्था में तोड़ना चाहिए। फलों की तुड़ाई 2–3 दिनों के अन्तराल पर करते रहना चाहिए। छप्पन कद्दू की औसत उपज 325–350 कु. /हेहोती है। इसकी खेती को वैज्ञानिक पद्धति से किया जाय तो लागत : लाभ अनुपात 1:3 का होता है

भण्डारणः– प्रथम 2–3 सप्ताह तक 15–20 डिग्री सेन्टीग्रेड तापक्रम पर भण्डारण करना चाहिये, फिर इसके बाद 75 प्रतिशत सापेक्ष आर्द्रता के साथ 10–15 सेन्टीग्रेड तापक्रम पर भण्डारण करना चाहिये।

*****

31

खीरा

वानस्पतिक नाम –कुकुमिस सैटइवस

उत्तप्ति स्थान –भारत

खाने योग्य भाग –फल

गुणसूत्र= सख्या –14 28

परिवार –कुकुरबिटेसी

परिचय :–

इसके द्वारा विभिन्न प्राकर की मिठाइयाँ भी तैयार की जाती है। पेट की गड़बडी तथा कब्ज में भी खीरा को औषधि के रूप में प्रयोग किया जाता है। खीरा कब्ज दूर करता है। खीरे का रस पथरी में लाभदायक है। पेशाब में जलन रुकावट और मधुमेह में भी लाभदायक है। घुटनों में दर्द को दूर करने के लिये भोजन में खीरा अधिक खायें। सलाद के रूप में खीरा का विशेष महत्त्व है। खीरा को सलाद के अतिरिक्त उपवास के समय फलाहार के रूप में प्रयोग किया जाता है।

उन्नत जातियाँः–

पूना फैजाबादी कल्याणपुर मध्यम. पोइन सेट खीरी तथा जापानी जलाग ग्रीन

भूमि एवं जलवायुः–

इसकी खेती हल्की अम्लीय भूमियों जिनका पी एच 6–7 के मध्य हो में की जा सकती है। अच्छी उपज हेतु जीवांश पदार्थ युक्त दोमट भूमि सर्वोत्तम होती है।

बुवाई का समय :–

ग्रीष्म के लिए फरवरी–मार्च वर्षा केलिए जून– जुलाई पर्वतीय के लिए मार्च

बीज की मात्रा एवं बुवाईः–

प्रति हेक्टेयर बुवाई हेतु 2 से 2.5 किग्रा बीज की आवश्यकता होती है। इसकी बुवाई लाइन में करते हैं। ग्रीष्म के लिए लाइन से लाइन की दूरी 1.5 मीटर तथा पौधे से पौधे की दूरी 75 सेमी रखते है। वर्षा वाली फसल की वृद्धि अपेक्षा कृत कुछ अधिक होती है इसकी

दूरी बढ़ा देना चाहिए इसमें लाइन से लाइन की दूरी 1.5 मीटर तथा पौधे से पौधे की दूरी 1.0 मीटर रखना चाहिए।

खाद एवं उर्वरकः–

अच्छी उपज प्राप्त करने हेतु खेत तैयार करते समय प्रति हेक्टेयर 20–25 टन गोबर की सड़ी खाद मिला देना चाहिए। नत्रजन की 1 मात्रा फास्फोरस तथा पोटाश की सम्पूर्ण मात्रा बुवाई के समय 1 नत्रजन पौधों में 4–5 पत्तियों की अवस्था पर तथा 4 नत्रजन फल आने की प्रारम्भिक अवस्था पर दें।

सिंचाई एवं निराईः–

गर्मी के दिनों में हर सप्ताह हल्की सिंचाई करना चाहिए। वर्षा ऋतु में सिंचाई वर्षा पर निर्भर करती है। खेत में खुरपी या हो के द्वारा खरपतवार निकालते रहना चाहिए। वर्षा कालीन फसल के लिए जडों में मिट्टी चढा देना चाहिए।

कटाई एवं उपजः–

यह बुवाई लगभग दो माह बाद फल देने लगता है। जब फल अच्छे मुलायम तथा उत्तम आकार के हो जायें तो उन्हें सावधानी पूर्व कलताओं से तोड़कर अलग कर लेते हैं इस तरह प्रति हे 50 –60 कुन्टल फल प्राप्त किये जा सकते है।

प्रमुख कीटः–

1 लाल की डायहपत्तियों तथा फूलों को खाता है

2 फल की डायह कीडा फूल को खा जाता है। तथा फलों में छेदकरके उनमे घुस जाता है।

3 एन्थ्रेकनोज इस रोग में पत्तियों एवं फलों पर लाल धब्बे हो जाते है। बीज को बुवाई से पहले एग्रोसेन जी एन से उपचारित कर लेना चाहिए।

*****

32

जिमींकन्द

वानस्पतिक नाम–एमोर्फोफैलस केम्पैनूलेटस   उत्तप्ति स्थान–भारत

खाने योग्य भाग –जड   गुणसूत्र सख्या –26, **28**

परिवार –एरेसी

परिचय :–

हमारे देश में इसकी खेती प्राचीन काल से ही होती चली हा रही है। जिंमीकन्द में स्टार्च, प्रोटीन फाइबर तथा कुछ मात्रा में वसा भी पाया जाता है। यह अपने पौष्टिक तत्वों एवं औषधीय गुणों के कारण सब्जियों में एक महत्वपूर्ण स्थान रखता है। जिमींकन्द का उपयोग पेट के रोगों, बवासीर, मन्दाग्नि, जोड़ों के दर्द, श्वास रोग (दमा) फेफड़ों की सूजन, उल्टी, पेट दर्द के अतिरिक्त खून साफ करने हेतु लाभप्रद है। इसके कन्द का रस, रक्तचाप के रोगियों के लिए रामबाण औषध का कार्य करता है। सब्जी के अतिरिक्त इसका विभिन्न खाद्य प्रसंस्करण के रूप में : जैसे अचार, जैम, चटनी, चिप्स, पापड़, आटा तथा मिठाई के रूप में बर्फी, लडडू पिन्नी तथा हलवा व नमकीन के रूप में सेवियां, बूंदी, मटरी व अन्य जैसे सब्जी, कोफ्ते चाट व कचौरी इत्यादि बनाने में किया जाता है।

खेती के लिए भूमि एंव जलवायुः–

अच्छी उपज प्राप्त करने के लिए उत्तम जल निकास वाली बलुई दोमट भूमि उत्तम है इसके लिए मृदा का पी.एच. 5–7 होना चाहिए। अत्याधिक अम्लीय या क्षारीय भूमि इसकी खेती के लिए उचित नहीं है वैसे तो इसे सभी प्रकार की भूमि में उगाया जा सकता है लेकिन जल निकास उचित प्रबन्ध न होने के कारण इसकी उपज में 60–70 प्रतिशत तक कम हो जाती है। इसके पौधे की बढ़वार के लिए 25–30 ह से. तक के तापमान की आवश्यकता होती है इसकी खेती के लिए गर्म व नम जलवायु सर्वोत्तम है। बीजाई के समय कम वर्षा, पौधों की बढ़वार के लिए अधिक वर्षा, तापमान का एक सा होना एवं फसल तैयार होने के समय कम तापमान युक्त शुष्क वातावरण उपयुक्त होता है।

प्रजातियां :–

पालम जिमींकन्द–1:– एन.डी.–9, एन.डी.–5 तथा अन्य लोकल/देशी प्रजातियां।

एन.डी.–5:–जिमींकन्द की 190–220 दिनों में तैयार होने वाली मध्यम क्रम की प्रजाति है। इस प्रजाति के जिमींकन्द की औसत उपज 600–700 क्विंटल प्रति हैक्टेयर तथा इसके घन कन्दों की संख्या 5 से 9 के बीच पाई जाती है जिनका औसत वजन 50 ग्राम से 125 ग्राम तक होता है।

पालम जिमींकन्द–1:–यह 170 से 180 दिन के अन्दर तैयार हो जाती है। इसकी औसत उपज 450 से 550 क्विंटल प्रति हैक्टेयर है।

एन. डी.–9 :– यह जिमींकन्द की अगेती प्रजाति है जोकि 180–210 दिनों में तैयार हो जाती है। इसकी औसत उपज 650–800 क्विंटल प्रति हैक्टेयर हैं इसके घन कन्दों की संख्या 3 से 5 तक पाया जाता है।

प्रबंधन :–

जिमींकन्द का प्रसारण/ प्रवर्धन वानस्पति विधि द्वारा किया जाता है। जिसकें लिए पूर्ण कन्द या घनकन्दों को प्रयोग में लाया जाता है। कन्दों के माध्यम से प्रबंधन करने के लिए

प्रत्येक कन्द को 500 ग्रा. से 700 ग्रा तक के टुकड़ों में काट लिया जाता है। यदि इस वजन के पूर्ण कन्द उपलब्ध हों तो उनका उपयोग करने में उनमें प्रस्फुटन अग्रिम होता है जिसके परिणाम स्वरूप उपज में अधिक वृद्धि होती है। प्रवर्धन के लिए जब कन्दों को काटा जाता है तो इस बात का अवश्य ध्यान रखें कि कन्द टुकड़े के प्रत्येक भाग में एक अंकुर अवश्य हों। उपरोक्त कन्दों को बीजाई से पूर्व 10 ग्राम बैविस्टिन + 25 ग्राम इन्डोफिल एम 45 को 10 लीटर पानी में घोल बनाकर 10 मिनट तक इसमें डूबोकर 24 घंटे तक छाया में रखने के पश्चात बीजाई करते हैं।

जिमींकन्द का घन कन्दों से प्रर्वधन के लिए द्विस्तरीय घनकन्द रोपण तकनीक अपनाई जाती है। इसके अन्तर्गत उपयोग मे लाए जाने वाले घन कन्दों का वजन 50–100 ग्राम होता है। जबकि 100 ग्राम से बड़े घन कन्दों का बीज के लिए प्रबर्धन द्वितीय वर्ष में ही समाप्त हो जाता है। इन उपरोक्त घन कन्दों की बढ़वार इनके वजन के 10–15 गुणा होती है।

जिमींकन्द खुदाई के बाद 3–4 माह तक सुसुप्तावस्था में रहता है। यदि थायोयूरिया या पोटाशियम नाइट्रेट के घोल मे 6 घण्टे तक डूबाने के बाद बीजाई की जाए तो अंकुरण दर बढ़ जाती हैं। रसोई घर में यदि ऊपर की तरफ बनी सैल्फ पर रख दिया जाए तो गर्मी व धुंए

के कारण अंकुरण 30 दिन पहले शुरू हो जाता है ऐसा करने से फसल एक माह पूर्व तैयार हो जाती है तथा बाजार में अच्छी कीमत प्राप्त होती है।

खेत की तैयारीः–

खेत को दो–तीन बार जोताई करके 250–300 क्विंटल गोबर की गली सड़ी खाद खेत में मिला लेते हैं। खेत मे घनकन्दों के आकार के अनुसार 20–25 सैं.मी. से 50–75 सैं.मीं की दूरी पर बीजाई करनी चाहिए। बीजाई करने के लिए छोटे–2 गड्डे बनाकर ट्राइकोर्डमा मिले कम्पोस्ट की खाद डालकर उनमें कन्दों को सीधे लगाना चाहिए। जहां सिंचाई की सुविधा हो वहां बीजाई अप्रैल से मई महीने में करनी चाहिए लेकिन वर्षा आधारित क्षेत्रों मे बीजाई मई–जून के माह में वर्षा होने के पश्चात कर देनी चाहिए तथा बीजाई के एक दम बाद खेत को घास फूस से ढक देना चाहिए जिससे जमीन में पर्याप्त नमी बनी रहे तथा ऐसा करने से खेत में खरपतवार भी कम निकलते है। जिमींकन्द की पैदावार उसकी बीजाई के लिए प्रयोग होने वाले कन्द के आकार पर निर्भर करती है। यदि पौधे से पौधे तथा पंक्ति से पंक्ति की दूरी बढ़ा दी जाए तो कन्द के आकार में अधिक वृद्धि होती है लेकिन यदि दूरी कम कर दी जाए तो कुल पैदावार मे तो वृद्धि होती है परन्तु कन्द के आकार में कमी आ जाती है।

बीज दर एवं दूरीः–

बीज कन्द का वनज!	दूरी सैं.मी!	पौधें की संख्या!	बीज दर प्रति है. (क्विंटल)
200–250	50 50	40,000	80 से 100
300–40027,778	83 से 125		
500–750		17,857	89 से 134
1000से ऊपर 12,345	123 से 200		

बीज उपचारः–

अच्छी उपज प्राप्त करने के लिए बीज कन्द को बीजाई से पूर्व उपचारित करना अति आवश्यक है। उपचार के लिए बैविस्टिन 10 ग्राम व डाइथेन एम–45 को 25 ग्राम प्रति 10 लीटर पानी में घोल बनाकर बीज कन्दों को 20–30 मिनट तक उपचारित करने पश्चात बीजाई करने पर बीज की सड़न एवं मिट्टी से होने वाली बीमारियों की रोकथाम में काफी सहायता मिलती है।

खाद एवं उर्वरक : –

इसकी अच्छी पैदावार के लिए प्रति हैक्टेयर 120 कि.ग्रा. नाईट्रोजन, 10 कि.ग्रा. फॉस्फोरस तथा 100 कि.ग्रा. पोटाश की आवश्यकता होती है। उर्वरकों में नाइट्रोजन की एक तिहाई मात्रा, पूरा फॉस्फोरस तथा पोटाश की आधी मात्रा बीजाई के समय डाल देनी चाहिए। बचे हुए उर्वरक में से आधी नाइट्रोजन तथा पूरी पोटाश 2 महीने के पश्चात पौधों को मिट्टी चढ़ाते समय डालनी चाहिए। नाइट्रोजन की शेष बची हुई मात्रा को 90 से 100 दिन बाद टॉपड्रेसिंग के रूप में डाल दें।

बीजाई का ढंग :–

प्रथम वर्ष में अच्छी फसल प्राप्त करने के लिए 500 से 750 ग्राम के कन्द अच्छे माने जाते है। पहले से तैयार किए गए खेत में आवश्यकतानुसार नाली अथवा गड्डे बना लेते हैं जिनमें इन बीज कन्दों को निश्चित दूरी पर इस तरह रखते हैं कि इनका कालर वाला कलिकायुक्त भाग ऊपर की तरफ यानि सीधा रहे जो कि पौधे की अच्छी बढ़ौतरी में काफी सहायक सिद्ध होती है।

सिंचाई :–

खेत में नमी बनाए रखने हेतू 7–8 दिन के अन्तराल पर सिंचाई करते रहें। इस बात का अवश्य ध्यान रखे कि अच्छी बढ़वार एवं उपज के लिए हमेशा हल्की नमी का खेत में बना रहना अति आवश्यक है लेकिन बरसात के दिनों में खेत में पानी खड़ा न रह सके।

आच्छादन (मल्चिंग):–

बीजाई के तुरन्त बाद खेत को पेड़–पौधें की पत्तियों से या घास–फूस से ढक देना चाहिए जिससे अच्छी बढ़वार के साथ–साथ सिंचाई की कम आवश्यकता पड़ती है। इससे खरपतवार कम होते है व अच्छी उपज प्राप्त होती है।

निराई–गुड़ाई:–

बीजाई के 60 से 70 दिनों तक खेत का खरपतवार विहीन होना आवश्यक है जिसके लिए दो से तीन निराई–गुड़ाई की आवश्यकता पड़ती है प्रत्येक निराई–गुड़ाई के पश्चात् हल्की मिट्टी पौधों को चढ़ाना लाभप्रद होता है। पौधों के बीच की दूरी को कम करके भी खरपतवार पर नियन्त्रण किया जा सकता है। यदि खेत में फ्लूक्लोरेलिन 2 लीटर प्रति हैक्टेयर की दर से बीजाई से पूर्व मिट्टी में मिला दें तो खेत में खरपतवार से निजात मिल जाता है।

फसल संरक्षण :– जिमींकन्द की फसल में लगने वाली प्रमुख बीमारियां कॉलर रौट, कंद विगलन, लीफ ब्लाइट, वैवटीरियल लीफ स्पॉट तथा मोजेक है। इनमें से कंद विगलन तथा कॉलर रौट विशेष है। इस रोग के लक्षण पौधों पर बीजाई के 2–3 महीने के पश्चात दिखाई देते हैं तथा धीरे–धीरे पौधे का पूरा तना सिकुड़कर पीला पड़ जाता है। बीज कन्दों को एक प्रतिशत बेनलेट के घोल में डूबोकर उपचारित करने के पश्चात ही बीजाई करें तथा प्रभावित खड़ी फसल में पौधों के चारों तरफ 0.2 प्रतिशत कैप्टान का घोल बनाकर छिड़काव करें।

विषाणु रोग :–यह रोग एफिड के द्वारा फैलाया जाता है तथा रोगगस्त पौधें की पत्तियां हल्की सिकुड़ जाती हैं व उनके ऊपर हरे तथा पीले रंग के उभार दिखाई देते हैं इससे किसानों को चाहिए कि वे रोग ग्रस्त पौधों को खेत से निकाल दें तथा ऐसे पौधों से प्राप्त कंदों को बीज के लिए प्रयोग न करें।

कीड़े–मकोड़े :– साधारणतयः जिमींकन्द फसल पर कीड़े–मकोड़ों का प्रभाव बहुत ही कम होता है। कभी–कभी थ्रिप्स, एफिड, लीफ हॉपर तथा केटरपिलर (सुण्डियां) फसल पर दिखाई देते हैं जो कि पौधों की पत्तियों व मुलायम तनों को नुकसान पहुंचाते हैं। इनकी रोकथाम के लिए 2 मि.ली. मोनोक्रोफॉस प्रति लीटर पानी में घोल बनाकर फसल पर छिड़काव करें।

फसल खुदाई, भण्डारण व विपणन :–

फसल बीजाई के 8–9 माह के पश्चात खुदाई के लिए तैयार हो जाती है। जब पौधे का ऊपरी भाग पीला होकर सूखने लगे तब फसल खुदाई के लिए तैयार हो जाती है। बाजार में इसका उचित मूल्य पाने के लिए फसल की खुदाई जल्दी (अगेती) भी की जा सकती है। जिमींकन्द का भण्डारण करने से पूर्व कन्दों को अच्छी तरह साफ कर लेना चाहिए तत्पश्चात अच्छी तरह सुखाने के पश्चात छायादार एवं हवादार कमरों मे कन्दों को रखना चाहिए तथा साथ ही वजन के अनुसार अलग–अलग ढेरों में लगाना चाहिए तथा साथ ही कन्द कलिकाओं एवं बीज कन्दों/घनकन्दों को अलग करके आगामी फसल के लिए भण्डारित करके रख लेना चाहिए। जिमींकन्द को लम्बे समय तक साधारण अवस्थाओं में अच्छे हवादार कमरे मे रखा जा सकता है।

उपज :– जिमींकन्द की उपज बीजे गए कन्दों से 8–10 गुणा अधिक होती है। इसकी औसत उपज 40–50 टन प्रति हैक्टेयर तक है लेकिन यदि फसल की अच्छी देखभाल की जाए तो 80–100 टन प्रति हैक्टेयर तक पैदावार ली जा सकती है।

*****

33

तोरई

वानस्पतिक नाम –ल्यूफा सिलेन्ड्रिका

उत्तप्ति स्थान –द. एशिया

खाने योग्य भाग –फल

परिवार –कुकुरबिटेसी

परिचय :–

तोरई एक लता है जिसके फल सब्जी बनाने के काम आते हैं, इसे भारत के कुछ राज्यों में "झिंग्गी" भी कहा जाता है। यह वर्षा ऋतु में पैदा होती है। तो रई बेल वाली फसल है, जो जायद तथा खरीफ ऋतु में सफलता पूर्वक देश के कई स्थानों में लगायी जाती है। इसके नर व मादा पुष्प एक ही बेल पर अलग–अलग स्थान पर तथा अलग–अलग समय पर खिलते हैं। नर पुष्प पहले तथा गुच्छों में लगते हैं जबकि मादा पुष्प बेल की पार्श्र्व शाखाओं पर व अकेले लगते हैं। पुष्प का रंग चमकीला पीला एवं आकर्षक होता है। मादा पुष्प के निचले भाग में फल की आकृति युक्त अण्डाशय होता है जो निषेचन के पश्चात फल का निर्माण करता है। पुष्प सांय काल में 5 से 8 बजे के दौरान खिलते हैं। पुष्पन के दौरान नर पुष्पों से जीवित व सक्रिय परागकण प्राप्त होते हैं, साथ ही मादा पुष्पों की वर्तिकाग्र निषेचन के लिए अत्यधिक सक्रिय होती है। तुरई मे पर परागण द्वारा निषेचन होता है जो मुख्यतः मधुमक्खियो द्वारा सम्पन्न होता है।

तोरई बेल वाली फसल है, जो जायद तथा खरीफ ऋतु में सफलता पूर्वक देश के कई स्थानों में लगायी जाती है। इसके नर व मादा पुष्प एक ही बेल पर अलग–अलग स्थान पर तथा अलग–अलग समय पर खिलते हैं। नर पुष्प पहले तथा गुच्छों में लगते हैं जबकि मादा पुष्प बेल की पार्श्र्व शाखाओं पर व अकेले लगते हैं। पुष्प का रंग चमकीला पीला एवं आकर्षक होता है। मादा पुष्प के निचले भाग में फल की आकृति युक्त अण्डाशय होता है जो निषेचन के पश्चात फल का निर्माण करता है।

पुष्प सांय काल में 5 से 8 बजे के दौरान खिलते हैं। पुष्पन के दौरान नर पुष्पों से जीवित व सक्रिय परागकण प्राप्त होते हैं, साथ ही मादा पुष्पों की वर्तिकाग्र निषेचन के लिए अत्यधिक सक्रिय होती है। तुरई मे पर परागण द्वारा निषेचन होता है जो मुख्यतः मधुमक्खियों द्वारा सम्पन्न होता है।

आहार मूल्य :–

दोनों जातियों के आहार मूल्य में थोड़ा बहुत अन्तर पाया जाता है। इसका आहार मूल्य इस प्रकार है–

न्मी	95.2 ग्राम	प्रोटीन	0.5 ग्राम
व्सा	00.1 ग्राम	खनिज पदार्थ	0.3 ग्राम
रेशा	00.5 ग्राम	कार्बोहाइडेट्स	3.0 ग्राम
कैल्शियम	40 मि0 ग्राम	मैग्नीशियम	11 मि0 ग्राम
फास्फोरस	40 मि0 ग्राम	लोहा	1.6 मि0 ग्राम
आक्जैलिक अम्ल	27 ग्राम	सोडियम	2.9 मि0 ग्राम
पोटेशियम	50 ग्राम	कॉपर	0.16 मि0 ग्राम
सल्फर	13 मि0 ग्राम	क्लोरीन	7 मि0 ग्राम
विटामिन ए	56 ण्न्ग	थियामिन	0.07 मि0 ग्राम
रीवोप्लेविन	0.01 मि0 ग्राम	निकोटिनिक अम्ल	0.2 मि0 ग्राम
विटामिन सी	5 मि0 ग्राम		

फसल चकः–

1. लोबिया–मूली–तोरई
2. ग्वार–बन्दगोभी–तोरई
3. भिण्डी–मटर–तोरई
4. तोरई–पालक–भिण्डी
5. चौलाई–गाजर–तोरई

पोषक तत्व एवं उपयोगः– इसके कोमल, मुलायम फल सब्जी के लिए उपयुक्त होते हैं। इसकी कोमल व मुलायम पत्तियों को भी सब्जी के रूप में उपयोग किया जाता है। इसके सूखे फलों के रेशों को बर्तन साफ करने तथा घरेलू उपयोग में फिल्टर के रूप में प्रयोग किया जाता है। इसके बीज में 18.3–24.3 प्रतिषत तेल व 18–25 प्रतिशत प्रोटीन पायी जाती है।

मृदाः–

इसकी खेती उचित जल निकास वा सभी प्रकार की मृदाओं में की जा सकती है। अच्छी पैदावार के लिए बलुई दोमट या दोमट भूमि अधिक उपयुक्त होती है। 6–7 पी.एच.मान वाली मृदा इसकी खेती के लिए आदर्ष होती है।

जलवायुः–

नसदार तोरई की खेती के लिए गर्म एवं आर्द्र जलवायु की आवश्यकता होती है। इसकी खेती ग्रीष्म (जायद) व वर्षा (खरीफ) दोनों ऋतुओं में सफलतापूर्वक की जाती है। इसकी खेती के लिए 32–38 डिग्री सेन्टीग्रेट तापमान सर्वोत्तम होता है।

उन्नतिशील किस्मेंः–

स्वर्ण मंजरीः– इस किस्म के फल मध्यम आकार के हरे व धारीयुक्त होते हैं। यह किस्म चूर्णिल आसिता रोग के प्रति सहनशील है। फलों की तुड़ाई बुवाई के 65–70 दिनों बाद की जा सकती है। इसकी उत्पादन क्षमता 180–200 कुन्तल प्रति हेक्टेयर है।

पूसा नसदारः– इसमें बुवाई से 60 दिनों में फूल आने शुरू हो जाते हैं। फल हल्का हरा व उस पर नसें उभरी हुई होती है। फल में पूर्ण विकसित गूदा, गुदे का रंग सफेद से हरा और सुगन्धित होता है। फल 12–20 सेमी. लम्बे होते हैं। इसकी उपज क्षमता 150–160 कु. प्रति हेक्टेयर होती है। यह किस्म गर्मी व वर्षा दोनों ऋतुओं के लिए उपयुक्त है।

स्वर्ण उपहारः–फल मध्यम आकार (200 ग्रा.), हरे व धारीयुक्त होते हैं। यह किस्म चूर्णिल आसिता रोग के प्रति सहनशील है तथा बुवाई के 65–70 दिनों बाद फलों की तुड़ाई की जा सकती है। इस किस्म की उत्पादन क्षमता 280–310 कुन्तल प्रति हेक्टेयर है।

अर्का सुमितः– इसकी लता की लम्बाई लगभग 4.5 मी. होती है और प्रत्येक लता पर 13–15 फल लगते हैं। पहली तुड़ाई बुवाई के 52 दिन बाद की जा सकती है। फल हल्के हरे बेलनाकार व कम बीज वाले होते हैं तथा प्रत्येक फल का वजन 380 ग्रा होता है।

कल्याणपुर धारीदारः–यह एक अगेती किस्म है। फल हल्के हरे स्पष्ट धारियों वाले गुदेदार होते है। लतायें कम फैलने वाली तथा उन पर मादा फूलों की संख्या अधिक होती है। इस किस्म की औसत उपज 400 कुन्तल प्रति हेक्टेयर होती है।

अर्का सुजातः– लता की लम्बाई लगभग 5.5 मी. तथा प्रथम मादा पुश्प 13–15 वी. गाँठ पर आता है। फल हल्के हरे रंग के बेलनाकार होते हैं और प्रत्येक फल का वजन 350 ग्रा. होता है। इस पर मृदुल आसिता रोग का प्रभाव कम होता है।

पन्त तोरई:–

1(पी.आर.जी.–1):–इस किस्म के फल 15–20 सेमी. लम्बे, गुम्बद आकार के होते है। बुवाई के 65 दिनों बाद फल तुड़ाई के लिए तैयार हो जाते हैं। इस किस्म की उत्पादन क्षमता 100–120 कुन्तल प्रति हेक्टेयर है।

पी.के.एम.–1:–फल गहरे हरे रंग के होते है और इनका औसतन वनज 300 ग्राम तक होता है। इस किस्म की उपज क्षमता 280–300 कुन्तल प्रति हेक्टेयर है। फसल अवधि 160 दिनों की होती है।

को.–1:–इसके प्रत्येक लता में 10–12 फल लगते हैं। एक फल का औसतन वजन 300 ग्राम होता है। फल 60–75 सेमी. लम्बे, मोटे, हल्के, हरे व काफी आकर्षक होते हैं। इस किस्म की उत्पादन क्षमता 140–150 कुन्तल प्रति हेक्टेयर है। पहली तुड़ाई बुवाई के 55 दिनों बाद की जा सकती है। फसल अवधि 125 दिनों की होती है।

को.–2:–यह फल काफी लम्बे और हल्के हरे रंग के होते हैं। फलों पर 11 हल्की नसें या उभरी कतारें पायी जाती है। एक फल का औसतन भार 350–380 ग्राम होता है। फलों में बीज कम बनते है। बुवाई के 70 दिनों बाद फल तुड़ाई योग्य हो जाते हैं। इस किस्म की उत्पादन क्षमता 250–278 कुन्तल प्रति हेक्टेयर है। फसल अवधि 110 दिनों की होती है।

पंजाब सदाबहार:– फल पतले, लम्बे, धारीदार, मुलायम तथा थोड़े मुड़े हुए होते हैं। इसकी बुवाई मई से जुलाई तक की जा सकती है। इस किस्म की उत्पादन क्षमता 100–120 कुन्तल प्रति हेक्टेयर है।

सतपुतिया:– इसमें उभयलिंगी पुश्प आते हैं। इस किस्म में फल एकल या गुच्छों में आते हैं। इसका स्वाद काफी अच्छा एवं सुगन्धित होता है। फल का आकार गोल, थोड़ा लम्बा या अण्डाकार होता है।

काशी खुशी:– यह सतपुतिया की अधिक उत्पादन देने वाली किस्म है। फल हल्के हरे होते हैं तथा इस पर 10 गहरी हरी लम्बत धारी पायी जाती है। प्रति पौध लगभग 140 फल लगते है जो कि 5–6 के गुच्छों में आते हैं। 5.24–6.77 कि.ग्रा. प्रति पौध उपज होती है जिसे कि 8–10 तुड़ाई में प्राप्त किया जा सकता है।

बुवाई का समय :–

ग्रीष्म कालीन फसल की बुवाई फरवरी–मार्च तथा वर्षाकालीन फसल की बुवाई जून–जुलाई में करनी चाहिए। एक हेक्टेयर क्षेत्रफल के लिए 5 किग्रा. बीज की आवश्यकता होती है। बुवाई के लिए नाली एवं थाला विधि (चैनल तथा हिल) विधि सबसे उत्तम है।

बुवाई की विधिः—

इस विधि में खेत की तैयारी के बाद 2.5—3.0 मी. की दूरी पर 45 सेमी. चौड़ी तथा 30—40 सेमी. गहरी नालियाँ बना लेते हैं। इन नालियों के दोनों किनारों (मेड़ों) पर 50—60 सेमी. की दूरी पर बीज की बुवाई करते हैं। एक जगह पर कम से कम दो बीज लगाना चाहिए तथा बीज जमने के बाद एक पौधा निकाल देते हैं।

खाद एवं उर्वरकः—

अच्छी पैदावार के लिए 20—25 टन सड़ी गोबर की खाद खेत की तैयारी के समय खेत में मिला देते हैं। इसके अलावा 30—35 किग्रा. नत्रजन, 25—30 किग्रा. फास्फोरस तथा 25—30 किग्रा. पोटाश की प्रति हेक्टेयर आवश्यकता होती है। नत्रजन की आधी मात्रा तथा फास्फोरस व पोटाष की पूरी मात्रा बुवाई के समय खेत में डालते हैं। नत्रजन की शेश आधी मात्रा बुवाई के 30—40 दिन बाद टाप ड्रेसिंग के रूप में जड़ों के पास देना चाहिए।

सिंचाईः—

नसदार तोरई की वर्षाकालीन फसल के लिए सिंचाई की आवश्यकता नहीं होती है। वर्षा न होने की स्थिति में यदि खेत में नमी की कमी हो तो सिंचाई कर देनी चाहिए। ग्रीष्मकालीन फसल की पैदावार सिंचाई पर ही निर्भर करती है। गर्मियों में 5—6 दिनों के अन्तराल पर सिंचाई करते रहना चाहिए।

पौधों को सहारा देनाः—

सामान्यतया ग्रीष्मकालीन फसल में पौधों को चढ़ाने की आवश्यकता नहीं होती है लेकिन वर्षा कालीन फसल में पौधों को बढ़ने के साथ ही ट्रेलिस या पण्डाल बनाकर चढ़ा देना चाहिए इससे गुणवत्तायुक्त अधिक उपज प्राप्त होती है।

खरपतवार नियंत्रण

खेत को खरपतवार मुक्त रखने के लिए अन्तः सस्य क्रियाएं जैसे निराई, गुड़ाई इत्यादि समय—समय पर करते रहना चाहिए।

पलवार का प्रयोग

बुवाई के बाद खेत में मल्च का प्रयोग करना लाभप्रद होता है। इससे मृदा तापमान बढ़ने व नमी संरक्षित होने के कारण बीजों का जमाव अच्छा होता है तथा खेत में खरपतवार नहीं उग पाते जिसके फलस्वरूप पैदावार पर अनुकूल प्रभाव पड़ता है।

कीट एवं रोग प्रबन्धनः–

रेड पम्पकिन बिटिल (कद्दू का लाल कीट) :–

इस कीट के प्रौढ़ व सुड़ियाँ दोनों ही फसल को नुकसान पहुँचाते हैं। इसके प्रौढ़ कीट (भृंग) छोटे पौधों की मुलायम पत्तियों को खा जाते हैं जिससे पौधे पत्ती रहित हो जाते हैं। इसकी सुड़ियाँ जमीन के नीचे पौधों की जड़ों एवं तनों में छेदकर देते है जिससे पौधे मर जाते है।

नियंत्रण :–ग्रीष्म कालीन गहरी जुताई करें जिससे कि प्यूपा गर्मी की तेज धूप में झूलस कर मर जायें या तो पक्षियों के द्वारा खा लिये जाय। संक्रमण के समय कार्बारिल 80 डब्ल्यूपी. के. 1 कि.ग्रा. सक्रिय तत्व (कार्बेरिल घुलनशील चूर्ण 2 ग्राम प्रति लीटर पानी) पानी के घोल का बीजपत्रीय अवस्था में छिड़काव करें। खेत में सूड़ियों के गम्भीर संक्रमण के समय क्लोरपाइरोफास के 2–3 मि.ली/ली. के घोल से मृदा को अच्छी तरह तर कर दें तथा छिड़काव से पहले खाने योग्य फल की तुड़ाई अवश्य कर लें।

पर्ण सुरंगक कीट (लीफ माइनर) :–

इसके लार्वा पत्तियों में सुरंग बनाकर पर्ण हरित (क्लोरोफिल) को खाते है जिसके कारण प्रकाश संश्लेशण प्रभावित होता है।

नियंत्रण :–इसकी रोकथाम के लिए 4 प्रतिशत नीम की गिरी के अर्क का छिड़काव प्रभावी होता है।

फ्रूट फ्लाई (फल मक्खी) :–

इस कीट के मेगट नये विकसित फलों को गम्भीर क्षति पहुंचाते हैं। वयस्क मक्खियां मुलायम फलों के छिलके में छेदकर एपिडर्मिस के नीचे अण्डा देती हैं तथा अण्डों से मेगट विकसित होते हैं जो कि फल को अन्दर से खाकर सड़ा देते हैं।

नियंत्रण :–खेत में 8–10 मीटर की दूरी पर मक्का की फसल फनदा (ट्रैप) फसल के रुप में उगायें। खेत से संक्रमित फलों को इकट्ठा कर जमीन में गहराई पर गाड़कर नष्ट कर दें। जहरीले चारा (10 प्रतिशत गुण या शिरा के साथ मेलाथियान 50 ई.सी. 2 मि.ली./ली. या कार्बारिल 50 डब्ल्यू. पी. 2 ग्राम/ली. पानी के मिश्रण) का खेत में 250 स्पाट्स प्रति हेक्टेयर की दर उपयोग करें।

मृदुरोमिल आसिता (डाउनी मिल्ड्यू) :–

यह रोग स्यूडोपेरान्स्पोरा क्यूबेन्सिस फंफूद के कारण होता है। अधिक आर्द्रता वाले क्षेत्रों में इसका प्रकोप अधिक होता है, मुख्यतः लगातार ग्रीष्म कालीन वर्षा के समय इसके द्वारा होने वाला संक्रमण अधिक होता है। इस रोग के लक्षण पत्तियों के उपरी सतह पर कोणीय पीले धब्बों के रुप में परिलक्षित होते है जो आगे चलकर पत्तियों के नीचली सतह पर फैल जाते है तथा पत्तियां सूखकर गिर जाती है।

नियंत्रण :–रोग ग्रसित पत्तियों को तोड़कर जला देना चाहिए। रोग के संक्रमण के समय जिनेब 75 डब्ल्यू पी 0.15 प्रतिशत या मैन्कोजेब के 0.2 प्रतिशत घोल का छिड़काव करना चाहिए। अधिक संक्रमण के समय मेटालाक्सिल 8 प्रतिशत+मैन्कोजेब 64 प्रतिशत के 2.5–3.0 ग्रा./ली. पानी के घोल का छिड़काव साप्ताहिक अन्तराल पर करना चाहिए।

चूर्णिल आसिता (पाउडरी मिल्ड्यू) :–

इस रोग का कारक स्फेरोथिका फुलजीनिया एवं एरीसाइफी साइकोरेसीरम फफूंद है। इस फफूंद का संक्रमण सफेद से गंदा ग्रे पाउडर के रुप में पौधों के सभी भागों पर होता है। गम्भीर रुप से संक्रमित पत्तियां भूरे रंग की होकर सिकुड़ जाती है। परिपक्वता से पहले ही पत्तियां झड़ जाती है तथा लताएं मर जाती है।

नियंत्रण :–बुवाई से पहले थीरम/कैप्टान/कारबेन्डाजिम की 2.5–3.0 ग्रा. प्रति किग्रा बीज की दर से उपचारित कर बुवाई करना चाहिए। संक्रमण के समय डेनोकैप 48 ई.सी. के 0.03 प्रतिशत या सल्फर के 0.2 प्रतिशत घोल का छिड़काव करना चाहिए।

कालर राट :–

इस रोग का कारक राइजोक्टोनिया सोलेनाई नामक फफूंद है इसके कारण नवांकुरित पौधे मर जाते हैं। नये पौधों की अपेक्षा पुराने पौधे कम प्रभावित होते हैं।

नियंत्रणः– फसल चक्र को अपनाना चाहिए तथा बुवाई के समय बीज को कैप्टान की 3 ग्राम/किग्रा बीज की दर से उपचारित करना चाहिए।

पीला मोजैक :–

यह एक विशाणुजनित रोग है। इसके कारण कभी–कभी फसल में 100 प्रतिशत तक नुकसान हो जाता है। इस रोग का लक्षण पौधों की नई पत्तियों पर पीले धब्बे के रुप में दिखाई देता है। गम्भीर संक्रमण के समय पौधों की पत्तियां छोटी चित्तीदार व विकृत हो जाती है तथा फल अनियमित आकार के हो जाते हैं। इस रोग का विशाणु सफेद मक्खी के द्वारा

फैलता है। इस कीट के निम्फ (परी) व वयस्क दोनों पौधों का रस चूसते है तथा पत्तियों पर इनके द्वारा विसर्जित मल द्वारा काले कज्जली मोल्ड्स विकसित हो जाते हैं जिससे पौधों में प्रकाश संश्लेशण बाधित होता है।

नियंत्रणः– बीज को इमिडाक्लोप्रिड 70 डब्ल्यू. पी. या थाईमेथोक्साम 70 डब्ल्यू. एस. की 3 ग्राम/कि.ग्रा. बीज की दर से शोधित कर बुवाई करें। टमाटर, मिर्च व तम्बाकू की पुरानी फसल के बाद तोरई फसल की बुवाई न करें तथा बैगन, जंगली कद्दू वर्गीय व कपास की फसल के पास तोरई की फसल न उगायें। फसल की बुवाई से लगभग 20 दिन पूर्व खेत के चारों ओर दो पंक्ति बाजरा की फसल को बार्डर फसल के रुप में उगायें। संक्रमण के समय इमिडाक्लोप्रिड 17.8 एस. एल. 0.3 मि.ली./ली. या थाईमेथोक्साम 0.4 ग्रा/ली. पानी के घोल का 15 दिन के अन्तराल पर छिड़काव करें। संक्रमण के पूर्व रोग रोधन के तहत नीम तेल की 2–3 मि.ली./ली. पानी के साथ 0.5 मि.ली. स्टिकर मिलाकर छिड़काव करें।

तुड़ाई एवं भण्डारणः–

फलों की तुड़ाई हमेशा मुलायम अवस्था में करनी चाहिए देर से तुड़ाई करने पर उसमें सख्त/कड़े रेशे बन जाते हैं। फलों की तुड़ाई 6–7 दिनों के अन्तराल पर करनी चाहिए। पूरे फसल अवधि में लगभग 8 तुड़ाईयाँ की जा सकती है।

फलों को तुड़ाई उपरान्त ताजा रखने के लिए ठण्डे छायादार स्थानों पर रखना चाहिए। फलों को ताजा बनाये रखने के लिए बीच–बीच में उन पर पानी का छिड़काव कर सकते हैं।

*****

34

तरबूज

वानस्पतिक नाम –सिट्रुलस वुल्गेरिस

उत्तप्ति स्थान –भारत

खाने योग्य भाग –फल

गुणसूत्र= सख्या –24 48

परिवार –कुकुरबिटेसी

परिचय :–

तरबूज ग्रीष्म ऋतु का फल है। यह बाहर से हरे रंग के होते हैं परन्तु अंदर से लाल और पानी से भरपूर व मीठे होते हैं। इनकी फसल आमतौर पर गर्मी मैं तैयार होती है। पारमरिक रूप से इन्हें गर्मी में खाना अच्छा माना जाता है क्योंकि यह शरीर में पानी की कमी को पूरा करते हैं। कुछ स्रोतों के अनुसार तरबूज कई बीमारियाँ दूर करता है।

खेती:–

जिसकी ज्यादा तापमान होने पर अधिक वृद्धि होती है इसलिए इसकी खेती अधिक तापमान वाले क्षेत्रों में की जाती है इसकी स्वाभाविक वृद्धि के लिए 36–22 से 39–22 सेल्सियस तापमान अनुकूल माना गया है।

तरबूज की खेती अत्यधिक रेतीली मिट्टी से लेकर चिकनी दोमट मिट्टी तक में की जा सकती है विशेष रुप से नदियों के किनारे रेतीली भूमि में इसकी खेती की जाती है पहली जुताई मिट्टी पलटने वाले हल से करना और उसके उपरान्त 2–3 बार हैरों या कल्टीवेटर चलाना इसके लिये अच्छा कहा जाता है।

बोने का समय :–

नदियों के किनारे– अक्टूबर–नवम्बर।

मैदानी क्षेत्रों में– मध्य फरवरी–मध्य मार्च।

बीज की मात्रा– प्रतिहे 4 से 5 किग्रा बीज पर्याप्त होता है।

बुवाई की विधिः–

मैदानी क्षेत्रों में इसकी बुवाई समतल भूमि में या डौलियों पर की जाती है जबकि पर्वतीय क्षेत्रों में बुवाई कुछ ऊँची उठी क्यारियों में की जाती है क्यारियाँ 2–50 मीटर चौडी बनाई जाती है उसके दोनों किनारों पर 1–5 सेमी0 गहराई पर 3–4 बीज बो दिये जाते है थामलों की आपसी दूरी भूमि की उर्वराशक्ति पर निर्भर करती है वर्गा कार प्रणाली में 4 गुणा 1 मीटर की दूरी रखी जाती है।

किस्में व प्रजातियाँ :–

शुगर बेबीः– यह संयुक्त राज्य अमेरिका से लाई गई किस्म है इस किस्म के फल बीज बोने के 95–100 दिन बाद तोडाई के लिए तैयार हो जाते है जिनका औसत भार 4–6 कि ग्राम होता है बीज छोटे भूरे और एक सिरे पर काले होते है प्रति हे0 200–250 क्विंटल तक उपज दे देती है छिलका नीले काले रंग का गूदा लाल मीठा होता है।

आशायीया मातोः– इस किस्म के फल का औसत भार 7–8 किग्रा0 होता है इसका छिलका हरा और मामूली धारीदार होता है इसका गूदा गहरा गुलाबी मीठा होता है इसके बीज छोटे होते है प्रति हे0 225 क्विंटल तक उपज दे देती है। जापान से लाई गई किस्म है

न्यू हेम्प शायर मिडगटः– यह एक उन्नत किस्म है इसके फलों का औसत भार 15–20 किग्रा0 होता है इस किस्म के फल 85 दिनों में खाने योग्य हो जाते है इसका छिलका हरा और हल्की धारियों वाला होता है यह किस्म गृह वाटिका में उगाने के लिए बहुत अच्छी है।

पूसाबे दानाः– इस किस्म की सबसे बडी विशेषता यह है कि इसके फलों में बीज नहीं होते हैं फल में गूदा गुलाबी व अधिक रसदार व मीठा होता है यह किस्म 85–90 दिन में तैयार हो जाती है।

दुर्गा पुरा केसरः– यह तरबूज की किस्मों के विकास में अत्यन्त महत्वपूर्ण उपलब्धि है फलका भार 6–7 किग्रा0 तक होता है फल हरे रंग का होता है जिस पर गहरे हरे रंग की धारियाँ होती है गूदा केसरी रंग का होता है इसमें मिठास 10 प्रतिशत होती है।

अर्का ज्योति– फल का भार 6–8 किग्रा0 तक होता है इसका गूदा चमकीले लाल रंग का होता है इसका खाने योग्य गूदा अन्य किस्मों की तुलना में अधिक होता है फलों की भण्डारण क्षमता भी अधिक होती है प्रति हे0 350 क्विंटल तक पैदावार मिल जाती है।

अर्का मानिकः– यह एन्थ्रेक्नोज चूर्णी फफूंदी और मृदुरोमिल फफूंदी की प्रतिरोधी किस्म है प्रति हे0 60 टन तक उपज दे देती है।

डब्लू 19:– यह मध्यम समय (75–80 दिन में तैयार होने वाली किस्म है इसके फल पर हल्के–हल्के हरे से गहरे रंग की धारियाँ पाई जाती है इसका गूदा गहरा गुलाबी और ठोस होता है यह गुणवत्ता में श्रेष्ठ और स्वाद मीठा होता है यह किस्म उच्च तापमान सहिष्णु है यह गर्म शुष्क क्षेत्रों में खेती के लिए जारी की गई है प्रति हे0 46–50 टन तक उपज दे देती है।

बीज निकालना:–

बीज को निकालने के लिए फल मे से गुदाए वं बीज दोनों निकाल लिए जाते है तथा दोनो को पानी मे एक दिन के लिए किण्वन होने के लिए रख दिया जाता है। तत्पश्चात बीज नीचे बैठ जाते है, बीजो को रस एवं गुदा से अलग कर लिया जाता है तथा पानी की सहायता से साफ कर लिया जाता है। बीज निकालने के लिए वर्तमान मे मशीनों का प्रयोग भी बड़े पैमाने पर किया जाता है।

बीज को सुखाना:–

बीज निकालने के तुरंत पश्चात नायलॉन की छाया मे सुखाना चाहिए तत्पश्चात सूर्य की रोशनी मे सुखाना चाहिए। खुले भंडारण के लिए बीज मे नमी की मात्रा 7: तथा नमी रहित भंडारण के लिए 6: आवश्यक है।

बीज की सफाई और श्रेणी करण:–

सूखे बीजो को एक एयर स्क्रीन क्लीनर की सहायता से साफ किया जाता है। इसके द्वार बीज मे उपास्थित कचरे को अलग कर लिया जाता है तथा बड़े व छोटे बीजो को भी अलग अलग कर लिया जाता है। बीजों को विशिष्ट गुरुत्वविभाजक की सहायता से भी अलग किया जा सकता है जिसमे की अपने घनत्व के अनुसार गृत्वाकर्षण बल के कारण बीज अलग–अलग हो जाते है।

तरबूज की बीज उपज:–

तरबूज में बीज की उपज कई बातो पर निर्भर करती है। जिसमे भूमि की उर्वरा शक्ति, उगाई जाने वाली किस्म, मौसम एवं फसल की देखभाल इत्यादि प्रमुख है। प्रति हैक्टेयर 200–250 किलो ग्राम उपज मिल जाती है।

*****

35

लौकी

वानस्पतिक नाम –लेजीनेरिया सिसरेरिया

उत्तप्ति स्थान –अफ्रिका

खाने योग्य भाग –फल

गुणसूत्र= सख्या –22

परिवार –कुकुरबिटेसी

परिचय :–

लौकी के हरे फलों से सब्जी, रायता, खीर, कोफ्ते, अचार एवं मिठाई बनाई जाती है। लौकी को घीया नाम से भी जाना जाता हैद्य इसका बाहरी आवरण संगीत यंत्र बनाने के काम भी आता है। लौकी की प्रकृति ठंडी होती है। इसके सुपाच्य होने के कारण चिकित्सक रोगियों को लौकी की सब्जी अधिक से अधिक खाने की सलाह देते हैं।

जलवायुः–

लौकी की खेती के लिए गर्म एवं आद्र जलवायु सबसे अधिक उपयुक्त होती है। जबकि अधिक वर्षा एवं बादलों भरे दिन इसकी फसल को हानि पहुंचाते हैं। पाला रहित जलवायु में लौकी की उपज अच्छी प्राप्त होती है। अतःलौकी की खेती के लिए उत्तर एवं मध्य भारत में फरवरी से जून तक का समय सब से अधिक अनुकूल होता है।

खेत की तैयारीः–

लौकी की फसल उचित जलनिकास युक्त प्रचुर जीवांश से युक्त दोमट मिट्टी इसकी खेती के लिए सबसे उत्तम है। वैसे तो लौकी की फसल हर प्रकार की भूमि में हो सकती है, इसके लिए भूमि नाअम्लीय और नाहीछारीय होना चाहिए अर्थात 6.5 से 7.5 बीच में होना चाहिए।

लौकी के खेत की तैयारी के लिए सबसे पहले उसमें हरी खाद डालना चाहिए। इसके लिए एक एकड़ भूमि के लिए 2 किलो ग्राम सनई, 4 किलो ग्राम मूग या दलहन, एक किलो ग्राम तिलहन एवं 2 किलो ग्राम ढेंचा बीज लेकर बुआई कर देनी चाहिए। जैसे ही यह फसल 45 दिनों की हो हैरो से जुताई कर 1000 लीटर बायो गैस स्लरी अथवा संजीवक खाद डाल दे और इस सप्ताह के बाद मिट्टी पलट हल से जुताई कर इसे खुला छोड़ दें। इसके 1

सप्ताह के पस्चात तीन से चार बार देसी हल से जुताई कर खेत समतल कर लें। उसके बाद 10–10 फीट पर 1 फीट गहरी तथा 2 फीट चौड़ी नालियां बनाकर 3–3 फिट के अंतराल में थावले बनाकर प्रत्येक थावले में 1 किलो ग्राम वर्मी कंपोस्ट खाद अथवा गोबर की सड़ी खाद तथा 200 ग्राम राख मिलाकर थावला को ढक देते हैं, उसके बाद नालियों में सिंचाई करें। सिंचाई के पांच–छह दिन बाद लौकी के बीजों की बुवाई करें। बुवाई करते समय प्रत्येक थावले में 4 से 6 बीज की बुवाई करें।

अच्छी किस्में:–

1. पूसा समर लोंग– यह किस्म गर्मियों एवं वर्षा दोनों ऋतुओं में अच्छी उपज देती है तथा फल 40 से 50 सेंटी मीटर लंबे होते हैं। इसकी उपज 70–65 क्विंटल प्रति एकड़ तक हो जाती है

2.पंजाब लॉन्ग– यह किस्म बहुत अच्छी उपज देने वाली है। फल लंबे हरे कोमल होते हैं। वर्षा ऋतु में यह किस्म लगाना ज्यादा अच्छा होता है। इसकी उपज 80 से 85 क्विंटल प्रति एकड़ होती है

3.पंजाब कोमल– यह लौकी की अगेती मध्यम आकार की लंबे फल वाली अंगूरी रंग की किस्म है इसके फल लंबे समय तक ताजे रहते हैं और इसकी उपज 150 क्विंटल प्रति एकड़ तक की जा सकती है।

4.पूसा नवीन– यह वसंत ऋतु के लिए सबसे उत्तम किस्मों में से एक है। इस किस्म के फल अन्य किस्मों की तुलना में जल्दी तैयार हो जाते हैं। फल छोटे लंबे बेलना कार मध्यम मोटाई के साथ हरे रंग के होते हैं। फल का औसत भार 800 ग्राम के आस पास होता है। छोटे परिवारों के लिए इस किस्म के फल बहुत ही आदर्श आकार व वजन के माने जाते है।

5.कोयंबटूर– यह दक्षिण भारत के लिए सबसे बढ़िया किस्म का है। यह छारीय मिट्टी में अच्छी उपज देती है जिसकी आवश्यक उपज 70 कुंतल प्रति एकड़ होती है

6.आजाद नूतन– यह बीज की बुवाई के 60 दिन पश्चात ही फल देना प्रारंभ कर देती है। फल 1 किलो से डेढ़ किलो तक होते हैं और औसत उपज 80 से 90 क्विंटल प्रति एकड़ तक आती है।

सिंचाई निराई व गुड़ाई:–

लौकी की फसल में सिंचाई काफी महत्वपूर्ण है। वैसे तो ग्रीष्म ऋतु में 4 से 5 दिन के अंतराल पर सिंचाई करनी चाहिए। इसमें यह ध्यान रखना चाहिए कि पानी पूरे खेत में न देकर सिर्फ आंवले में ही दें जिससे फंगस रोगों का कम–से–कम आक्रमण हो सके। सिंचाई

के एक दिन पश्चात 200 ग्राम राख में 5 ग्राम हींग खेत में मिलाकर देने से पौधे की बेलें स्वस्थ रहती है तथा फल परिपक्व होने से पूर्व बेल से टूटते नहीं है। चूकि लौकी की फसल ग्रीष्म एवं वर्षा ऋतु की फसल है।

अतः इसमें खरपतवार अधिक संख्या में उगते हैं। इनको समय–समय पर खेत से निकालना जरूरी होता है तथा नियमित अंतराल पर निराई–गुड़ाई करते रहना चाहिए।

खाद का प्रयोगः–

लौकी की फसल में बीज बुवाई के 3 सप्ताह पश्चात जब पौधे में तीन से चार पत्ते निकलने प्रारंभ हो तो उस समय 2000 लीटर बायो गैस स्लरी अथवा संजीवक खाद अथवा 10 किलो गोबर से निर्मित जीवामृत खाद प्रति एकड़ के हिसाब से देना चाहिए। दूसरी बार जब पौधों पर फूल आने लगे तब उस समय पुनः1000 लिटर बायो गैस स्लरी अथवा 1000 लिटर संजीवक खाद अथवा 20 किलो गोबर से निर्मित जीवामृत खाद का प्रयोग प्रति एकड़ की दर से करें

फसल सुरक्षाः–

लौकी की फसल में कुदरती कीट रक्षक के नियमित अंतराल पर छिड़काव से फसल पूरी तरह रोग मुक्त रहती है तथा उपज काफी अच्छी प्राप्त होती है। प्रमुख लगने वाले रोगों।

1. रेड बीटलः– हानि कारक कीट है जो लौकी के पौधे की प्रारंभिक वृद्धि के समय होता है और पत्तियों को खाता है जिससे प्रकाश संश्लेषण क्रिया धीमी पड़ जाती है। जिसके कारण पौधे में अच्छी तरीके से वृद्धि नहीं हो पाती है। रेड बीटल की यह सूडी बहुत खतरनाक होती है। यह भूमि के अंदर पौधों की जड़ों को काटकर उन्हें नष्ट कर देती है। रोकथाम–कैसे करें रेड बीटल से लौकी की फसल को सुरक्षा देने के लिए पतंजलि निम्बादि कीट रक्षक अत्यंत प्रभावी है। 5 लीटर कीट रक्षक को 40 लीटर पानी में मिलाकर सप्ताह में दो बार छिड़काव करना चाहिए। छिड़काव के बाद नीम की लकड़ी की राख छिड़कने से परिणाम और अधिक अच्छा मिलता है।

2. फ्रूटफ्लाईः– यह मक्खी लौकी के फलों में प्रवेश कर अंडे देती है। अंडों से सूंडी निकलती है जो फलों की गुणवत्ता को हानि पहुंचाती है।

3. पाउडरीमिल्ड्यूः– यह रोग एरीसाइफी सिकोरे सिएरम नामक कवक के कारण होता है। इस फंगस की वजह से लोकी की बेल वा पत्तियों पर सफेद गोला कार जाल जैसा फैल जाता है जो बाद में कत्थई रंग में बदल जाता है। इसमें पत्तियां पीली होकर सूख जाती है। रोकथाम– इस रोग से लौकी की फसल के बचाव के लिए 5 लिटर खट्टे छाछ में 2 लीटर

गोमूत्र, 30 लीटर पानी में मिलाकर प्रतिदिन 4 दिन के अंतराल पर छिड़काव करते रहे। 2 सप्ताह पश्चात फसल पाउडरी मिल्ड्यू रोग से होने वाली हानी से बच जाती है।

4.एन्थ्रेक्नोजः– रोग लौकी की फसल में एन्थ्रेक्नोज रोग क्लेटोटाईकम नामक फंगस के कवक के कारण होता है। इस रोग के कारण पत्तियों एवं फलों पर लाल–काले धब्बे बन जाते हैं। जिससे प्रकाश संश्लेषण की क्रिया बाधित होती है। इसके फलस्वरूप पौधा स्वस्थ नहीं रह पाता है। रोकथाम– इस रोग की रोकथाम के लिए 5 लीटर गो मूत्र में 2 किलो ग्राम अमरूद अथवा आडू के पत्ते उबालकर ठंडा कर, छाने, उसमे 30 लीटर पानी मिलाकर तीन–तीन दिन के अंतराल पर लगातार छिड़काव करे।

तोड़ाईः–

लौकी के फलों की तोड़ाई को मल अवस्था में ही कर लेना चाहिए। कठोर फलों से अच्छी सब्जी भी नहीं बनती और बाजार में इसका मूल्य भी कम मिलता है।

*****

36

पेठा

वानस्पतिक नाम –बेनिनकेसा हिस्पिडा उत्तप्ति स्थान –जापान एवम जावा

खाने योग्य भाग –फल गुणसूत्र= सख्या –24

परिवार –कुकुरबिटेसी

परिचय :–

एक बेल पर लगने वाला फल है, जो सब्जी की तरह खाया जाता है। यह हल्के हरे वर्णका होता है और बहुत बड़े आकार का हो सकता है। पूरा पकने पर यह सतही बालों को छोड़कर कुछ श्वेत धूलभरी सतह का हो जाता है। पेठादर असल कद्दू की वह वेरायटी है जिससे पेठा बनता है। इसे भूरा कद्दू ,कुष्मांड या कूष्मांड का फल पेठा, भतुआ, कोंहड़ा आदि नामों से भी जाना जाता है इसकी अधिकांश खेती भारत सहित दक्षिणी और दक्षिण–पूर्वी एशिया में होती है। इस से भारत में एक मिठाई भी बनती है, जिसे पेठा (मिठाई) ही कहते हैं।

जलवायुः–

इसके लिए गर्म जलवायु की आवश्यकता होती है। कददू की खेती के लिए शीतोषण एव सम शीतोषण जलवायु उपयुक्त होती है इसके लिए 18 से 30 डिग्री सेंटीग्रेट तापक्रम होना चाहिए्प इसको गर्म एव तर दोनों मौसम में उगाया जाता है उचित बढ़वार के लिए पाले रहित 4 महीने का मौसम अनिवार्य है्प इसे पाले से तरबूज और खरबूजे की तुलना में कम हानी होती है।

भूमिः–

इसके लिए दोमट एव बलुई दोमट भूमि सर्वोत्तम होती है्प यह 5.5 से 6.8 पी एच तक की भूमि में उगाया जा सकता है्प हालाँकि मध्यम अम्लीयमें भी इसे उगाया जा सकता है चूँकि यह उथली जड़ वाली फसल है अतः इसके लिए अधिक जुताइयों की आवश्यकता नहीं होती 2–3 बार कल्टीवेटर चलाकर पाटा लगाएं।

प्रजातियाँ :–

पूसा विशवास, पूसा विकास, कल्यानपुर पम्पकिन–1, नरेन्द्र अमृत, अर्का सुर्या मुखी, अर्का चन्दन, अम्बली, सी एस 14, सी ओ1 एवम 2, पूसा हाईब्रिड 1 एवम कासी हरित कददू की प्रजाति पाई जाती है

विदेशी किस्में:–

भारत में पैटीपान, बतरन्ट, ग्रीनहब्बर्ड, गोल्डनहब्बर्ड, गोल्डनकस्टर्ड, और यलोस्टेट नामक किस्मे छोटे स्तर पर उगाई जाती है।

बोने का समय :–

मैदानी क्षेत्रों में इसे साल में निम्न दो बार बोया जाता है फरवरी–मार्च, जून–जुलाई

पर्वतीय क्षेत्रों में इसकी बुवाई मार्च–अप्रैल में की जाती है नदियों के किनारे इसकी बुवाई दिसंबर में की जाती है।

बीज की मात्रा– 7–8 किलो ग्राम बीज हे. के लिए पर्याप्त होता है।

खाद और उर्वरक:–

250 से 300 कुन्तल सड़ी गोबर की खाद आखरी जुताई के समय खेत में अच्छी तरह से मिला देना चाहिए इसके साथ ही 80 किलो ग्राम नत्रजन, 80 किलो ग्राम फास्फोरस एवम 40 किलोग्राम पोटाश तत्व के रूप में देना चाहिए नत्रजन की आधी मात्रा फास्फोरस एवम पोटाश की पूरी मात्रा खेत की तैयारी के समय तथा नत्रजन की आधी मात्रा दो भागो में टाप ड्रेसिंग में देना चाहिए पहली बार 3 से 4 पत्तियां पौधे पर आने पर तथा दूसरी बार फूल आने पर नत्रजन देना चाहिए

सिचाई:–

जायद में कददू की खेती के लिए प्रत्येक सप्ताह सिंचाई की आवश्यकता पड़ती है लेकिन खरीफ अर्थात बरसात में इसके लिए सिंचाई की आवश्यकता नहीं पड़ती है पानी न बरसने पर एवं ग्रीष्म कालीन फसल के लिए 8–10 दिन के अंतर पर सिचाई करें।

खरपतवार नियंत्रण:–

फसल को खरपतवारों से मुक्त रखना चाहिए फसल में 3–4 बार हल की निराई–गुड़ाई करें गहरी निराई करने से पौधों की जड़ें कटने का भय रहता है।

कीट एवं रोग नियंत्रणः–

लालड़ी– पौधों पर दो पत्तियां निकलने पर इस कीट का प्रकोप शुरू हो जाता है यह कीट पत्तियों और फूलों को खाता है इसकी टकी सुंडी भूमि के अन्दर पौधों की जड़ों को काटती है। रोकथाम– इमसे कम 40–50 दिन पुराना 15 लीटर गोमूत्र को तांबे के बर्तन में रखकर 5 किलो ग्राम धतूरे की पत्तियों एवं तने के साथ उबालें 7.5 लीटर गोमूत्र शेष रहने पर इसे आग से उतार कर ठंडा करें एवं छान लें मिश्रण तैयार कर 3 ली. को प्रतिपम्प के द्वारा फसल मे छिडकाव करना चाहिए

फल की मक्खी– यह मक्खी फलों में प्रवेश कर जाती है और वहीँ पर अंडे देती है अण्डों से सुंडी बाहर निकलती है वह फल को वेकार कर देती है यह मक्खी विशेष रूप से खरीफ वाली फसल को अधिक हानी पहुंचाती है।

सफेद ग्रब– यह कीट कद्दूवर्गीय पौधों को काफी क्षति पहुंचाती है यह भूमि के अन्दर रहती है और पौधों की जड़ों को खा जाती है जिसके कारण पौधे सुख जाते है। रोकथाम– इसकी रोकथाम के लिए खेत में नीम का खाद प्रयोग करें।

चूर्णी फफूंदी– यह रोग ऐरी साइफी सिकोरेसिएरम नमक फफूंदी के कारण होता है पत्तियों एवं तनों पर सफेद दरदरा और गोला कार जलसा दिखाई देता है जो बाद में आकार में बढ़ जाता है और कत्थई रंग का हो जाता है पूरी पत्तियां पिली पड़कर सुख जाती है पौधों की बढ़वार रुक जाती है। रोकथाम– इसकी रोकथाम के लिए देसी गाय का मूत्र 5 लीटर लेकर 15 ग्राम के आकार के बराबर हींग लेकर पिसकर अच्छी तरह मिलाकर घोल बनाना चाहिए प्रति 2 ली. पम्प के द्वारा छिडकाव करे।

मृदुरोमिल फफूंदी– यह स्यूडोप रोनो स्पोरा क्यूबेन्सिस नामक फफूंदी के कारण होता है रोगी पत्तियों की निचली सतह पर कोणा कार धब्बे बन जाते है जो ऊपर से पीले या लाल भूरे रंग के होते है। रोकथाम– इमसे कम 40–50 दिन पुराना 15 लीटर गोमूत्र को तांबे के बर्तन में रखकर 5 किलोग्राम धतूरे की पत्तियों एवं तने के साथ उबालें 7.5 लीटर गोमूत्र शेष रहने पर इसे आग से उतार कर ठंडा करें एवं छान लें मिश्रण तैयार कर 3 ली. को प्रतिपम्प के द्वारा फसल में छिडकाव करना चाहिए।

मोजैक– यह विषाणु के द्वारा होता है पत्तियों की बढ़वार रुक जाती है और वे मुड़ जाती है फल छोटे बनते है और उपज कम मिलती है यह रोग चौंपा द्वारा फैलता है। रोकथाम– इसकी रोकथाम के लिए नीम का काढ़ा या गोमूत्र तम्बाकू मिलाकर पम्प के द्वारा तर–बतर कर छिडकाव करे।

एन्थ्रेक्नोज– यह रोग कोलेटोट्राईकम स्पीसीज के कारण होता है इस रोग के कारण पत्तियों और फलो पर लाल काले धब्बे बन जाते है ये धब्बे बाद में आपस में मिल जाते है यह रोग बीज द्वारा फैलता है। रोकथाम– बीज बोने से पूर्व गौमूत्र या कैरोसिन या नीम का तेल के साथ उपचारित करना चाहिए।

तुड़ाईः–

कद्दू के फलो की तुड़ाई बाजार मांग पर निर्भर करती है आमतौर पर बोने के 75–90 दिन बाद हरे फल तुड़ाई के लिए तैयार हो जाते है फल को किसी तेज चाकू से अलग करना चाहिए।

उपज– सामान्य रूप से 250 से 300 कुंतल प्रति हेक्टर उपज प्राप्त होती है।

*****

37

टिंडा

वानस्पतिक नाम –सिटुलस वुल्गेरिस किस्म फिस्टुलोसस उत्तप्ति स्थान –भारत

खाने योग्य भाग –फल गुणसूत्र= सख्या –22

परिवार –कुकरविटेसी

परिचयः–

टिन्डा कुकरविटेसी परिवार की मुख्य फसलों में से है जो कि गर्मियों की सब्जियों में से प्रसिद्ध है। इसको पश्चिमी भारत वर्ष में बहुत पैदा किया जाता है। टिन्डा भारत के कुछ भागों में अधिक पैदा किया जाता है। जैसे–पंजाब, उत्तर प्रदेश तथा राजस्थान में मुख्य रूप से इसकी खेती की जाती है। टिन्डे के फलों को अधिकतर सब्जी बनाने के रूप में प्रयोग किया जाता है। सब्जी अन्य सब्जियों के साथ मिलाकर भी बनायी जाती है। कच्चे फलों को दाल आदि में मिलाकर हरी सब्जी के रूप में खाया जाता है। इस प्रकार से इस फसल के फलों के प्रयोग से स्वास्थ्य के लिये अधिक पोषक–तत्व–युक्त सब्जी मिलती है। अन्य कुकरविटस को अपेक्षा यह अधिक उच्च पोषक–तत्वों की मात्रा प्रदान करता है जो कि शरीर को स्वस्थ रखने में सहायक होती है। इसके सेवन से लगभग सभी पोषक–तत्वों की पूर्ति हो जाती है। विटामिन 'ए'' सी' दोनों का अच्छा स्रोत है तथा यह दवा के स्थान पर भी प्रयोग किया जाता है। फलों का सेवन स्वास्थ्य के लिए लाभकारी सिद्ध होता हैं।

भूमिः–

इसको बिभिन्न प्रकार की भूमियों में उगाया जा सकता है किन्तु उचित जल धारण क्षमता वाली जीवांश युक्त हल की दोमट भूमि इसकी सफल खेती के लिए सर्वोत्तम मानी गई है वै से उदासीन पी.एच. मान वाली भूमि इसके लिए अच्छी रहती है नदियों के किनारे वाली भूमि भी इसकी खेती के लिए उपयुक्त रहती है कुछ अम्लीय भूमि में इसकी खेती की जा सकती है पहली जुताई मिटटी पलटने वाले हल से करें इसके बाद २–३ बार हैरो या कल्टीवेटर चलाएँ।

जलवायुः–

इसकी खेती के लिए गर्म और आद्र जलवायु की आवश्यकता होती है यह पाले को सहन करने में बिलकुल असमर्थ होती है टिंडा का बुवाई गर्मी और वर्षा में की जाती है अधिक वर्षा और बादल वाले दिन रोग व कीटों के प्रकोप को बढ़ावा देते है।

प्रजातियॉ :–

बीकानेरी ग्रीनः–

यह ग्रीष्म कालीन के रूप में उगाया जाता है इसके फल गोल मुलायम और हरे रंग के होते है।

हिसार चयन1ः–

इस किस्म का विकास हरियाणा कृषि वि.वि. द्वारा किया गया है इसके फल गोल हरे रंग के रोएंदार और देखने में अत्यंत आकर्षक होते है यह अधिक पैदावार देने वाली किस्म है।

अर्का टिंडाः–

इस किस्म का विकास भारतीय वागबानी अनुसन्धान संस्थान बंगलौर कर्नाटक द्वारा किया गया है इस किस्म की सबसे बड़ी विशेषता यह है की यह फलों की मक्खी की प्रतिरोधी किस्म है फल लगभग गोल हलके हरे रंग के होते है बीज बहुत कम होते है।

टिंडा एस ४८ः–

यह एक अगेती किस्म है जिसके फल बुवाई के 70 दिनों बाद पहली तुड़ाई के लिए तैयार हो जाते है इसके फल गोल हलके हरे रंग के होते है फल का भार लगभग 50 ग्राम होता है।

एस 22ः–

यह भारतीय कृषि अनुसन्धान संस्थान नई दिल्ली से शुद्ध वंशक्रम का विकास किया गया है।

बीज बुवाई–

बोने का समय

फवरी–मार्च और जून–जुलाई

बीज की मात्रा–

इसकी बुवाई के लिए एक हे. में 5–6 किलो ग्राम बीज पर्याप्त होता है।

बुवाई की विधिः–

आमतौर से टिंडे की बुवाई समतल क्यारियों में की जाती है किन्तु डौलियों पर बुवाई करना अत्यंत उपयोगी एवं लाभ प्रद रहता है अगेती फसल के लिए 1.5–2 मी. चौड़ी, 15 से.मी. उठी क्यारियां बनाएं 2 क्यारियों के मध्य एक मीटर चौड़ी नाली छोड़े बीज दोनों क्यारियों के किनारों पर 60 से.मी. की दुरी पर बोएं बीज को1.5–2 से.मी. से अधिक गहरान बोएं।

आर्गनिक खादः–

फसल में अधिक पैदावार लेने के लिए उसमे पर्याप्त मात्रा में आर्गनिक खाद, कम्पोस्ट खाद का होना बेहद जरुरी होता है इसके लिए एक हे. भूमि में 30–40 क्विंटल गोबर की अच्छे तरीके से सड़ी खाद और आर्गनिक खाद 2 बैगभू–पावर वजन 50 किलोग्राम, 2 बैग माइक्रो फर्टी सिटी कम्पोस्ट वजन 40 किलो ग्राम, 2 बैग माइक्रो नीम वजन 20 किलोग्राम, 2 बैग सुपर गोल्ड कैल्सी फर्ट वनज 10 किलो ग्राम, 2 बैग माइक्रो भू–पावर वजन 10 किलो ग्राम और 50 किलो अरंडी की खली इन सब खादों को अच्छी तरह मिलाकर खेत में बुवाई से पहले समान मात्रा में बिखेरलें और खेत की अच्छी प्रकार जुताई कर तैयार करें इसके बाद और फसल जब २०–२५ दिन की हो जाए तब उसमे २ बैग सुपर गोल्ड मैग्नीशियम वजन १ किलो ग्राम और माइक्रो झाइम ५०० मि.ली. को ४०० ली. पानी में मिलाकर अच्छी तरह से मिश्रण बनाकर फसल में तर–बतरकर छिडकाव करें और हर १५–२० दिन के अंतर पर दूसरा वतीसरा छिडकाव करें।

सिचाईः–

ग्रीष्म कालीन फसल की प्रति सप्ताह सिचाई करें वर्षा कालीन फसल की सिचाई वर्षा पर निर्भर रहती है।

खरपतवार नियंत्रणः–

फसल के साथ अनेक खरपतवार उग आते है जो भूमि से नमी, पोषक तत्व, स्थान, धुप आदि के लिए पौधों से प्रतिस्पर्धा करते है जिसके कारण पौधों के विकास, बढ़वार और उपज पर प्रतिकूल प्रभाव पड़ता है इनकी रोकथाम के लिए 2–3 बार निराई गुड़ाई करके खरपतवार को नष्ट कर देना चाहिए।

कीट नियंत्रणः–

लालड़ी–

पौधों पर दो पत्तियां निकलने पर इस कीट का प्रकोप शुरू हो जाता है यह कीट पत्तियों और फूलों को खाता है इस कीट की सुंडी भूमि के अन्दर पौधों की जड़ों को काटती है। रोकथाम–इसकी रोकथाम के लिए नीम का काढ़ा या गौमूत्र को माइक्रो झाइम का साथ मिलाकर अच्छी तरह से मिश्रण तैयार कर 250 मि.ली. को प्रति पम्प द्वारा फसल में छिडकाव करें।

फल की मक्खी–

यह मक्खी फलों में प्रवेश कर जाती है और वहीं पर अंडे देती है अण्डों से बाद में सुंडी निकलती है ये फल को वेकार कर देती है यह मक्खी विशेष रूप से खरीफ वाली फसल को अधिक हानी पहुंचाती है। रोकथाम– इसकी रोकथाम के लिए नीम का काढ़ा या गौमूत्र को माइक्रोझाइम का साथ मिलाकर अच्छी तरह से मिश्रण तैयार कर 250 मि.ली. को प्रति पम्प द्वारा फसल में छिडकाव करें।

सफेद ग्रब–

यह कीट कद्दूवर्गीय पौधों को काफी हानी पहुंचाता है यह भूमि के अन्दर रहता है और पौधों की जड़ों को खा जाता है जिसके कारण पौधे सुख जाते है। रोकथाम– इसकी रोकथाम के लिए खेत में बुवाई से पूर्व नीम की खाद का प्रयोग करें।

रोग नियंत्रणः–

चूर्णी फफूंदी–

यह रोग ऐरीसाइफी सिकोरेसिएरम नामक फफूंदी के कारण होता है पत्तियों एवं तनों पर सफेद दरदरा और गोलाकार जाल से दिखाई देता है जो बाद में आकार में बढ़ जाता है पूरी पत्तिया पीली पड़कर सुख जाती है पौधों की बढ़वार रुक जाती है। रोकथाम– इसकी रोकथाम के लिए नीम का काढ़ा या गौमूत्र को माइक्रो झाइम का साथ मिलाकर अच्छी तरह से मिश्रण तैयार कर 250 मि.ली. को प्रति पम्प द्वारा फसल में छिडकाव करें।

मृदुरोमिल फफूंदी–

यह रोग स्यूडोपरोनो स्पोराक्यूबेन्सिस नामक फफूंदी के कारण होता है रोगी पत्तियों की निचली सतह पर कोणाकार धब्बे बन जाते है जो ऊपर से पीले या लाल भूरे रंग के होते है। रोकथाम– इसकी रोकथाम के लिए नीम का काढ़ा या गौमूत्र को माइक्रो झाइम का साथ

मिलाकर अच्छी तरह से मिश्रण तैयार कर २५० मि.ली. को प्रति पम्प द्वारा फसल में तर–बतरकर छिडकाव करें।

मोजैक–

यह विषाणु के द्वारा होता है पत्तियों की बढ़वार रुक जाती है और वे मुड़ जाती है फल छोटे बनते है उपज कम मिलती है यह रोग चौंपा द्वारा फैलता है। रोकथाम– बुवाई के लिए रोग रहित बीज उपयोग करें, रोग रोधी किस्मे उगाएँ, रोगी पौधों को उखाड़कर जला दें।

एन्थ्रेक्नोज–

यह रोग कोलेटोट्राईकम स्पीसीज के कारण होता है इस रोग के कारण पत्तियों और फलों पर लाल काले धब्बे बन जाते है ये धब्बे आपस में मिल जाते है यह रोग बीज द्वारा फैलता है। रोकथाम–बोने से पूर्व नीम का तेल या गौमूत्र से उपचारित करना चाहिए उचित फसल चक्र अपनाना चाहिए और खेत को खरपतवारों से मुक्त रखना चाहिए।

तुड़ाईः–

टिंडे के फलों का चयन उसकी जातियों के ऊपर निर्भर करता है आमतौर पर बुवाई के 40–50 दिनों बाद फलों की तुड़ाई शुरू हो जाती है।

उपजः–

इसमें प्रति हे. 100–130 क्विंटल तक उपज मिल जाती है।

*****

38

चिचिन्डा

वानस्पतिक नाम –ट्राइको सेंथस एग्विना

उत्तप्ति स्थान –भारत

खाने योग्य भाग –फल

गुणसूत्र= सख्या –24

परिवार –कुकुरबिटेसी

परिचय :–

इस फसल को अधिकतर उत्तरी व दक्षिण भारत में उगाया जाता है। वर्षा ऋतु में यह छोटे–छोटे बगीचों में तथा गृहवाटिकाओं में पैदा किया जाता है। भारत के उत्तरी राज्यों में व्यवसायिक खेती वर्षा के मौसम में की जाती है। इस फसल के फलों के प्रयोग से शरीर को पोषक–तत्वों की प्राप्ति होती है। फलों को हरे रंग के ही भोजन के रूप में प्रयोग किया जाता है। छोटे–छोटे फल अधिक स्वादिष्ट होते हैं। फलों के सेवन से अनेक प्रकार के पोषक तत्व मिलते हैं, जैसे– कैल्शियम, मैग्नीशियम, सोडियम, खनिज, कार्बोहाइड्रेटस तथा विटामिन 'ए' प्राप्त होते हैं।

जलवायुः–

यह फसल अधिकतर खरीफ मौसम में उगायी जाती है। चिचिन्डा के लिये गर्म तर व आर्द्रता वाली जलवायु सबसे अच्छी होती है। कम तापमान होने से फल अधिक नहीं लगते इसलिए अधिक उत्पादन के लिये 30 डी०से० ग्रेड से 35 डी०से० ग्रेड तापमान अच्छा रहता है।

भूमिः–

सभी प्रकार की भूमि में पैदा की जा सकती है। अम्लीय तथा कंकरीली भूमि इस फसल के लिये ठीक नहीं होती। बलुई दोमट मिट्टी सर्वोत्तम मानी जाती है। इस भूमि में सफल उत्पादन किया जा सकता है। वर्षा ऋतु की फसल होने के कारण जल–निकास के उचित प्रबन्ध वाली भूमि ठीक होती है। भूमि का पी. एच. मान 6.0 से 6.5 के बीच का सबसे अच्छा होता है।

खेत की तैयारीः–

चिचिन्डा की फसल की तैयारी के लिये भूमि को ठीक प्रकार से जोतकर तैयार करना चाहिए। 3–4 जुताई बलुई दोमट भूमि के लिये पर्याप्त होती हैं। मिट्टी को भली–भांति भुरभुरी कर लेनी चाहिए तथा मिट्टी भुरभुरी व ढेले रहित होने पर खेत में मेड़–बंदी करके क्यारियां बना लेनी चाहिए।

खाद एवं उर्वरकोंः–

चिचिन्डा की फसल के लिए गोबर की बनी हुई खाद 18–20 ट्रौली, यूरिया 500 कि. ग्रा. तथा सुपर फास्फेट 60 कि.ग्रा. प्रतिहैक्टर की दर से डालना चाहिए। यूरिया की आधी मात्रा को पहली सिंचाई से 1–2 दिन पहले खेत में छिड़क देना चाहिए।

यदि हो सके तो खेत में पत्तियों की खाद व राख की मात्रा को भी फसल में डालने की सिफारिश की जाती है। बगीचे में यूरिया 200 ग्राम व सुपर फास्फेट 250 ग्राम देना चाहिए।

उन्नत शील जातियांः–

चिचिन्डा की कोयम्बटूर तथा पूना की अच्छी किस्म है। ये दो प्रकार की हैं–

(1) हस्की हरी सफेद धारियों वाले फल

(2) गहरी हरी पीली–सीधारियों वाले फल

इन जातियों के फल के लम्बाई 50 से 100 सेमी. होते हैं। फूलों का रंग अधिकतर सफेद होता है।

बुवाई का समय, ढंग एवं दूरीः–

फसल का बुवाई का समय जून–जुलाई का महीना सबसे अच्छा माना जाता है। यह खरीफ की फसल है जो वर्षा ऋतु के मौसम में फसल बोई जाती है।

बुवाई के 50 दिनों के बाद फल मिलने तैयार हो जाते हैं। जायद की फसल में भी उगाया जा सकता है। जहां पर बाढ़ आदि का भय रहता है। बुवाई खेत में कतारों में अधिकतर बोई जाती है।

हाथों द्वारा मजदूरों की सहायता से थामरों में बोते हैं। एक में 3–4 बीज लगाने चाहिए। कतार से कतार की दूरी 120 सेमी. तथा था मरे से थामरे की दूरी 90 सेमी. रखनी चाहिए। थामरों में बीज की गहराई 3–4 सेमी. रखनी चाहिए।

बीज की मात्राः–

बीज की मात्रा 6–7 कि.ग्रा. प्रति हैक्टर की दर से डालना चाहिए। बीजों का अंकुरण अच्छा होना चाहिए। जो कि बुवाई के 6–7 दिनों के बाद उग आना चाहिए। बगीचों में भी बाउण्डरी के साथ उगाया जा सकता है। एक थामरे में 2–3 बीज बोना चाहिए। 8–10 वर्ग मी. के लिए 15–20 ग्रा. बीज की आवश्यकता पड़ती है।

सिंचाई एवं खरपतवार–नियन्त्रणः–

शुरू में नमी अनुसार सिंचाई की आवश्यकता पड़ती है। 8–10 दिन के अन्तर से सिंचाई करनी चाहिए। बाद में वर्षा न होने पर पानी देते रहना चाहिए। सिंचाई के 3–4 दिन के पश्चात् एक निराई करनी चाहिए जिसमें फसल के अतिरिक्त अन्य सभी घास आदि को उखाड़ देना चाहिए।

सहारा देनाः–

फसल को बड़ा होने पर किसी बाउण्डरी का सहारा देकर, तारों की बाउण्डरी अथवा छड़ी लगाकर पौधों की बेलों को ऊपर चढ़ा देना चाहिए। जिससे फूल वृद्धि व फल अधिक लग सकें।

फलों को तोड़नाः–

जब फल 50–80 सेमी. लम्बे हो जायें तो इनको तेज चाकू से बेल से सावधानी से तोड़ लेना चाहिए। यह तुड़ाई एक हफ्ते में दो बार करनी चाहिए या फलों के ऊपर निर्भर करता है कि कितनी बार तोड़ना उचित होगा। फलों को अधिक परिपभ्य नहीं होने देना चाहिए। कच्चे व मुलायम फलों का बाजार–मूल्य अधिक मिलता है।

उपजः–

इस फसल की पैदावार वर्षा ऋतु में अधिक होती है। ठीक देखभाल के बाद औसतन उपज 200–250 क्विंटल प्रति हैक्टर प्राप्त हो जाती है।

कीट–पतंगे एवं रोग व नियन्त्रणः–

चिचिन्डा की फसल पर कीट व रोग अन्य कुकरविटस की तरह ही अधिकतर लगते हैं तथा इन कीट व रोगों का निवारण भी ठीक उसी प्रकार से करना चाहिए जिस प्रकार से अन्य कुकरविटस फसलों का किया जाता है।

*****

39

अरबी

वानस्पतिक नाम –कोलोकेसिया एस्कुलेंटा उत्तप्ति स्थान –भारत

खाने योग्य भाग –जड गुणसूत्र= सख्या –38 36 व 48

परिवार –एरेसी

परिचयः–

अरबी दो तरह की होती है जिसमें एक एडिन और दूसरी डे सिनटाइप, एडिन को अरबी तथा डेसिन को बण्डा कहते है इसकी खेती पूरे भारत में की जाती है॰ एशिया में अफ्रीका का प्रथम स्थान पैदावार एवं क्षेत्रफल में है॰ घुईया या अरबी में चिड़चिड़ाहट या एक्रीडिटी पाई जाती है और यह पकाने के बाद खत्म हो जाती है।

जलवायुः–

अरबी नम स्थानो पर अधिक उगाई जाती है लेकिन शीतोष्ण एवं सम–शीतोष्ण जलवायु अच्छी मानी जाती हैं। यह उत्तर में पहाड़ी एवं मैदानी दोनों ही क्षेत्रो में उगाई जा सकती है।

भूमिः–

अरबी की खेती उपजाऊ बलुई दोमट भूमि में अच्छी होती है तथा भारी मिट्टी में भी की जा सकती है लेकिन जल निकास का अच्छा प्रबंध होना चाहिए॰ जिस भूमि का पी.एच. 5.5 से 7 के बीच में होता है वहां पर भी इसकी खेती की जाती है॰

उन्नतशील प्रजातियांः–

अरबी की बहुतसी प्रजातियां पाई जाती है जैसे की सतमुखी, श्रीरश्मी, तथा श्रीपल्लवी प्रजातियां उन्नतशील है इसके साथ ही सफेद गौरैया, काका काचू, पंच मुखी, एन. डी.सी.1, एन.डी.सी.2, एन.डी.सी.3, सहर्ष मुखी, कदमा, मुक्ता काशी, नदिया लोकल, अहिना लोकल, तेलिया इसके साथ ही सी.9, सी.135, सी.149, सी.266,एस.3, एस.11, पंजाब, गौरैया बिहार, फैजाबादी, बंसी, लधरा, अच्छी पाई गयी है॰

खेत की तैयारीः–

खेत की पहली जुताई मिट्टी पलटने वाले हल से बाद में तीन चार जुताई देशी हल या कल्टीवेटर से करके खेत को भुरभुरा करके समतल बना लेना चाहिएए आखिरी जुताई में सड़ी गोबर की खाद 100 से 150 कुंतल प्रति हेक्टेयर के हिसाब से मिला देना चाहिएए

बीज की मात्राः–

माध्यम आकार के कंदो का चुनाव करना चाहिएए माध्यम आकार के कंद 7.5 से 9.5 कुंतल प्रति हेक्टेयर बीज लगता है।

बुवाई तथा विधिः–

उत्तर भारत में दो बुवाई की जाती है जायद में मार्च से अप्रैल तक कंदो की बुवाई या रोपाई की जाती हैए खरीफ या बरसात में तथा पहाड़ो में जून से जुलाई तक कंदो की बुवाई या रोपाई की जाती हैए इसकी बुवाई लाइनो में करनी चाहिए लाइन से लाइन की दूरी 45 सेंटी मीटर तथा पौधे से पौधे की दूरी 30 सेंटी मीटर एवं 6 से 7 सेंटी मीटर गहराई पर कंदो की बुवाई या रोपाई करनी चाहिए।

खाद एवं उर्वरकोः–

खाद एवं उर्वरक में 80 किलो ग्राम नत्रजन, 60 किलो ग्राम फास्फोरस एवं 60 किलोग्राम पोटाश तत्व के रूप में तथा साथ में 100 से 150 कुंतल सड़ी गोबर की खाद प्रयोग करते है आधी मात्रा नत्रजन की तथा पूरी मात्रा फास्फोरस की व् आधी मात्रा पोटाश की खेत की तैयारी के समय देना चाहिए तथा आधी मात्रा नत्रजन व्पोटाश की दोबार में खड़ी फसल में देना चाहिएए पहली बार 7 से 10 स्प्राउट निकलने पर तथा दूसरी बार इसके एक माह बाद देना चाहिएए प्रत्येक टॉप ड्रेसिंग के बाद मिट्टी चढ़ाना अति आवश्यक है।

सिंचाईः–

बुवाई के चार–पांच दिन बाद सिंचाई करनी चाहिएए यदि कंदो में स्प्राउट सही आ रहे है तो 8 से 10 दिन बाद सिंचाई करनी चाहिए।

निराई–गुड़ाई तथा खरपतवार नियंत्रणः–

बुवाई के एक दिन बाद ही 3.3 लीटर पेंडामेथलिन का स्प्रे 700 से 800 लीटर पानी में मिलाकर प्रति हेक्टेयर की दर से कर देना चाहिएए इसके एक दिन बाद ही मल्चिंग करनी चाहिएए मल्चिंग से खरपतवारो का नियंत्रण भी होता हैए मल्च को हटाने के बाद

आवश्यकतानुसार एक या दो निराई–गुड़ाई करते हुए पौधों पर मिट्टी चढ़ानी चाहिए इससे कंद अच्छे बनते है जिससे पैदावार अच्छी होती है।

रोग तथा नियंत्रणः–

अरबी में लीफब्लाइट या पीथियम गलन बीमारी या रोग लगते है लीफ ब्लाइट के नियंत्रण हेतु डाइथेन एम 45 का 8 से 10 ग्राम प्रति 10 लीटर पानी में घोलकर छिड़काव करना चाहिए इसके साथ ही रोग रोधी प्रजातियों की बुवाई करनी चाहिए पीथियम के नियंत्रण हेतु किसी फफूंदी नाशक से भूमि शोधन करना चाहिए तथा रोग रोधी प्रजातियों की बुवाई करनी चाहिए

कीट तथा नियंत्रणः–

अरबी में लीफ हापर तथा लीफ ईटर कीट लगते है लीफ हापर के नियंत्रण हेतु एक प्रतिशत बी.एच.सी. डस्ट का छिड़काव करना चाहिए लीफ ईटर के नियंत्रण हेतु लेड अर्सिनेट का छिड़काव करना चाहिए।

फसल की खुदाईः–

जब फसल की पत्तियां पीली होकर जमीन पर गिरने लगे उस समय खुदाई करनी चाहिए यह स्थित लगभग 120 से 150 दिन के बाद आती है।

उपजः–

प्रजातियों के आधार पर होती है लेकिन सामान्य रूप से 160 से 200 कुंतल प्रति हेक्टेयर उपज प्राप्त होती है।

*****

40

परवल

वानस्पतिक नाम –ट्राइकोसेंथीज डायोइका

उत्तप्ति स्थान –भारत

खाने योग्य भाग –फल

गुणसूत्र= सख्या –22

परिवार –कुकुरबिटेसी

परिचयः–

परवल, कद्दू कुल की एक पौष्टिक सब्जी है। स्वास्थ्य वर्धक होने के कारण यह अधिक लोकप्रिय है। पोषण की दृष्टि से यह सब्जियों में विशेष स्थान रखता है। आर्थिक दृष्टि से भी परवल का कोई जवाब नहीं है। इसकी खेती का विस्तार दिनों–दिन तेजी से फैल रहा है, परवल भारतीय मूल की बहुवार्षिक सब्जी है। यह शीतल, पित्तनाशक, शीघ्र पचने वाला, ह्रदय एवं मस्तिक को बल शाली बनाने वाला तथा दस्तावर होता है। इसका उपयोग मुख्य रूप से सब्जी, अचार और मिठाई बनाने के लिए किया जाता है। इसमें विटामिन, कार्बोहाइड्रेट तथा प्रोटीन प्रचुर मात्रा में पाये जाते हैं। स्वास्थ्य लाभ कर रहे व्यक्तियों को इसकी सब्जी पथ्य के रूप में दी जाती है। इसकी खेती से अन्य सब्जी फसलों की तुलना में अधिक शुद्ध लाभ मिलता है। फलों की तुड़ाई के बाद कई दिनों तक रखने पर भी खराब नहीं होते हैं। अतः इनका भंडारण कर दूर–दराज के बाजारों में बेचना अत्यंत सरल है। दूर–दूर के शहरों के बाजारों में परवल को ट्रक या रेलगाड़ी द्वारा भेजने पर भी फलों की गुणवत्ता रहती है।

परवल का जन्म स्थान भारत है। परवल का विस्तार यहीं से विश्व के अन्य देशों में हुआ है, ऐसा वैज्ञानिकों का सोच है। विश्व में परवल की खेती भारत के अतिरिक्त चीन, रूस, थाईलैंड, पोलैंड, पाकिस्तान, बंगलादेश, नेपाल, श्रीलंका, मिश्र तथा म्यानमार में होती है। भारत में उत्तरप्रदेश, बिहार, असम, पश्चिम बंगाल, उड़ीसा, मध्य प्रदेश, मद्रास, महाराष्ट्र, गुजरात, केरल तथा तामिलनाडु राज्यों में विस्तार पूर्वक परवल की खेती की जाती है। उत्तर प्रदेश में परवल की खेती व्यावसायिक स्तर पर जौनपुर, फैजाबाद, गोण्डा, वाराणसी, गाजीपुर, बलिया तथा देवरिया जनपदों में होती है। इसलिए परवल को दियारा क्षेत्रों का 'ग्रीन गोल्ड'अथवा'गोल्डेन बेजीटेबुल ऑफ दियारा' कहा जाता है।

परवल के लिए जलवायुः–

परवल की खेती के लिए गर्म एवं अधिक आर्द्रता वाली जलवायु उपयुक्त होती है। ऐसे क्षेत्र जहां औसत वार्षिक वर्षा 100 से 120 सेंमी. हो तथा तापक्रम 5 डिग्री सेल्सियस से कम नहीं जाता हो, वह क्षेत्र परवल की खेती के लिए सर्वोत्तम होता है। लेकिन जहां सिंचाई की सुविधा न हो, वहाँ भी परवल की खेती सफलता पूर्वक होती है।

भूमि एवं उसकी तैयारीः–

परवल भारी मिट्टी को छोड़कर सभी प्रकार की मिट्टियों में उगाया जा सकता है, परन्तु परवल की अच्छी पैदावार के लिए जल निकास युक्त दोमट, बलुई दोमट मिट्टी जिसमें पर्याप्त मात्रा में जीवांश हो, अधिक उपयुक्त होती है। यही कारण है कि परवल की खेती उत्तरप्रदेश, बिहार एवं पश्चिम बंगाल की नदियों के किनारों के दियारा क्षेत्रों में सफलता पूर्वक की जाती है। परवल को हमेशा ऊँचे स्थान पर लगाना चाहिए, जहां पानी का जमाव नहीं होता हो।

खेत की तैयारीः–

मई जून के महीनों में मिट्टी पलटने वाले हल से खेत को एकबार जुताई कर खुला छोड़ देना चाहिए ताकि हानिकारक कीड़े–मकोड़े मर जायें तथा खरपतवार सुख जायें। लत्तर की रोपाई के लगभग एक महीना पहले मिट्टी में गोबर की सड़ी खाद अथवा कम्पोस्ट 200–250 क्विंटल प्रति हेक्टेयर की दर से अच्छी तरह मिला देना चाहिए। लत्तर रोपाई के समय खेत को 3–4 बार देशी हल से जुताई करके पाटा चलाकर मिट्टी को भुरभुरा तथा समतल बना लेना आवश्यक है।

उन्नत शील किस्मेंः–

व्यावसायिक दृष्टि से परवल की किस्में निम्नलिखित हैं–

फैजाबाद परवल–1, फैजाबाद परवल–2, फैजाबाद परवल–3, फैजाबाद परवल–4, फैजाबाद परवल–5, हिल्ली, डंडाली, राजेन्द्र परवल–1, राजेन्द्र परवल–2, स्वर्ण रेखा, स्वर्ण अलौकिक, निमियां, सफेदा, सोनपुरा, संतोखबा, तिरकोलबा, गुथलिया इत्यादि की खेती विशेष रूप से होती है।

परवल का प्रसारणः–

1. बीज द्वाराः–

पके फलों से बीज निकालकर सर्वप्रथम इन्हें बालू दार नर्सरी क्यारियों में बोआई कर बिचड़े तैयार कर लेते हैं तथा दो–तीन महीने पुराने बिचड़ों को तैयार खेत में संध्या के समय रोपाई कर पानी दे देना चाहिए। बीज द्वारा परवल की खेती करने में कठिनाई यह है कि नर पौधे अधिक हो जाते है तथा मादा पौधे की संख्या कम होने से उपज घट जाती है।

2. जड़ों की कल मद्वाराः–

इस विधि में जड़ों के साथ तना का 1 या 2 इंच भाग जिस पर पांच–छः गांठें हो, लगते हैं। इस विधि में पौधे जल्द बढ़ते हैं तथा फलन अगात होती है परन्तु कठिनाई यह है कि बड़े पैमाने पर परवल की रोपाई हेतु अत्यधिक संख्या में जड़ वाली कलमों का उपलब्ध होना एक प्रमुख समस्या भी है।

3. लत्ताओं की लच्छी द्वाराः–

इस विधि में साल भर पुरानी लताएँ जिनकी लम्बाई कम से कम 120–150 सेंमी. हो को लच्छी बनाकर रोपते हैं। कहीं–कहीं लच्छी का दोनों किनारा जमीन से ऊपर रखते हैं और बीच का हिस्सा मिट्टी में दबा देते हैं। उत्तर प्रदेश और बिहार में व्यावसायिक स्तर पर परवल लगाने की यह एक लोक प्रिय विधि है।

बीज का मात्राः–

2500–3000 लताएँ (बेलें) या लच्चियाँ की आवश्यकता होती है।

रोपाई का समय एवं विधिः–

मैदानी भागों में परवल की रोपनी का उचित समय मध्य जुलाई से अक्टूबर तक और दियारा क्षेत्रों में सितम्बर से अक्टूबर तक होता है। परवल में अलग–अलग पौधों पर नर और मादा फूल उत्पन्न होते हैं। नर पुष्पों से फल नहीं बनते हैं बल्कि वे मादा पुष्पों में परागण का कार्य करते हैं जिसमें मादा पुष्पों से फल बनना सम्भव होता है। नर पुष्प बड़े और सफेद होते हैं, जबकि मादा पुष्प थोड़ा छोटा और सफेद होता है, उसके नीचे गर्भाश्य जुड़ा रहता है जो कुछ दिनों में परागण के बाद बढ़कर फल बन जाता है। इसका विस्तार लताओं या बेलों द्वारा किया जाता है। परवल लगाने के समय नर और मादा पौधों का अनुपात 1:19 होना अनिवार्य है। उपरोक्त अनुपात नहीं रहने पर उत्पादन में काफी कमी हो जाती है। खेत में कतार से कतार की दूरी 2.5 मीटर तथा पौधे से पौधे की दूरी 1.5 मीटर रखना चाहिए साथ ही थल्ले, भूमि की सतह से 6–8 सेंमी. ऊँचाई पर बनाने चाहिए। एक वर्ष पुरानी लताओं से

120–150 सेंमी. लम्बे टुकड़े काटकर इस प्रकार मोड़ना चाहिए कि लच्छी की लम्बाई 30 सेंमी. हो जाये तथा 10 सेंमी. गहरे थालों में इस प्रकार लगाया जाय कि दोनों सिरे ऊपर खुले रहें।

खाद एवं उर्वरकः–

प्रति थाला 3–4 किलो ग्राम कम्पोस्ट, 250 ग्राम अंडी की खल्ली, 10 ग्राम यूरिया, 100 ग्राम सिंगल सुपर फास्फेट, 25 ग्राम म्यूरेट ऑफ पोटाश एवं 25 ग्राम एलड्रीन धूल 10 प्रतिशत मिट्टी में मिलाकर भर देना चाहिए। जिस मिट्टी में चूना की कमी हो उसमें प्रति थाला 100 ग्राम चूना अवश्य मिला देना चाहिए।

एस प्रकार थाला भरकर 10 दिन तक छोड़ देना चाहिए। फरवरी के मध्य में प्रति थाला 20 ग्राम यूरिया का उपरिवेशन तथा मार्च माह के अंत में प्रतिवाला यूरिया के बदले 35 ग्राम कैल्शियम अमोनियम नाइट्रेड का व्यवहार करना चाहिए। उर्वरकों के प्रयोग के बाद सिंचाई अवश्य करनी चाहिए।

निकाई–गुड़ाईः–

रोपनी के बाद और फल लगने के समय तक 4–5 बार निकाई–गुड़ाई करनी चाहिए ताकि लताओं की शाकीय वृद्धि तेजी से हो। लताओं के बढ़ जाने पर इसकी अनावश्यक वृद्धि को रोकने के लिए बार–बार लताओं को हाथ से उलटते–पलटते रहना चाहिए। ऐसा करने से गांठों से जड़ें निकलकर जमीन में प्रवेश नहीं कर पाती है और फलन अधिक होता है।

मचान या सहारा देनाः–

फरवरी माह में जब पौधों में नये कल्ले फूटने लगते हैं तब मचान बनाने का काम शुरूकर देना चाहिए। परवल के दो कतारों के बीच 2 मी. चौड़ाई में 2–2 मी. की दूरी खम्बे गाड़ते हैं। जमीन की सतह से 1–1.25 मीटर की ऊँचाई पर बांस को लम्बाई–चौड़ाई और बीच में इस प्रकार सुतली से बांधते हैं कि मचान के रूप में बन जाये। मचान के ऊपर अरहर के डंठलों को फैलाकर सुतली से बाँध देना चाहिए। प्रत्येक कतार के साथ 50 सेंमी. खाली स्थान रास्ता छोड़ना चाहिए ताकि दवा का छिड़काव, निकाई–गुड़ाई, सिंचाई तथा फलों की तुड़ाई आदि कृषि क्रियाओं को आसानी–पूर्वक किया जा सके। लताओं को मचान पर अरहर के डंठलों के सहारे चढ़ाना चाहिए। मचान मजबूत बनाना चाहिए ताकि वर्षा ऋतु में गिरने न पाये।

फलों की तुड़ाईः–

मार्च माह के मध्य से पौधों पर फल लगना शुरू हो जाता है। प्रारम्भ में फल लगने के 10–12 दिनों के बाद फल तोड़ने लायक हो जाते हैं। इस प्रकार मार्च एवं अप्रैल माह में

फलों की तोडनी प्रति सप्ताह एक बार तथा मई में प्रति सप्ताह दो बार अवश्य करनी चाहिए। फलों की तोड़ाई मुलायम एवं हरी अवस्था में सूर्योदय से पहले करनी चाहिए। इससे फल अधिक समय तक ताजे बने रहते हैं।

ऊपजः–

अनुशंसित किस्मों को उन्नत तौर–तरीके से लगाकर प्रथम वर्ष औसतन 75–90 क्विंटल प्रतिहेक्टेयर और अलग तीन–चार वर्षो तक 175–200 क्विंटल प्रति हेक्टेयर तक फलों की उपज प्राप्त की जा सकती है। यदि बाढ़ अगस्त के मध्य में आयी हो तो औसतन ऊपज 175–200 क्विंटलध्हें. प्राप्त होती है। यदि बाढ़ का समय जुलाई माह के मध्य होता है, तो औसतन उपज 80–90 क्विंटल प्रति हेक्टेयर ही सीमित रह जाती है। पान के साथ परवल की मिश्रित खेती करने पर फसलों की औसत उपज एक चौथाई ही प्राप्त होती है परन्तु फलों की गुणवत्ता उच्च कोटि की होती है।

लताओं की कटाई–छटाईः–

अक्टूबर–नवम्बर में जब पौधों पर फल लगना बंद हो जाता है, तब लताओं को जमीन की सतह से 20–25 सेंमी. तक छोड़कर शेष उपरी भाग को काट देना चाहिए। ऐसा करने से शेष भाग से नई शाखाएँ निकलती है। ये शाखाएँ पुनः मार्च से फल देना शुरू कर देती है।

प्रमुख कीड़े एवं रोकथामः–

1. लाल भृंग कीटः–

परवल में पत्ती बनने के समय ही इसका आक्रमण हो जाता है और पत्तियों को खाकर छलनी कर देता है, जिससे पौधे मर जाते हैं। इसकी नियंत्रण के लिए गोय ठेकी राख में किरासन तेल मिलाकर पत्तों पर प्रातः काल छिड़काना चाहिए। डायमेक्रोन या नुवान का भी छिड़काव 3 मिली. 10 लीटर पानी में घोलकर करना लाभकारी होती है

2. फलों की मक्खी

यह मुलायम फलों की त्वचा के नीचे अंडे देती है जहां से इस कीड़े की गिडार फलों के गुद्दे को खाकर फलों को सड़ा देते हैं जिससे फसल को भारी नुकसान होता है। इसके नियंत्रण के लिए मालाथियान 1–1.5 मिली. प्रति लीटर पानी में मिलाकर छिड़काव करना अत्यंत आवश्यक है। तेज धूप में दवा का छिड़काव नहीं करनी चाहिए।

3. लाही

ये छोटे–छोटे कीड़े पौधे पर समूह में मौजूद होते हैं तथा ये पौधों के पत्तों एवं नये तनों का रस चुसकर पत्तियों एवं पौधों को पीला बना देते हैं। जिससे पौधे सुख कर मर जाते हैं। इस कीड़े के नियंत्रण के लिए 0.1 प्रतिशत मालाथियान का छिड़काव सप्ताह में एक बार तब तक करते रहना चाहिए जब तक की कीड़े पूर्ण रूप से समाप्त नहीं हो जायें। इस दवा की मात्रा एक हेक्टेयर के लिए 2 लीटर होती है जिसे 1000 लीटर पानी में घोलकर छिड़काव करना चाहिए।

प्रमुख रोग एवं रोकथामः–

1. चूर्णिल आसिताः–

पौधे के सभी हरे भागों पर सफेद पाउडर दिखाई पड़ता है। बाद में पत्तियाँ सुख जाती है, पौधों की वृद्धि रुक जाती है। नम मौसम में रोग तेजी से फैलता है। इसके नियंत्रण के लिए खेत के आस–पास लत्तरदार फसलों को नहीं उगने देना चाहिए, कैराथेन की 1 लीटर मात्रा को 1000 लीटर पानी में घोलकर प्रति हेक्टेयर की दर से छिड़काव करना चाहिए।

2. मृदुरोमिल आसिताः–

पत्तियों की ऊपरी सतह पर पीले रंग के धब्बे बनते हैं। इन धब्बों को ठीक नीचे पत्ती की निचली सतह पर धूल रंग के फफूंद के जाल दिखाई पड़ते हैं। पत्तियाँ मर जाती हैं और पौधों को बढ़वार रुक जाती है।

3. फल सड़न रोगः–

यह रोग खेत तथा भंडारण में कहीं भी लग सकता है। फलों पर गीले गहरे रंग के धब्बे बनते हैं, ये धब्बे बढ़कर फल को सड़ा देते हैं तथा इन सड़े फलों से बदबू आने लगती है जो फल जमीन से सटे होते है वे ज्यादा रोगी होते हैं। सड़े फल पर रुई जैसा कवक दिखाई पड़ता है। इसके नियंत्रण के लिए फलों को जमीन के सम्पर्क में नहीं आने देना चाहिए। इसके लिए जमीन पर पुआल या सरकंडा को बिछा देना चाहिए।

4. मोजैक

यह एक वाइरस जनित रोग है। रोगग्रस्त पत्तियाँ झुरिदार, छोटी तथा नीचे की ओर मुड़ जाती है। रोगी पौधों के तनों का रंग हरा एवं पीला हो जाता है। रोगग्रस्त फल सफेद हो जाते हैं और फलों का आकार छोटा हो जाता है। इसकी रोकथाम के लिए रोगी पौधों को

उखाड़कर फेंक देना चाहिए साथ ही साथ रोगर नामक दवा की 0.03 प्रतिशत के घोल का छिड़काव 15 दिनों के अंतराल पर करनी चाहिए।

5. सुत्रकृमि

इसके प्रकोप से जड़ों पर छोटे–छोटे ग्रंथियाँ बन जाती है। छोटी तथा पीली पत्तियों का होना इसका मुख्य लक्षण है। इसके रोकथाम के लिए रोग ग्रस्त पौधों की जड़ों को निकाल देना चाहिए। नीम अथवा अंडी की खल्ली या लकड़ी का बुरादा 25 क्विंटल प्रति हेक्टेयर की दर से फसल लगाने के 3 सप्ताह पहले खेत में डालना अत्यंत लाभ प्रद होता है। साथ ही इसकी रोकथाम हेतु परवल की खेती गेंदा फूल के फसल चक्र के साथ करनी चाहिए।

*****

41

करेला

वानस्पतिक नाम –मोमोर्डिका चरन्शिया | उत्तप्ति स्थान –भारत

खाने योग्य भाग –फल | गुणसूत्र= सख्या –22

परिवार –कुकुरबिटेसी

परिचयः–

करेला लता जाति की स्वयं जात और कषि जन्य वनस्पति है, इसेका रवेल्लक, कारवेल्लिका, करेल, करेली तथा कॉंरले आदि नामों से भी जाना जाता है। करेले की आरोही अथवा वि सर्पी कोमल लताएँ, झाड़ियों और बाड़ों पर स्वयं जात अथवा खेतों में बोई हुई पाई जाती है। कटुतिक्त होने पर भी रुचिकर और पथ्यशाक के रूप में इसका बहुत व्यवहार होता है। चिकित्सा में लता या पत्र स्वरस का उपयोग दीपन, भेदन, कफ–पित्त–नाश तथा ज्वर, कृमि, वात रक्त और आम वाता दि में हित कर माना जाता है।

खेती के लिये जलवायुः–

करेला की खेती के लिए ठाम एवं आर्द्र जलवायु की जरूरत पड़ती है। करेला के पौधों की खासियत है कि यह अन्य कद्दू वर्गीय फसलों की अपेक्षा अधिक शीत सहन कर सकता है, पर अधिक वर्षा से फसल की उपज घट जाती है। करेला की खेती के लिए उत्तर एवं मध्य भारत की जलवायु अधिक अनुकूल मानी गयी है।

खेत की तैयारीः–

ऐसी भूमि का चयन करना चाहिए, जिनमें अम्ल एवं नमक का प्रतिशत सामान्य से अधिक नहो अर्थात भूमि का पी.एच. 6.5 से 8.00 के मध्य तथा मृदा में जीवांश का प्रतिशत अधिक से अधिक होना चाहिए, ताकि पौधों को पर्याप्त मात्रा में पोषक तत्व उपलब्ध हो सकें।

करेले की खेती के लिए खेत की तैयारी करते समय 200 लीटर बायो गैस स्लरी अथवा 2000 लीटर संजीवक खाद खेत में डालकर 4–5 दिन पश्चात मिट्टी पलट हल से जुताई करें। इसके उपरान्त एक सप्ताह तक खेत को खुला छोड़ देते हैं। तत्पश्चात तीन से चार बार देशी हल से जुताई कर मेंडा (पटेला) लगाकर खेत को समतल करें, तत्पश्चात

तीन–तीन फीट के अन्तराल पर 1 फीट गहरा तथा 2 फीट चौड़ा था वला बनाकर प्रत्येक थावले में 500 ग्राम वर्मी कम्पोस्ट तथा 50 ग्राम कॉपर सल्फेट पाउडर एवं 200 ग्राम राख मिलाकर थावले को मिट्टी से ढ़क देते हैं तथा खेत की सिंचाई कर लें। सिंचाई के 5–6 दिन पश्चात करेला बीजों की बुवाई थावले में कर दें। बुवाई करते समय प्रत्येक थावले में 4 से 5 बीज पौध हेतु डालें।

करेले के किस्में:–

कोयम्बटूर लौग:–

यह दक्षिण भारत की किस्म है, इस किस्म के पौधे अधिक फैलाव लिए होते है। इसमें फल अधिक संख्या में लगते हैं तथा फलका औसत वजन 70 ग्राम होता है। इसकी उपज 40 क्विंटल प्रति एकड़ तक आती है।

कल्याणपुर बारहमासी:–

इस किस्म का विकास चंद्रशेखर आजाद कृषि विश्व विध्यालय द्वारा किया गया है। इस किस्म के फल आकर्षक एंव गहरे हरे रंग के होते हैं। इसे गर्मी एवं वर्षा दोनों ऋतुओं में उगाया जा सकता है, अर्थात्ये किस्म वर्ष भर उत्पादन दे सकती है। इसकी उपज 60–65 विवंटल प्रति एकड़ तक आती है।

हिसार से लेक्शन:–

इस किस्म को पंजाब, हरियाणा में काफी लोकप्रियता हासिल है। वहां की जलवायु में इसकी उपज 40 क्विंटल प्रति एकड़ तक प्राप्त होती है।

अर्का हरित:–

इसमें फलों के अन्दर बीज बहुत कम होते हैं। यह किस्म गर्मी एवं वर्षा दोनों ऋतुओं में अच्छा उत्पादन देती है। पतंजलिविष मुक्त कृषि विभाग ने अपने शोध प्रयोगों में पाया कि इसकी प्रत्येक बेलसे 34 से 42 फल प्राप्त होते हैं।

पूसा विशेष:–

यह किस्म बीज बुवाई के 55 दिन बाद फल देना प्रारम्भ कर देती है। इस किस्म के फल मध्यम, लम्बे, मोटे व हरे रंग के होते हैं। इसका गूदा मोटा होता है। फलका औसत भार 100 ग्राम तक होता है। पतंजलि विषमुक्त कृषि विभाग इस किस्म को फरवरी से जून माह के बीच उठाने की सलाह देता है।

सिंचाई एवं निराई–गुड़ाईः–

करेला की फसल में सिंचाई काफी महत्वपूर्ण प्रभाव डालती है, अतःसमय–समय पर सिंचाई अवश्य करते रहना चाहिए। चूंकि करेला की फसल ग्रीष्म एवं वर्षा ऋतु में उगाई जाती है, जिस वजह से खरपतवार अधिक संख्या में उग जाते हैं। अतः इनको समय–समय पर खेत से निकालना बहुत जरुरी है। इसी प्रकार खेत का नियमित अन्तराल पर निराई–गुड़ाई करते रहना चाहिए, ताकि फसल पर फल–फूल अधिक से अधिक संख्या में आये।

खादः–

बीज बुवाई के 3 सप्ताह पश्चात जब करेला के पौधे में 3–4 पत्ते निकलना प्रारम्भ हो जायें, उस समय 2000 लीटर बायो गैस स्लरी अथवा 2000 लीटर संजीवक खाद अथवा 40 किलो गोबर से निर्मित जीवामृत खाद प्रति एकड़ की दर से फसल को दें। दूसरी बार जब पौधों पर फूल निकलने प्रारम्भ हो जायें, उस समय पुनःउपरोक्त कुदरती खाद फसल को देनी चाहिए। इसी प्रकार जब करेला फसल की प्रथम तुड़ाई प्रारम्भ हो, उस समय 200 किलोग्राम वर्मी कम्पोस्ट में 50 किलोग्राम राख मिलाकर फसल पर छिडकाव कर देना चाहिए, ताकि फसल की उपज अधिक से अधिक मिल सके।

फसल की सुरक्षाः–

करेला की फसल में कीटों का प्रकोप अपेक्षाकृत कम होता है, किन्तु अधिक स्वस्थ फसल हेतु नियमित अन्तराल पर कुदरती कीट रक्षक का छिड़काव करते रहना चाहिए, ताकि फसल उपज ज्यादा एंव उत्तम गुणवत्ता के साथ प्राप्त हो सके।

1.रैड बीटलः

यह एक हानिकारक कीट है, जो कि करेला के पौधे पर प्रारम्भिक अवस्था पर आक्रमण करता है। यह कीट पत्तियों का भक्षण कर पौधे की बढ़वार को रोक देता है। इसकी सूंडी काफी खतरनाक होती है, जो कि करेला पौधे की जड़ों को काटकर फसल को नष्ट कर देती है।

रोकथामः–

रैड बीटल से करेला की फसल सुरक्षा हेतु पतंजलि निम्बादी कीट रक्षक का प्रयोग अत्यन्त प्रभावकारी है। 5 लीटर कीट रक्षक को 40 लीटर पानी में मिलाकर, सप्ताह में दो बार छिड़काव करने से बचा जा सकता है।

2.पाउडरी मिल्ड्यूः–

यह रोग करेला पर एरी साइफी सिकोरेसिएटम की वजह से होता है। इस कवक की वजह से करेला की बेल एंव पत्तियों पर सफेद गोलाकार जाल फैल जाते हैं, जो बाद में कत्थई रंग के हो जाते हैं। इस रोग में पत्तियां पीली होकर सूख जाती हैं।

उपचारः–

इस रोग से करेला की फसल को सुरक्षित रखने के लिए 5 लीटर खट्टी छाछ में 2 लीटर गौमूत्र तथा 40 लीटर पानी मिलाकर, इस गोल का छिड़काव करते रहना चाहिए। प्रति सप्ताह एक छिड़काव के हिसाब से लगातार तीन सप्ताह तक छिड़काव करने से करेला की फसल पूरी तरह सुरक्षित रहती है।

3.एंथ्रेक्वनोजः–

करेला फसल में यह रोग सबसे ज्यादा पाया जाता है। इस रोग से ग्रसित पौधे की पत्तियों पर काले धब्बे बन जाते हैं, जिससे पौधा प्रकाश संश्लेषण क्रिया में असमर्थ हो जाता है। फलस्वरुप पौधे का विकास पूरी पूरी तरह से नहीं हो पाता।

उपचारः–

रोग की रोकथाम हेतु एक एकड़ फसल के लिए 10 लीटर गौमूत्र में 4 किलोग्राम आड़ू पत्ते एवं 4 किलोग्राम नीम के पत्ते व 2 किलोग्राम लहसुन को उबालकर ठण्डा कर लें, 40 लीटर पानी में इसे मिलाकर छिड़काव करने से यह रोग पूरी तरह फसल से चला जाता है।

फल तुडाई व बीज निकालनाः–

फल परागण के 28 से 30 दिन बाद पकने लगते हैं। पकने पर फल चमकीले नारंगी रंग के हो जाते हैं। फल को तभी तोडना चाहिए जब फल का कम से कम दो तिहाई भाग नारंगी रंग का हो जाये क्योकि कम पके फल में बीज अल्पविकसीत रहते हैं। अधिक पकने पर फल फट जाते हैं और बीज का नुकसान होता है और कभी कभी पक्षियों द्वारा भी बीज का नुकसान हो जाता है। पके फलो को दो भागों में फाडकर हाथ से बीजों को निकाले तथा रेत या साफ मिट्टी से मसलकर बीजों से चिपचिपी झिल्ली को हटा देना चाहिए। इसके बाद बीजों को साफ बहते पानी में धुलाई करके तेज धूप में सुखाना चाहिए।

बीज उपजः–

उत्र भारत में दक्षिण भारत की अपेक्षा बीज उपज बहुत कम होती है। दिल्ली में 15 से 18 बीज प्रतिफल जबकि रानी बेनूर में औसत 25 से 28 बीज प्रतिफल मिल जाते हैं। इसी प्रकार दिल्ली में 4 से 6 फल प्रति पौधा जबकि रानी बेनूर में औसत 15 से 18 फल प्रति पौधा मिलते हैं। उत्तर भारत में 30–45 किग्रा तथा दक्षिण भारत में 150–180 किग्रा बीज प्रति एकड उपज मिलती है। 1000 बीजों का भार 150 से 170 ग्राम होता है

करेले की उपज– करेला की उपज 55 क्विंटल प्रति एकड़ तक प्राप्त की जा सकती है।

*****

42

सब्जियों का विपणन

सब्जी उत्पादकों द्वारा व्यावसायिक स्तर पर सब्जियां उगाने मात्र से ही उनकी समस्याओं का अन्त नही हो जाता है। उन्हे कई अन्य बातों का ध्यान भी रखना पड़ता है।यऐ सब्जियों का समय से उपयोग नही किया जाता है तो इन सब क्रियाओं के फलस्वरूप वे शनैः –शनैः खराब होनी शुरू हो जाती है। सब्जियारें के खराब होने के लिए वायुमण्डलीय आर्द्रता, तापमान आदि अन्य कारक जिम्मदार होते हैं।

अतः उनके खराब होने से पूर्व सब्जियों का उपयोग अनिवार्य है। भारत में लगभग 50 लाख हेक्टेयर भूमि में फल और सब्जियां उगाई जाती है। जिससे प्रतिवर्ष 600 लाख टन फल सब्जियां पैदा होते हैं। किन्तु यातायात के साधनों और क्रय'विक्रय और संग्रहण के अभाव के कारण कुल उत्पादन का अनुमानतः 30 प्रतिशत तक बरबाद हो जाता है। क्रय–विक्रय और संग्रहण की उत्तम सुविधाएं उपलब्ध कराकर इस बरबादी को रोका जा सकता है। कुछ सब्जी उत्पादक उन्हें उगाने में कुशल होते हें। किन्तु दूसरी ओर वे उन्हे बेचने की कला से बिल्कुल अनभिज्ञ होते हैं। आमतौर से वे अपने द्वारा उत्पादित सब्जियों को दूसरों की सहायता से बेचते हें, जो बीच में अधिक लाभ उठाते हैं। क्रय–विक्रय की वर्तमान प्रणालियों के अनुसार सब्जियों से होने वाला कुल लाभ उत्पादकों और आढ़तियों में बंट जाता है। दूसरे शब्दों में यह कहा जा सकता है कि उत्पादकों को अपनी मेहनत का पूरा–पूरा लाभ नहीं मिलता है।

क्रय–विक्रय का प्रमुख उद्देश्य को उसके उत्पादन का उचित मूल्य प्राप्त कराना है जिसके निम्न लक्ष्य होने चाहिए–

1. उपभोक्ता को उच्च कोटि की सब्जियां मिलनी चाहिए।
2. बिक्री के लिए उत्तम और आकर्षक रूप वाली सब्जियां ही उपयोग में लायी जाएं।
3. सब्जियां उगाने का खर्च कम से कम होना चाहिए।
4. उत्पादक का मान अधिक से अधिक मूल्य पर बिकना चाहिए। इसके लिए सब्जियों को बाजार में उस समय बिक्री हेतु भेजना चाहिए जब उनका बाजार में उचित मूल्य मिल रहा हो।

सबिजयों की गुणवतता ह्रास की रोकथामः– सब्जियों की गुणवत्ता अनेक गुणों का मिश्रण है उनमें कुछ बाहरी, कुछ रासायनिक और कुछ भौतिक गुण सम्मिलित हैं। सफल विपणन के

लिए सब्जियों का उच्च कोटि का होना अत्यन्त आवष्यक है। अतः इसके लिए निम्न कारकों पर विशेश रूप से ध्यान देना चाहिए–

स्वरूपः–

सब्जियां उचित आकार व रंग की होनी चाहिए। इसके अलावा धूल, मिट्टी, सड़न–गलन से भी मृक्त होनी चाहिए।

गठनः–

सब्जियों का उनकी किस्मों के अनुसार उनका गठन कोमल या कठोर, दानलेदार व चिकना, कुरमुरा या पिलपिला, रेशेदार या रेशा रहित हो सकता है। तथापि गठन सम्बन्धी इन गुणों में परिपक्वता की दशा, वंशागत गुणों, खेती एवं किस्मों सम्बन्धी परिस्थितियों के कारण भी अन्तर आ जाता है।

सुवासः–

सब्जियों को समान्य स्वाद एवं गंधवाला होना चाहिए। अतः सब्जियों में सुवास अत्यन्त ही अनिवार्य है। यदि सुवास को उचित ढंग से अनुरक्षित किया जाये तो सब्जियों को उपभेक्ता एक उत्तम दशा में पहुंचाया जा सकता है।

सब्जियों की उचित समय और ठीक ढंग से कटाईः–

तथापि कटाई सम्बन्धी कोई निश्चित नियम निर्धारित नही किए जा सकते हैं, किन्तु, ये कार्य निम्न बातों पर अवश्य निर्भर करते हैं–

क. बाजार की दूरी

ख. यातायात के साधन

ग. उपभोक्ता तक पहुंचने की अवधि

घ. फसल की किस्म

ड. वृद्धि की अवस्था और

च. कटाई के समय जलवायु

यदि लाइमा बीन, सेम, मीठी मक्का, टमाटर, भिण्डी, जैसी फसल परिपक्वता की उचित अवस्था पर काटकर तुरन्त बाजार में न भेती गई तो उनके गुणों में ह्रास होना शुरू हो जाता है। परिपक्वता में पहुंचने से पहले ही तोड़ ली जाने वाली सब्जियों के उत्कृश्ट उदाहरण खरबूजा और टमाटर हैं, जिन्हे खाने योग्य परिपक्वता से पूर्व ही तोड़ कर दूरस्थ बाजारों को बिक्री हेतु भेंज दिया जाता है। किन्तु ऐसा करने से उनके गुणों का ह्रास होता है। उनका बाजार मूल्य गिर जाता है और उनका खरीददार और उपभोक्ता दोनों ही हतोत्साहित होते हैं। अतः खरबूजा व टमाटर को उस सिथिति में तोड़ना चाहिए जब वे पूर्ण रूप से पक जाएं। इस प्रकार उपभोक्ता तक उन्हे सुंदर रूप में पहुंचाया जा सकता है।

सब्जियों को आकर्षक और बिक्री योग्य रूप में रखनाः–

सब्जियों के विपणन में उनकों आकर्षक और बिक्री योग्य रूप में रखना एक अत्यन्त महत्वपूर्ण कारक है। वैसे सब्जियों की कटाई का समय बाजार की निकटता या दूरी पर निर्भर करता है। सब्जियों की एक दिन पहले या उसी दिन सुबह को कटाई कर ली जाती है। सब्जियों को आकर्षक एवं बिक्री योग्य रू` में रखने के लिए निम्न उपचार किये जाने चाहिए जो उत्पादक की अर्थिक स्थिति उपलब्ध सुविधाओं और सब्जियों से कुल होने वाले लाभ पर निर्भर करते हैं–

सब्जियों की सफाईः–

सब्जियों को कटाई या तुड़ाई के उपरान्त भली–भांति साफ करना भी अत्यन्त आवश्यक है ताकि उन पर लगी धूल–मिट्टी आदि साफ हो जाए। यदि सब्जियों में गन्दगी लगी होगी तो कोई भी उपभोक्ता उसे नही खरदना चाहेगा। सब्जियों को धोने से न केवल सब्जियां साफ हो जाती है अपितु उन पर चमक भी आ जाती है। इसके अतिरिक्त बाजार जाने से पहले सूखती या मुरझाती भी नही है। इसके अतिरिक्त आजकल कीटनाशी दवाओं का छिडत्रकाव किया जाता है, जो जहरीली होती है, उनका जहरीला असर भी समाप्त हो जाता है।

सब्जियों को संवारनाः–

आमतौर पर सब्जी उत्पादक इस ओर ध्यान नही देते हें। परन्तु सब्जियों को बाजार भेजने से पूर्व उन्हे संवारना बहुत जरूरी है। पालक, मथी, सलाद आदि पत्तियों वाली सब्जियों के गले–सड़े पत्ते निकाल देने चाहिए। ऐसा करने से न केवल उन्हे सुन्दर बनाया जाता है वरन् उन्हे बाजार में पहुचने तक रोगों से भी बचाया जा सकता है।

छंटाई एवं मानकीकरणः–

आमतौर से भारतीय सब्जी उत्पादक उनकी छंटाई, श्रेणीकरण या मानकीकरण की ओर विशेष ध्यान नही देते हैं। इन सब बातों को वे अनावष्यक और अनार्थक कार्य ही समझते हैं किन्तु उनकी यह धारणा बिल्कुल गलत है। यह एक कटुसत्य है कि घटिया किस्म की तुलना से रेणीकृत उत्पाद का मूल्य अधिक मिलता है। दूसरी ओर घटिया उत्पाद से जल्दी बिकता है। सब्जियों की श्रेणीबद्धता कई बातों पर निर्भर करती है। जिनमें आकार में समानता, रंग–रूप, गुण, सिकुड़ना धब्बे रहित आदि प्रमुख हैं। छंटाई के निम्न लाभ है–

1. निम्न कोटि के प्रतिदर्श के मिल जाने से विक्रय मूल्य में कमी आ जाती है, उससे बचा जा सकता है।

2. उच्च कोटि की सब्जियां घटिया या रोग ग्रस्त सब्जियों के सम्पर्क में नही आती है अतः वे अधिक मूल्य पर बिकती है।
3. बंधाई और परिवहन के उच्च विपणन मूल्य से बचा जा सकता है।
4. यदि सब्जियों को उचित ढ़ंग से श्रेणीबद्ध किया जाये या उन्हे ढ़ेर में रखा जाये तो खरीदने वाले को काई कठिनाई नही होती है।
5. सब्जियों को श्रेणीबद्ध करने से उपभोक्ता और विक्रेता दोनो को ही संतोश मिलता है।
6. श्रेणीकरण सुव्यवस्थित क्रय–विक्रय के लिए जरूरी है। इसके फलस्वरूप उत्पादक को अधिक लाभ मिल जाता है, क्योंकि घटिया किस्म की सब्जियां कम मूल्य पर बिकती है।

सब्जियों का श्रेणीकरण करते समय उनमें आकार और स्वरू‌ को प्रभावित करने वाले सभी लक्षणों पर ध्यान देना बहुत जरूरी है। भरतीय सब्जियों को प्रथम,द्वितीय और तृतीय नमूनों की श्रेणियों में विभाजित करके बेचने का प्रचलन है बल्कि विकसित देशों में यह कार्य किया जाता है। सब्जियों का अधिक मूल्य लेने के लिए सब्जियों का वर्गीकरण निम्न ढ़ंग से किया जाना चाहिए–

प्रथम श्रेणीः– इसमें भली–भांति उगाई फसल का एक बड़ा भाग सम्मिलित होना चाहिए।

द्वितीय श्रेणीः– यदि विपणन योग्य सारी फसल को प्रथम श्रेणी में नही रखा जा सेकता हो तो उसकी एक अन्य श्रेणी बना लेनी चाहिए जिसे द्वितीय श्रेणी की संज्ञा दी जा सकती है।

बंधाई, नामांकन एवं व्यवस्थाः–

उचित बंधाई भी सब्जियों को आकर्षक एवं बिकने योग्य रूप में और यातायात के दौरान खराब होने से बचाने के लिए अत्यन्त आवष्यक है। भारत में अधिकांशतः सब्जियों को बिना बांधे ट्रकों में भरकर इधर–उधर भेजा जाता है। स्थानीय और दूरस्थ बाजारों में गिकने वाली सब्जियों को बांधकर भेजने के निम्न लाभ है–

1. बंधी हुई सब्जियों का वितरण सुगम एवं सस्ता होता है। उनके गुणों का ह्रास नही होता है और उनके क्षतिग्रस्त होने अथवा सूखने का भय भी नही रहता है।
2. इसयसे सब्जियां उत्स्वेदन, धूल, गंदगी आदि से दूर रहती है।
3. बंधी हूई सब्जियों को एक स्थान से दूसरे स्थान तक ले जाने, चढ़ाने, उतारने और कम व्यय पर उनके सुरक्षित संग्रहण में सुगमता रहती है।
4. बंधी हुई सब्जियों को तौलने, संवारने, छांटने आदि क्रियाओं के दौरान होने वाली हानि, व्यय और श्रम में बचत हो जाता है।

बंधाई के प्रकारः–

भारतीय उत्पादक विशेष रूप से सब्जियों की बंधाई नही करते हैं सिवाय कुछ पत्तियों वाली सब्जियों को छोड़कर। आमतौर पर सब्जियों को बोरों में भरकर बाजार में बिक्रीय के लिए भेजा जाता है। कभी–कभी बांस या अरहर की लकड़ियों से बनी टोकरियों में भरकर भी बाजार को भेजा जाता है। सब्जियों की बंधाई निम्न प्रकार से की जाती है–

दूरस्थ बाजारों के लिए बंधाईः–

फूलगोभी, बंदगोभी, गांठगोभी, भिण्डी, मिर्च आदि सब्जियां बांस या अरहर की जकड़ियों से बनी टोकरियों में बांधी जाती है। मध्य के रिक्त स्थान में और चारों ओर भरने के लिए घास या पत्तियां उपयोग में लायी जाती हैं नासिक की प्याज बोरों में भरी जाती है और खाली स्थान को भरने के लिए कागज के बर्तनों का उपयोग किया जाता है। आलू और शकरकंदी को बांध दिया जाता है। परन्तु लौकी और काशीफलों की ढ़ीली बंधाई की जाती है।

स्थानीय बाजारों के लिए बंधाईः–

आमतोर पर स्थानीय बाजारों में भेजने के लिए सब्जियों की बंधाई नही की जा सकती है। उन्हे टोकरियों, बोरों, थैलों या गठरियों में बांध कर बाजार तक पहुंचा दिया जाता है। हां टोकरियों में कुछ उत्तम गुण वाली सब्जियों को ऊपर रखा जाता है ताकि सब्जियों अच्छी और आकर्षक लगे।

उपभोक्ता के लिए बंधाईः–

भारतीय उपभोक्ताओं के लिए बंधाई का कोई विशेष प्रबंघ नही किया जाता है। जबकि विदेशों में धोने, संवारने के बाद उनकी उचित प्रकार से बंधाई की जाती है। ताकि उपभोक्ता उनकों साधे कच्चा खा सके या उन्हे पकाकर उपयोग कर सके। यह बंधाई निम्न चार प्रकार से की जा सकती है–

1. पारदर्शी थैलियों में।
2. पारदर्शी ढ़क्कनों वाले गत्ते के डिब्बे में।
3. लुगदी की बनी थैलियों में।
4. कागज की थैलियों में।

बंधाई के निम्नलिखित लाभ हैं–

1. उत्पाद का टिकाऊपन बढ़ जाता है।
2. उनकी बरबादी रूक जाती है और उन्हे बार–बार उठाना नही पड़ता।
3. बिक्री बढ़ जाती है।

4. घर में सफाई आदि कार्यों की बचत हो जाती है।

सब्जियों को रखने के लिए विभिन्न पात्रः–

सब्जियों को रखने के लिए पात्रों का चयन इस बात पर निर्भर करता है। कि उन्हे स्थानीय या दूरस्थ बाजारों में भेजना है। पात्रों का महत्व निम्नकारणों से है

1. वे उत्पादकों के सुविधापुर्वक भण्डारित करने के उत्तम साधन है।
2. वे सब्जियों की रक्षा करते हैं और उन्हे मिलावट से बचाते हैं।
3. वे कुल माल को तौलने और छोटे आकार के उत्पादों को सुरक्षित रखने में सुविधा प्रदान करते हैं।
4. उनसे उचित सफाई रहती है और रख रखाव में सुविधा रहती है। सब्जियों की बंधाई के लिए विभिन्न आकार और प्रकार के पात्रों का निर्माण किया जाता है। इनमें विभिन्न प्रकार की कण्डियां, पेटियां, थैलियां डिब्बे आदि शामिल है। उदाहरणार्थ–फूलगोभी की पेटियां, सेलरी की पेटियां, टमाटर की पेटियां आदि। गोल टोकरियां, चौड़ी टोकरियां, हत्थें वाली टोकरियां तार से बंधी पेटियां आसैर विभिन्न प्रकार के थैले आदि को उपयोग किया जाता है।

बंधाई के समान और सब्जियों की उचित बंधाईः–

सब्जियों की बंधाई के लिए समान का चुनावच करते समय निम्न बातों का विशेष ध्यान रखना चाहिए–

1. बंधाई सामग्री मितव्ययी होनी चाहिए। बड़े आकार के पैकटों की तुलना में मध्यम या छोटे आकार के पैकटों को प्राथमिकता देनी चाहिए क्यों कि उनमें खराब होने का भय कम होता है
2. पेटियों को इधर–उधर ले जाने या उतारने चढ़ाने में सुविधाजनक होनी चाहिए।
3. पेटियों का चुनाव करते समय इस बात का ध्यान रखा जाये कि गन्दी न हों, साथ ही वे टूटी–फूटी न हों।
4. वे बांधी जाने वाली सब्जियों के आकार–प्रकार, ठोसता एवं मौसम के अनुकूल बनी होनी चाहिए।
5. वे सस्ते हों और भरने –खाली करने की दृष्टि से सुविधाजनक हों।

सब्जियों की अच्छी बिक्री के लिए बंधाई ईमानदारी से करनी चाहिए। प्रत्येक पैकेट में रखी गई सब्जियों उच्च कोटि की होनी चाहिए। प्रत्येक पैकेट में रखी गई निर्धारित आकार, संख्या और भार के अनुसार होनी चाहिए। बंधाई ढ़ीली नही होनी चाहिए क्यों ऐसा करने से सब्जियां आपस में रगड़ कर खराब हो जाती है जिसके कारण वे कुरूप हो जाती हैं और

बाजार में कम मूल्य मिलता है। अतः उपरोक्त बातों का ध्यान अवश्य रखना चाहिए। य।पि ऊपरी परत में रखी गई सब्जियां का आकर्षक ढ़ंग से रखना अत्यन्त आवष्यक है, परन्तु निचली परतों में रखी सब्जियां घटिया किस्म की नही होनी चाहिए। डिब्बों या पेटियों के किनारे कागज बिछा देने से वे अधिक आकर्षक लगती है। पैकटों को भली भांति नामांकित करना भी बहुत जरूरी है ताकि उत्पाद को बाजार में मान्यता मिल जाये और उसका अधिक मूल्य मिले। नाम पत्र में उत्पाद का नाम ट्रेड मार्क, उत्पादक का नाम, भार, संख्या आदि स्पष्ट लिखे होने चाहिए। नामांकन निम्न प्रकार से करें–

- सीधे पैकेट पर लिखकर,
- छपा हुआ नामांकन पत्र पेटी या बक्से पर लादकर,
- छपे हुए कागज या थैली का उपयोग करके।

फसल की कटाई के उपरान्त सब्जियों की रोकथामः–

सब्जियों कीह कटाई/तुड़ाई के उपरान्त उनके खराब करने के लिए कई कारण जिम्मेदार होते हैं–

तापमानः–

सब्जियों की कटाई/तुड़ाई के उपरान्त तापमान में वृद्धि होती जिसके कारण अनेक रासायनिक परिवर्तनों के होने की गति में वृद्धि हो जाती है। इससे उनकी नमी उड़ जाती है और विगलन करने वाले जीवाणु और फफूँदी सब्जियों पर वृद्धि करने लगते हैं। यह सर्वविदित है कि विगलन के लिए उत्तरदायी रासायनिक परिवर्तनों को कम करने और सब्जियों के गुणों को बनाये रखने के लिए उन्हे ठण्डे स्थान पर रखना बहुत जरूरी है।

आर्द्रताः–

सब्जियों की कटाई/तुड़ाई के उपरोन्त उनसे वाश्पीकरण होता है, जिसके कारण वे सूखने या मुरझाने लगती है। अंततः उनके भार में कमी हो जाती है। पत्तियों वाली सब्जियों में यह हानि अपेक्षाकृत अधिक होती है। वायुमण्डल में जितनी आर्द्रता कम होगी, वाश्पीकरण उतना ही अधिक होगा। तापमान की अधिकता, वायु की तीव्र गति भी वाश्पीकरण की दर में वृद्धि करते हें। सब्जियों में नमी की हानि को कम तापमान और आर्द्रतायुक्त वातावरण में भण्डारित करके रोका जा सकता है। छायादार स्थानों में रखी गई सब्जियों पर थेड़ी–थेड़ी देर में पानी छिड़क का तापमान घटाया और आर्द्रता बढ़ाई जा सकती है।

रोग और कीटः–

ये भी सब्जियों को खराब करने के लिए बहुत जिम्मेदार है। कटाई /तुड़ाई के समय पहुचने वाली चोटें रोगों को फैलाने में सहायक होती है। अतः खुदाई/तुड़ाई कटाई के समय लगने वाली यांत्रिक चोटों से सब्जियों को बचाना चाहिए। दूसरी ओर इस बात का ध्यान रखें कि कीट व रोगग्रस्त बीजों को बोने के लिए इस्तेमाल न करें।

सब्जियों का परिवहनः–

उपरोक्त बातों के महत्व को देखते हुए सब्जियों का परिवहन या उनकों एक स्थान से दूसरे स्थान पर ले जाने का एक महत्वपूर्ण कार्य है। यब्जियों को कम खर्च, कम हानि और कम खराब होने से बचाना, विपणन का एक महत्व अंग है। परिवहन सुविधाएं उपलब्ध होने से जल्दी खराब होने वाली सब्जियों के उत्पदन में वृद्धि हो गई है। मौसम का लाभ उठाकर अब सब्जी उत्पादक दूरस्थ बाजारों के लिए सब्जियों का उत्पादन करने लग गये हैं, ताकि उन स्थानों पर बे–मौसम सब्जियां उपलब्ध कराकर वे अपने उत्पादन का अधिक मूल्य प्राप्त कर सकें। उदाहरणार्थ, पंजाब और उत्तर प्रदेश की भिण्डी और हरी मिर्च ट्रक आदि की सुविधाएं उपलब्ध होने के कारण ही ग्वालियर के बाजारों में भी मिलने लगी है।

क. स्थानीय बाजारों के लिए परिवहनः–

यदि खेत बाजार के समीप हों तो सब्जियों को टोकरियों में या सिर पर गठरियों में रखकर पहुंचाया जाता है। यदि उत्पाद क्षेत्र 15 किमी0 की परिधि में हो तो खच्चरों या बैलगाड़ियों का उपयोग किया जाता है। साप्ताहिक बाजारों या हाटों में सब्जियों को गाड़ियों की सहायता से भी पहुंचाया जाता है। यदि खेत बाजार से 3.0–4.5 किलोमीटर की दूरी पर हो तो ऐसी स्थिति में सब्जियों को एक दिन पहले या उसी दिन सुबह खेत से निकालना चाहिए।

ख. दूरस्थ बाजारों के परिवहनः–

दूरस्थ बाजारों के लिए सब्जियों को ट्रकों या रेलगाड़ियों से भेजा जाता है। जल्दी खराब होने वाली सब्जियों को 6–8 घण्टे में बाजार में पहुंच जाना चाहिए या कुछ समय अधिक टिकने वाली सब्जियों जैसे– तरबूज, काशीफल, आलू, पेठा, लौकी, प्याज आदिइ को ट्रक द्वारा भेजा जाता है। उदाहराणर्थ, कन्नौज की फूलगोभी रेल द्वारा कानपुर होते हुए कोलकाता को भेजी जाती है। अलीगढ़ से फूलगोभी को कानपुर में ट्रक द्वारा भेजा जाता है। दूरस्थ बाजारों में भेजने के लिए सब्जियों को पहले स्थानीय विक्रेताओं या एजेण्टो द्वारा खरीद लिया जाता है फिर ये विक्रेता या एजेण्ट इन सब्जियों को आगे ट्रक या रेल से आगे भेजते हैं या फिर स्वयं उत्पादकों द्वारा छुट–पुट रूप में आगे भेजी जाती है। यदि मुख्य मार्ग निकट हो

तो रेल ट्रकों द्वारा सब्जियों को भेजते समय इस बात का ध्यान रखना चाहिए कि पेटियों को उचित ढ़ंग से रखें अन्यथा निर्दिश्ट स्थान तक पहुचने से पहले बीच रास्ते मे ही पेटियां टूट जाती है, जिससे सब्जियों को बहुत हानि पहुंच सकती है।

ग. जलमार्गों द्वारा सब्जियों का परिवहनः–

जल मार्गों द्वारा साग–सब्जियों का परिवहन उन स्थानों पर उपयुक्त होता है जहां खेत नदी या तालाबों के तट पर स्थित होते हें। भारत में इस प्रकार का परिवहन केवल कष्मीर, आंध्र प्रदेश, केरल या पष्चिमी बंगाल के कुछ भागों में ही प्रचलित है और वहीं पर इसका समुचित विकास और विस्तार होना बाकी है।

संसाधनः–

संसाधन विपणन सेवा का वह पहलू है जिसके द्वारा उत्पादित सब्जियों के बेचने के पूर्व एक अच्छाा और संवरा हुआ रूप प्रदान किया जाता है। भारतीय सब्जी उत्पादक इस ओर विशेष ध्यान नहीं देते हें। तकनीकी विकास के कारण संसाधन प्रक्रिया में कई परिवारों के लिए खा। पदार्थों के अनुक नये रूप प्रस्तुत किये है। डिब्बाबंदी फल और सब्जियों, निर्जलित आलू और टमाटर तकनीकी विकास कुछ उदाहरण हैं।

भण्डारणः–

भण्डारण भी क्रय–विक्रय का एक महत्वपूर्ण अंग है। थोड़ी–थोड़ी मात्रा में सब्जियों को एकत्रित करके अधिक मात्रा में उन्हे मण्डियों में भेजा जाता है। अथवा वे सीधे उपभोक्ता को बेच दी जाती है। भारत में मुख्यतः सब्जियों का संग्रह निम्न माध्यमों द्वारा किया जाता है।

1. उत्पादकः ये अपने और आसपास के छोटे उत्पादकों के खेतों से सब्जियां एकत्रित करते हें और उन्हे या तो स्वयं बाजार में ले जाकर बेचते हैं या दूरस्थ बाजारों में भेज देते हैं या दलालों को बेच देते हें।
2. गांव के आढ़तीः ये आलू, शकरकंदी और प्याज आदि को खरीद लेते हैं या दैनिक आवश्यकता की अन्य चीजों से उन्हे बदल लेते हें और इस प्रकार सब्जियों को बड़ी मात्रा में जमा कर लेते हैं। बाद में वे मण्डियों या बाहर के आढ़तियों को बेच देते हैं।
3. सैलानी आढ़तीः आमतौर पर सैलानी आढ़ती स्थान–स्थान पर घूमकर सब्जियां खरीदते हें, वे अग्र प्रकार से खरीदते हैं।

क. कटाई के तुरंत बाद उत्पादकों से खरीद लेते हैं।

ख. सब्जियों के पूरे खेत को इस शर्त पर ठेके पर खरीद लेते हैं कि खेतों की सिंचाई और देख रेख तो कृशक ही करता रहता है, परन्तु फसल तैयार होते ही उसे कटवाकर बाजार में बेचने का अधिकार केवल आढ़ती को ही होता है।

थोक विक्रेता और दलालः–

थोक विक्रेता सब्जियों को अपने दलाल के माध्यम से सीधे कृशकों या उत्पादकों से खरद लेते हैं और उन्हे बाजारों में ले जाकर बेचते हैं जहां उनकी अधिक मांग होती है।

विपणन के ढ़ंगः–

खरीददार से सब्जियों के मूल्य विक्रेता के लिए दलाल द्वारा ठहराये जाते हैं और यह कार्य विभिन्न प्रकार से किया जाता है जिनमें निजी मोल–भाव, नीलामी या गुप्त रूप से भाव निर्धारित करना प्रमुख है। नीलामी उस समय की जाती है जब सब्जी के खरीददार अधिक जनसंख्या में होते हैं अन्यथा निजी मोल–भाव द्वारा ही सब्जियों को खरीदा या बेचा जाता है। दूरस्थ स्थानों से आयी हुई सब्जियों का विपणन दलाल अपने मनपसंद दामों पर करता है और अपना कमीशन काटने के उपरांत शेश धन उत्पादक को दे देता है या उसे भेजता है। विपणन के विभिन्न ढ़ंगों का संक्षिप्त वर्णन नीचे किया गया है।

1. निजी मोल–भाव : भारत की यह बहुप्रचलित प्रणाली है। इसमें खरीददार स्वयं दलाल द्वारा मोल–भाव तय करता है। और थोड़ा बहुत मोल भाव के उपरान्त भाव तय हो जाता है। और खरीददार सब्जियों को पुनः विक्रय के लिए ले जाता है।
2. नीलामी : जैसा कि पहले कहा जा चुका है जब खरदार अधिक संख्या में होते हें उस स्थिति में आ़ती/कमीशन एजेंट सब्जियों की नीलामी करता है। सबसे अधिक बोलने वाले को ढ़ेरी बेचा दी जाती है। यह प्रणाली शहरों या नगरों की मण्डियां, उदाहरणार्थ जयपुर का अजमेरी गेट और संगानेरी मण्डियां ग्वालियर की छतरी मण्डी और दिल्ली की आजादपुर मण्डी आदि प्रचलित है।
3. गुप्त रूप से : इस प्रणाली में दलाल और खरीददार कपड़े के नीचे हाथ दबाकर मूल्य बताता और अंगुलियां दबाकर यह इशारा किया जाता है कि किस मूल्य पर वह माल खरदने के लिए तैयार है। दलाल अन्तिम रूप में मूल्य तय करने से पूर्व सभी खरीददारों से गुप्त रूप से बोली लगवाता है। और सबसे अधिक बोली लगाने वाले खरीददारों को माल बेच देता है। यह प्रणाली अधिक विश्वसनीय नहीं होती है। कपड़े के नीचे गुप्त रूप से भाव तय करने की विधि को भी विक्रेता संदेह की दृष्टि से देखता है किन्तु दलालों का यह दावा है कि इस प्रणाली से विक्रेता को अच्छे दाम मिलते हैं। किन्तु इस प्रणाली में यह दोश है कि खरीददार को अन्त तक पता

नहीं चलता है कि दूसरे खरीददार कितनी बोली लगा रहे हैं और वे अधिकाधिक कितने दाम लगाएं।

विक्रय प्रणालीः–

उत्पादक द्वारा सब्जियों को अनेक प्रणालियों द्वारा बेचा जा सकता है। वह अपने उत्पाद को तुलनात्मक मूल्यों, प्राप्त मूल्यों और विक्रय गति के अनुसार अग्रलिखित प्रणालियों द्वारा बेच सकता है।

1. उपभोक्ताओं को
   क. घर पर जाकर
   ख. छोटे बाजारों में
   ग. सड़क के किनारों के बाजार में
   घ. साप्ताहिक बाजारों में।
2. खुदरा व्यापारियों को
   क. फार्मों पर,
   ख. मण्डियों में
   ग. नीलाम होने वाले बाजार में
3. थोक व्यापारियों को और
4. सहकारी बिक्री समितियों को।

विपणन प्रणाली के दोषः–

वर्तमान भारतीय विपणन प्रणाली में अनेक दोष हैं। दलालों की अधिक संख्या, श्रेणीकरण एवं मानकीकरण का अभाव, घटिया परिवहन एवं संचार व्यवस्था आदि कारक फसल की तैयारी के समय उसके मूल्य में काफी गिरावट ले आते हें। इनके अलावा संग्रहण साधनों का अभाव तथा विक्रेता के विपणन की भ्रश्ट विधियां भी इस प्रणाली के महत्वपूर्ण अंग हैं। इन दोशों के बारे संक्षिप्त जानकारी नीचे दी गयी है।

1. अधिकांश भारतीय सब्जी उत्पादकों को मीट्रिक तोलों का पता नही हैं। अतः विक्रेता को कभी–कभी गलत तौल का नुकसान उठाना पड़ता है। अपने उत्पाद बेचते समय दलालों एवं अन्य एजेंटों से मोल–भाव करते समय उन्हे सावधानी एवं चतुराई से काम लेना चाहिए।
2. धार्मिक एवं अन्य सेवार्थ संस्थाओं के नाम पर उत्पाद में से इतनी अधिक कटौतियां की जाती है कि प्रायः उत्पाक की असंतुश्टि के बावजूद इसे मजबूरी में यह हानि उठाने के लिए बाध्य होना पड़ता है।
3. सब्जियों की बड़ी मात्रा नमूने के तौर पर उठा ली जाती है। माल की बिक्री गुप्त रूप से तय की जाती है। इस कारण उत्पादक को काफी हानि उठानी पड़ती है।

4. विक्रेता द्वारा जान–पहचान के ग्राहक को कम मूल्य पर माल देने की प्रवृत्ति से उत्पदकों को उठानी पड़ती है।
5. झगड़ा होने पर हितों की रक्षा कर सकने की सुविधाओं का अभाव होने के कारण भी हानि उठानी पडत्रती है।
6. ग्रामीण क्षेत्रों में परिवचहन एवं संग्रहण की सुविधाओं का अभाव होने के कारण भी हानि उठानी पड़ती है।

सुझावः–

भारत में सब्जियों के विपणन सम्बंधी कुछ सुझावों का उल्लेख नीचे किया गया है ताकि सब्जी उत्पादकों को अपनी सब्जियों का उचित मूल्य मिल सके।

1. सब्जियों के मूल्य और वितरण पर सरकार द्वारा उचित नियंत्रण होना चाहिए, ताकि विक्रेता ग्राहक दोनों को ही लाभ पहुंचे।
2. थोक और खुदरा बाजारों का अलग–अलग होना बहुत जरूरी है। टैक्स आदि की वसूली बाजार के अनुसार ही वसूल की जानी चाहिए।
3. विपणन की गुप्त प्रणाली समाप्त होनी चाहिए।
4. प्रमुख सब्जी उत्पादक क्षेत्रों में श्रेणीकरण, बंधाई, संस्थान आदि का कार्य संगठित ढंग से कृषि विभाग द्वारा किया जाना चाहिए।
5. बाजार गुप्त सेवा की स्थापना की जानी चाहिए।
6. सब्जियों के लिए क्रय विक्रय समिति होनी चाहिए।
7. मुख्य बाजारों में या उनके समीप संग्रहण की उचित व्यवस्था होनी चाहिए।
8. जल्दी खराब होने वाली सब्जियों के लिए पूर्ण शीतलन और द्रुत परिवहन की व्यवस्था होनी चाहिए ताकि उन्हें खराब होने से पूर्व ही सुरक्षित स्थानों पर पहुंचाया जा सके।
9. रेल/सड़क यातायात में सब्जियों के लाने ले जाने को प्राथमिकता दी जानी चाहिए।

उपरोक्त बातों पर विशेष रूप से ध्यान देने से उनका विपणन सुगमता से किया जा सकता है। ऐसा करने से उत्पादकों को उनका उचित मूल्य मिल सकेगा। जिससे उनकी आय में वृद्धि होगी तथा ूसरी ओर उनका अधिक जोर–शोर से एवं रूचिपूर्वक और अधिक क्षेत्र में अधिक से अधिक सब्जियां उगाने का प्रयास होगा।

*****

43

सब्जियों का भण्डारण

सब्जी उत्पादकों को सब्जियों का अधिक मूल्य लेने के लिए उनका उचित भण्डारण करना अत्यन्त आवष्यक है। अतः सब्जियों का भण्डारण उचित ढ़ंग से किया जाना चाहिए। ताकि वे अधिक समय तक बिना खराब हुए रखी जा सके। कुछ सब्जियों का भण्डारण गुहासें में किया जाता है। आमतौर पर सब्जियों का भण्डारण निम्न कारणों से आवश्यक है।

1. उचित भण्डारण सुविधाओं के कारण सब्जियां अधिक उत्पादन के समय से निम्न उत्पादन के समय तक समान रूप से बाजार में उपलब्ध कराई जा सकती हैं।
2. अधिकतर सब्जियां अपने–अपने मौसम में मिलती हैं। मौसम व्यतीत होने पर उनकी बाजार में उपलब्धि दुर्लभ हो जाती है। यदि उनका उचित भण्डारण कर लिया जाये तो उन्हे बे–मौसम भी उपलब्ध कराया जा सकता है।
3. उचित भण्डारण विधियों द्वारा सब्जियों की नियमित पूर्ति के लिए बाजार में सिक्का जमाया जा सकता है।
4. यदि सब्जियों की मांग न होने पर बाजार में भेजा जाता है तो कृशक को हानि उठानी पड़ती है क्यों सब्जियों के बाहुल्य से उनका मूल्य कम मिलता है।
5. उचित भण्डारण के फलस्वरूप ही सब्जियों की बाजार में मांग होने पर उनसे अधिक मूल्य प्राप्त किया जा सकता है।
6. आलू और शकरकंद जैसी सब्जियों को सुगमता से भण्डारित किया जा सकता है और बे–मौसम में उन्हे भोज्य पदार्थ की पूर्ति के लिए उपयोग किया जा सकता है।
7. भण्डारण के कारण बाजार में सब्जियों का अनावष्यक बाहुल्य नही पाता है। और उन्हे दूरस्थ बाजारों में भी भेजा जा सकता है। भारत में सयब्जियों का सामुचित भण्डारण के कारण कुछ सब्जियां साल भर बाजार में समान रूप से उपलब्ध होती है, जबकि वहां पर इसका स्थानीय उत्पादन बिल्कुल नही होता है। भण्डारण के द्वारा सब्जियों का उपयोग बढ़ाया जा सकता है। भण्डारण की सुविधाओं के अभाव में उन्हे मौसम मौसम में उपयोग करना पड़ता है। प्रत्येक मौसम में कुछ सब्जियां अधिक समय के जिए और कृछ कम समय के लिए उपलब्ध रहती हैं। मौसम में सभी सब्जियों की पूरी मात्रा को उपयोग कर लेना एक असम्भव कार्य है, जिसके कारण उनका एक बहुत बड़ा भाग बर्बाद हो जाता है। जिसके कारण कृशकों को आर्थिक हानि होती है। लेकिन सब्जियों के उचित भण्डारण के द्वारा नासिक की

प्याज और फरूखाबाद के आलू को दीर्घकाल तक उपयोग के लिए उपलब्ध कराया जा सकता यदि सब्जियों के समुचित भण्डारण की सुविधाएं उपलब्ध न हों तो उनकी कम क्षेत्रफल में ढाती हो जाने का भय बढ़ जाता है। अतः सब्जियों की समुचित भण्डारण की ओर प्राथमिकता के आधार पर ध्यान की आवश्यकता है ताकि उत्पादक एवं उपभोक्ता दोनों ही इससे लाभांवित हों सके।

भण्डारण के सिद्धांतः–

सब्जियों के समुचित भण्डारण के लिण कुछ सिद्धांत हैं जिनका ध्यान रखकर उनका भण्डारण भली–भांति किया जा सकता है। अतः सब्जियों के भण्डारण के समय निम्न कारकों का ध्यान रखना चाहिए, ताकि उनका समुचित भण्डारण किया जा सके।

नमी या आर्द्रताः–

सब्जियों के समुचित भण्डारण के लिए उसकी किस्मों के अनुसार नमी का उचित नियंत्रण रखना अत्यन्त आवष्यक है। भण्डारण में वातावरण की संतृप्ता को प्रतिशतांक आपेक्षिक आर्द्रता द्वारा दर्शाया जाता है। प्याज, लहसुन, काशीफल आदि कुछ सब्जियों को शुश्क रहने और सड़ने से बचाने के लिए कम नमी की आवश्यकता होती है। फिर भी अधिक आर्द्रता सब्जियों के समुचित भ्सण्डारणर के लिए अच्छी नही रहती है। अधिक आर्द्रता को कम करने के लिण निम्न दो उपाय अपनाये जा सकते हैं।

1. यदि तापमान अनुमति दे तो संवातन में वृद्धि करके अधिक आर्दता को कम किया जा सकता है।
2. भण्डारण गृह में कैल्ष्यिम क्योराइड खोलकर रखने में अधिक आर्द्रता में कमी की जा सकती है, क्यों कैल्शियम क्लोराइड नमी को सोख लेता है।।

दूसरी ओर यदि भण्डार गृह में नमी का अभाव हो तो ऐसी स्थिति में पानी का छिड़काव करके आर्द्रता को बढ़ाया जा सकता है।

तापमानः–

सब्जियों के समुचित भण्डारण के दौरान उचित तापमान को बनाये रखना अत्यन्त आवष्यक है। 10^0 सेल्सियम के आसपास का तापमान हिमकरण के बिना नियंत्रित किया जा सकता है, जो अधिकांश सब्जियों के भण्डारण के समय उचित रहता है। यदि भण्डारण के दौरान कम तापमान विशेषकर हिमकरण से सब्जियों को काफी क्षति पहुंच सकती है। जबकि अधिक तापमान रासायनिक परिवर्तनों एवं श्वसन के कारण ऊतकों को हानि पहुंचा सकता है। जिसके कारण उन पर हानिकारक जीवाणु और फफूंदी उग सकते हैं। इनके कारण सब्जियां खाने के काम नही आती है।

तापमान की लगातार घटोत्तरी–बढ़ोत्तरी के कारण सब्जियां सिकुड़ जाती है जो बाजार में बिकने योग्य नही रहती हैं अतः सब्जियों के उचित भण्डारण के दौरान तापमान को नियंत्रित रखना चाहिए और यदि किसी कारण वश तापमान में परिवर्तन करना पड़े तो उसमें इतना अधिक परिवर्तन नहीं करना चाहिए कि उसका सब्जियों पर प्रतिकूल प्रभाव पड़े।

सब्जियों के गुण व दशाः–

भण्डारण के लिए भण्डार में रखी जाने वाली सब्जियां उत्तम गुण वाली होनी आवष्यक हैं। कीने का अभिप्राय यह है कि कटी–फटी, खरारेच लगी, कीट या रोगग्रस्त सब्जियों का भण्डारण कदाचित न करें अन्यथा अच्छी सब्जियों के भी खराब होने का भय रहता है। फूलगोभी और बंदगोभी जैसी फसलों को जल्दी काट लिया जाना अत्यन्त आवष्यक है, जबकि काशीफल और आलू को पूर्ण परिपक्वता की दशा में भण्डारित करना अधिक उत्तम रहता है, वहां जड़ वाली सब्जियां थोड़ी सी अधिक पक जाने पर भण्डारित करने से क्षतिग्रस्त हो जाती है।

सब्जियों को कच्चा न तोड़ें और तोड़ेंज ब वे पूर्ण रूप से विकसित हो जायें। कुछ सब्जियों को उस स्थिति में तोड़े जब वे पक जाएं या पकने की स्थिति में हों।

संवातनः–

सब्जियों के समुचित भण्डारण के लिए उनके भण्डारण के दौरान आक्सीजन काफी मात्रा में उपलब्ध रहनी चाहिए, ताकि कार्बन डाईआक्साइड और श्वसन उत्पादन जैसे अवांछनीय पदार्थ और साथ ही सब्जियों से निकली नमी और ताप भण्डार गृह में न रहें।

भण्डारित सब्जियों के लिए संवातन की मात्रा और वायु की आपूर्ति उनकी किस्म पर निर्भर करती है। संवातन का कम या अधिक लेना दोनों ही सब्जियों के भण्डारण के लिए हानिकारक है। वायु की अधिक मात्रा होने के कारण सब्जियां सिकुड़ने और मुरझाने लगती हैं और कम होने की सिथति में उनमें पत्तियों क्षति रासायनिक अंकुरण होने लगता है। सब्जियों के उचित भण्डारण के लिए उचित तापमान, आर्द्रता आदि बनाये रखने के लिए नियमित वातावरण अत्यन्त आवश्यक है। साधरणतः लोग इस ओर विशेष ध्यान नहीं देते हैं, जिसके फलस्वरूप भण्डार गृह में काफी सब्जियां बेकार हो जाती है।

भण्डार के प्रकारः–

सब्जियों के भण्डारण को उनके उपयोग और बिक्री के आधार पर निम्नलिखित दो भागों में बांटा जाता है।

घरेलू भण्डारणः–

इस विधि में उन सब्जियों का भण्डारण किया जाता है, जिन्हे घरेलू उपयोग के लिए इस्तेमाल करना होता है। भारतीय परीस्थितियों में सर्दियों में कुछ सब्जियों को भण्डारित किया जा सकता है, वैसे हरी सब्जियों कासे 2–3 दिन से अधिक नही रखा जा सकता है। गर्मियों में अधिक तापमान के कारण उनका भण्डारण तो असम्भव है। गर्मियों में किसी ठण्डे शुश्क कमरे में फर्श पर कुछ सेमी0 मोटी रेत की एक परत बिदाकर आलू का भण्डारण में रखा जा सकता है। प्याज, लहसुन को भी इसी भांति रेत की तह से ऊपर अधिक समय तक बिना खराब हुए सुरक्षित रखा जा सकता है। आलू प्याज और लहसुन को भण्डारण गृह में रखने से पूर्व उनमें कटे–फटे, कीट व रोग्रस्त सब्जियों को निकाल देना चाहिए अन्यथा वे स्वस्थ सब्जियों को भी खराब कर देगें। शकरकंदी, काशीफल, प्याज और टिण्डा को फर्श पर फैलातने की तुलना में अल्मारियों या रैक के खानों में रखना उत्तम रहता है। इस प्रकार सब्जियों को भण्डारित करने के कारण उन्हे चारों ओर से वायु मिलती रहती है। जिसके कारण वे काफी समय तक बिना खराब हुए रखी जा सकती है।

अरबी, जिमीकंद आदि सब्जियों को छायादार स्थानों में गड्ढ़े खोदकर उनमें रखकर भण्डारित किया जा सकता है। इन गड्ढ़ों का निर्माण घर के अन्दर या बाहर किया जा सकता है। यह भूति उपलब्धता पर निर्भर करता है। चूहे आदि से सब्जियों को बचाने की उचित व्यवस्था करनी चाहिए पक्के भण्डार गृह में नमी बनाये रखने के लिए कभी–कभी उसके फर्श पर छिड़काव करना चाहिए। भण्डार गृह में संवातन की उचित व्यवस्था का होना भी अत्यन्त आवश्यक है।

भारतीय कृषि अनुसंधान संस्थान ने एक साधारण ग्रामीण भण्डारण ढ़ांचा तैयार किया है, जोकि आर्द्रता पैदा करके तापमान को कम करता है, और मैदानों में गर्मियों के दौरान सब्जियों में पानी की हानि की रोकथाम करता है।

यह भण्डारण टैंक ईटों की एक तह से तैयार किया जाता है यानि फर्श या ईंटों की एक परत बिछाई जाती है और घेरे की दीवारों को ईंटों की दो तहों से बनाया जाता है। घेरे की इन दीवारों की तहों के बीच में रेत भर दी जाती है। इन ईंटों को पहले परनी में भिगों दिया जाता है। इस कक्ष के ऊपरी खुले भाग को गीले बोरो से ढ़क दिया जाता है। घेरे की दीवारों और ठंटों के घरातल पर हर सुबह और शाम पानी छिड़का जाता है, ताकि नमी युक्त स्तर बनी रहे।

इन कक्षों का अधिकतम तापमान 25.2^0 सेल्सियस से 26.6^0 सेल्सियस तक रहता है, जबकि खुली जगह का तापमान 39.10^0 सेल्सियम होता है। और इनकी सापेक्ष आर्द्रता 94–97 प्रतिशत होती है, जबकि खुली जगह की 9 से 36 प्रतिशत होती है।

शीत भण्डार गृहः–

सब्जियों ताजी अवस्था में अधिक समय तक उपयोग और परीक्षण के लिए उपलब्ध हो सकती है। इनमें प्रशीतन द्वारा तापमान घटाया जाता है। और उसे ऐसे तापमान पर नियंत्रित किया जाता है, जिन पर भण्डारित सब्जियां खराब न हो। शीत भण्डार गह का सबसे बड़ा लाभ यह है कि इसमें तापमान और आर्द्रता को इच्छठानुसार नियंत्रित किया जा सकता है और बाहरी तापमान का भण्डारित सब्जियों पर कोई प्रतिकूल प्रभाव नही पड़ता है। यह परिपक्वता की गति को घटा देता है। विभिन्न जटिल रासायनिक क्रियाओं की गति को कम करके सूक्ष्म जीवाणुओं द्वारा होने वाली विकृति एवं सड़ने को भी रोकता है। प्रशीतन के दौरान भी सब्जियां पसीज कर गर्मी से या सड़कर खराब हो सकती है। यदि उनका उचित प्रकार से भण्डारण नही किया गया और संवातन पर उचित नियंत्रण नही रखा गया। बोरों या पैकटों में बंद सब्जियों को ठूंस–ठूंस कर भरने से भी वे सब्जियां शीत भण्डार गृह में खराब हो जाती हैं। मौसम में सब्जियों का उत्पादन करके अपने खेतों के आस–पास शीत भण्डार गृहों का लाभ किराये पर उठा सकते हें।

इन शीत भण्डार गृहों में स्थान के हिसाब से प्रतिमाह की दर से निश्चित रहती है। देश में अनेक शीत भण्डार गृह स्थापित किये गये हैं जिनमें विशेश रूप सें आलू का भण्डारण उत्पादकों द्वारा किया गया है।

भण्डारण के दौरान कार्यिकी विशयक प्रक्रियाएंः–

सब्जियों में भण्डारण के दौरान उनमें और कंद कार्यिकी विश्यक प्रक्रियसाएं सम्पन्न होती है, जिनमें से प्रमुख प्रक्रियाएं निम्नलिखित है :–

1. सब्जियों में जल की कमी होने के कारण उनके भारत में कमी हो जाती है, जड़ों और कंद वाली सब्जियों की तुलना में पत्तियों वाली सब्जियों में यह हानि अधिक होती है।
2. जल की हानि पर तापमान और आर्द्रता का ही प्रभाव पड़ता है। अधिक तापमान और कम आद्रैता पर जल की हानि अधिक होती है। वैसे हानि की मात्रा सब्जियों की किस्म पर निर्भर करती है।
3. रासायनिक परिवर्तन, श्वसन, उत्स्वेदन, वृद्धि आदि जीवन क्रियाएं भी भण्डारण सब्जियों के स्वाद और बनावट पर इपना प्रभाव डालती है। यह प्रभाव खरोंचों, सब्जी की किस्म, वायु वातावरण में मौजूद कार्बन डाई आक्साइड और आक्सीजन की मात्रा पर निर्भर करता है।
4. यदि सब्जियों को काफी समय तक या अवैज्ञानिक विधि से भण्डारित किया जाये तो वे सड़ने लगती है। और उन पर अन्य परजीवी पलने लगते हैं। अतः भण्डार

गृहों में सफाई का उचित प्रबंध रहना चाहिए। साथ ही भण्डारित सब्जियों के अनुसार ही तापमान और आर्द्रता को नियंत्रित करना चाहिए।

सब्जी भण्डार के लिए ध्यान देने र्याय बातें: थाम्पसन और कैली के अनुसार सब्जियों को भण्डारित करते समय निम्न बातों को ध्यान रखना चाहिए।

- दामों में सम्भावित वृद्धि
- भण्डारण के दौरान सिकुड़ने और सडत्रने से होने वाली हानि।
- भण्डारण व्यय।
- दुबारा चुनने और बांधने का व्यय।
- शीत भण्डार गृह से समीप के बाजार तक ले जाने का व्यय।

भण्डारण के दौरान होने वाली हानियां:-

यह एक कटु सत्य है कि यदि भण्डारण उचित प्रकार से किया जाये तो हानियां कम हो सकती है। इसके लिए तापमान और आर्द्रता का उचित नियंत्रण रखना अनिवार्य है। अवैज्ञानिक भण्डारण बोरियों/पैकिटों की भरमार आदि हानि की सम्भावना में वृद्धि करते हैं। सब्जियों के भण्डारण के दौरान निम्नलिखित हानियां हो सकती है-

भार की कमी:-

भण्डारित सब्जियों के भार में कमी कई बातों पर निर्भर करती है। जिनमें सब्जी लगाने वाला स्थान, खेती की विधिया, सब्जी की किस्म और प्रकार प्रमकुख है। परीक्षणों से पता चला है कि भारत सब्जियों के भार में 4-10 प्रतिशत तक की कमी हो जाती है। यह कमी उत्स्वेदन या श्वसन के फलस्वरूप होती है। तापमान में बढ़ोत्तरी के कारण उत्सवदेन और श्वसन दोनों में ही वृद्धि होती है जबकि केवल आर्द्रता में कमी केवल उत्स्वेदन में बढ़ोत्तरी करती है। अधिक उत्स्वेदन के कासरण सब्जियां सिकुड़ने लगती है। श्वसन आक्सीकरण की प्रक्रिया है जिससे सब्जियों की शक्ति शर्करा, वायुमण्डलीय आक्सीजन को सोखकर कार्बन डाई ऑक्साइड और जल में विभाजित हो जाती है। और ऊर्जा उत्पन्न करती है।

सब्जियों के आकार व गुणों में परिवर्तन:-

दागी खरोंच वाली रोगग्रस्त सब्जियों को भण्डार गृह में रखने के कारण उनके आरि और गुणों में परिवर्तन हो जाती है। यदि खेत में ही रोग ग्रस्त सब्जियों को भण्डारित कर दिया जाए तो भण्डार में रखी सब्जियों में भी रोग फैल जाता है। कभी-कभी भसण्डार में रखी सब्जियों को कीट भी विभिन्न प्रकार का गुबरैला और सूखे फलों का गुबरैला प्रमुख है। ये

कीट न केवल सब्जियों को खाते हैं अपितु उन पर व्यर्थ पदार्थ छोड़ देते हें। जिसके कारण सब्जियां बेकार हो जाती है अतः रोग ग्रस्त एवं कीट ग्रस्त सब्जियों को भण्डार गृह में किसी भी स्थिति में न रखे। किसी प्रकार के कीट कें प्रकोप से बचाने के लिए निम्न उपाय करें–

सावधानी से जांच करके कीटग्रस्त सब्जियों को निकालकर नष्ट कर दें। अच्छा तो यह होगा कि भण्डार गृह में कीट ग्रस्त सब्जियों का भण्डार न करें।

सब्जियों को आप भण्डार गृह में रखने से पूर्ण उनका दमन या उपयुक्त कीटनाशी से उपचारित कर लेना चाहिए। यदि सब्जी में कीटों का संक्रमण अधिक हो जाए तो उन्हे भण्डार गृह में ही न रखना उचित रहता है।

उचित भण्डारणः–

सब्जियों का वैसा ही आकार रखने के लिए यह आवष्यक है कि उनके भण्डारण की उचित व्यवस्था की जाए। विभिन्न सब्जियों की किस्मों के अनुसार उन्हे गहरे या उथले बर्तनों में रखा जा सकता है। इसके अलावा उन्हे खुली अतमारियों, रैकों आदि में रखा जा सकता है। जिसमें अच्छा वायु संचार हो सब्जियों को लकड़ी के पत्थरों पर अलग करके भी सुरक्षित रखा जा सकता है। क्यों कि ऐसा करने से सब्जियों को पर्याप्त मात्रा में वायु अच्छी उपलब्ध होती रहती है। और उत्पादक को भारी हानि उठानी पड़ेगी।

प्रमुख सब्जियों का भण्डारण–पेण्टास्डिकारें एवं साथी (1975) के अनुसार भारतीस परिस्थितियों में सब्जियों के भण्डारण के लिए सब्जियों के लिए आपेक्षिक आर्द्रता, तापमान, भण्डारण अवधि सारणी में दर्शायी गयी है।

सब्जियों के लिए संतुलित तापमान एवं आपेक्षिक आर्द्रताः–

क्र.सं.	सब्जी	तापमान डिग्री सेल्सियस	आपेक्षिक आर्दता	भण्डार की अवधि (सप्ताह)
1	आलू	30.44	85	34
2	शकरकंदी	10.12.8	85.90	13.20
3	बैंगन	10.11.1	92	2.3
4	टमाटर पके	7ण्2	90	1
5	मिर्च हरी	7ण्2	85.90	3.5
6	बंदगोभी	0.1ण्7	92.95	4.6

7	बंदगोभी (स्नोबाल)	0ण1.1ण7	85.88	7
8	मूली (पत्ता)	0	88.92	3.5
9	शलजम	0	90.95	8.16
10	गाजर (पत्तो सहित)	0	95	20.24
11	चुकन्दर (पत्तो सहित)	0.1ण7	90.95	8.14
12	प्याज	0	70.75	20.24
13	लहसुन	0	65	28.36
14	खीरा	10.11ण7	92	2
15	खरबूजा (केण्टालूप)	1ण7.33	80.90	1ण5
16	खरबूजा (हनीड्यू)	7ण2	85	4ण5
17	तरबूज	7ण2.15ण6	80.90	2
18	क्रेला	0ण6.1ण7	85	4
19	सीताफल	1ण7.11ण6	80.90	24.36
20	विलायती कद्दू	12ण8.15ण6	85.90	24.36
21	सेम	0ण6.1ण7	70.75	3
22	मटर हरी	0	90	2.3
23	सलाद (लेट्स हैड)	0	88.92	3

24	सलाद (पत्तियां)	0	90.95	1
25	सैलरी	0ण6.1ण0	95	8
26	श्रतालू	0.1ण7	92.95	23
27	ऐस्पैरेगस	0	85	3.4
28	टरबी	11ण1.12ण8	95	21
29	अदरक	7ण2.140	85.90	16.24
30	भिण्डी	8ण9	75	2
31	धनिया (पत्ती)	0.1ण7	90	5

*****

44

सब्जियों का मूल्यवर्धन – तकनीक, प्रतिबंध और समाधान

वैश्विक स्तर पर सब्जियों के उत्पादन और विविध सब्जी–उत्पाद के कारोबार में व्यापक वृद्धि हुई है। बढ़ती आय,घटते परिवहन लागत, नई उन्नत प्रसंस्करण तकनीक और वैश्वीकरण ने इस विकास के लिए प्रेरित किया है। लेकिन यह वृद्धि, आपूर्ति श्रृंखला प्रबंधन और प्रसंस्करण के धीमी विकास से मेल नहीं करता है। क्षय को कम करने, विस्तार और विविधीकरण के लिए प्रोसेसिंग सबसे प्रभावी उपाय है। प्रसंस्करण गतिविधियां, ताजा उपज के लिए बाजार के अवसरों में वृद्धि करते हुए मूल्य वृद्धि करते हैं तथा पोस्टहर्स्ट हानियों को कम करते हैं।

प्रसंस्करण, खेती की आय में वृद्धि, ग्रामीण रोजगार सृजन और विदेशी मुद्रा उत्पन्न करके कृषि उत्पादन प्रणालियों की व्यवहार्यता, लाभप्रदता और स्थिरता में सुधार लाता है। भारत विश्व में सब्जियों का दूसरा सबसे बड़ा उत्पादक देश है (163 मिलियन टन प.म.विश्व उत्पादन का 14:) (एनएचबी 2014) परंतु फलों और सब्जियों का प्रसंस्करण विकसित देशों में की तुलना में बहुत कम है जबकि वैल्यू एडिशन 7: है (चीन में झ20: और यूनाइटेड किंगडम में 88:)। प्रसंस्करण (मूल्यवर्धन सहित) में जीडीपी, ग्रामीण क्षेत्रों में रोजगार सृजन और उ।मियों के लिए व्यवसाय के अवसरों में योगदान करने की जबरदस्त क्षमता है। भाविष्य में 35: मूल्य–वृद्धि और 10: प्रोसेसिंग के लक्ष्य को प्राप्त करने के लिए सामना किए जाने वाले विभिन्न चरणों और बाधाओं को ध्यान देने की आवश्यकता है।

वैल्यू एडिशन किसी उत्पाद या सेवा के ग्राहक मूल्य में वृद्धि करते हैं। यह ग्राहक की जरूरतों और धारणाओं द्वारा संचालित एक उत्पादन/विपणन रणनीति है ।यह उत्पाद बनाने के लिए उपयोग किए गए कच्चे कृषि, समुद्री या वन्य सामग्री को विशेषताएं जोड़ता है। मूल्य वर्धित कृषि के उदाहरण हैं खा। प्रसंस्करण, सुखाने, कैनिंग, जूसिंग, अनूठी पैकेजिंग, लेबलिंग और मार्केटिंग। मूल्य वर्धन का अर्थ है उपभोक्ता के जरूरतों या मांग के अनुसार अलग–अलग उत्पाद। वैल्यू एडिशन उपभोक्ता के लिए अधिक पोषक उत्पाद है जबकि उत्पादक के लिए प्रसंस्करण और उत्पाद के वितरण में भागीदारी है। यह ऊर्ध्वाधर एकीकरण के रूप में जाना जाता है। मूल्यवर्धित विपणन कई पारंपरिक उत्पादकों के लिए एक अपेक्षाकृत नई अवधारणा है जिसमें पूंजी, सामूहिक कार्य और खा। उद्योग के विभिन्न क्षेत्रों का एकीकरण है।

वैल्यू एडिशन का महत्वः–

आज के खा। उपभोक्ता बेहतर स्वाद, अधिक पोषक, ज्यादा विविध और सुविधाजनक उत्पाद की मांग करते हैं। मूल्य वर्धित कृषि में शामिल होने से किसानों का शुद्ध कृषि लाभ में बढ़ोतरी होगी जबकि खाद्य आपूर्ति श्रृंखला में बिचौलियों के हाशिये कम हो जाएंगे।मूल्य वृद्धि की अवधारणा उत्पादकों को 'मूल्य–खरीदार' से लेकर 'मूल्य निर्माताओं' 'में तब्दील कर सकती है।

पारंपरिक सब्जी प्रोसेसिंग टेक्नोलॉजीः–

परंपरागत प्रसंस्करण प्रौद्योगिकियों जैसे कि शीत्त उपचार, सुखाने, थर्मल प्रसंस्करण (बॉटलिंग और डिब्बाबंदी), निर्जलीकरण (नमक, ब्रिनिंग और कैन्डिंग) और किण्वन को व्यापक रूप से कॉटेज, छोटे, मध्यम और बड़े उद्यमों द्वारा कृत्रिम, मध्यवर्ती और उच्च स्तर पर सब्जियों के प्रसंस्करण में प्रयोग किया जाता है। जूस, किण्वित वाइन, शराब, कैंडीज, जमे हुए और सूखे जैसे प्रसंस्कृत उत्पाद इन प्रौद्योगिकियों का उपयोग करते हुए तैयार किए जाते हैं।

हलांकि ये प्रसंस्करण प्रौद्योगिकियां सब्जियों को सूक्ष्मजीवविद् स्थिर बनाने में आम तौर पर प्रभावी हैं लेकिन, वे उत्पाद के स्वाद, रंग और बनावट विशेषताओं को बदलते हैं।

हिमीकरण/फ्रीजिंगः–

यह तकनीक (ठीक से किए जाने पर) उत्पादध खाद्य पदार्थों के आकार, बनावट, स्वाद और रंग में न्यूनतम परिवर्तन करता है।–18 डिग्री सेल्सियस के तापमान पर संग्रहीत सब्जियां 12 महीनों तक अच्छी गुणवत्ता बनाए रखती है। उच्च ऊर्जा आवश्यकता (ठंड के संचालन के लिए) इस प्रकार की तकनीक की लागत एवं उत्पादों के मूल्य बढ़ाते हैं।

थर्मल प्रोसेसिंगः–

थर्मल प्रसंस्करण का जैम, जेली, डिब्बाबंद और बोतलबंद सब्जियों के उत्पादन में व्यापक रूप से प्रयोग होता है। इस तकनीक में असेपटेक प्रोसेसिंग सिस्टम (विसंक्रमित परतदार पैकेजिंग) का उपयोग किया जाता है जो उत्पाद की कीमत बढ़ाते हैं ।

ड्राईंग टेक्नोलॉजीः–

सरल प्रौद्योगिकी जैसे सौर सुखाने से लेकर नवीन प्रौद्योगिकी जैसे फ्रीज सुखाने, ड्रम सुखाने और स्प्रे सुखाने का उपयोग किया जाता है। सूखे उत्पादों में कम वजन और परिवहन लागत का लाभ होता है। हालांकि ये तकनीक पौष्टिक मूल्य, रंग, स्वाद, सुगंध और बनावट में नुकसान करते हैं ।

निर्जलीकरण उपचारः–

सब्जियों के सल्टिंग और ब्राइनिंग निर्जलीकरण के उपचार हैं जो असमस के सिद्धांत पर आधारित है । इन प्रक्रियाओं में सब्जियों को बढ़ते आसमाटिक दबाव के एक जलीय घोल (उच्च चीनी या नमक) में डाला जाता है। निर्जलीकरण उपचार सब्जियो के उत्तकों से एक सीमित ताप पर पानी को हटा देता है । इस टैक्नीक के उत्पाद की कीमत को कम करने के लिए सुखाने और हिमीकरण के साथ संयोजन में लागू किया जा सकता है।

किण्वन / फेरमेंटेशनः–

यह खाद्य पदार्थों की धीमी जैव–संरक्षण प्रक्रिया है, जो सूक्ष्मजीवों या एंजाइम (सूक्ष्मजीव, पौधे या पशु मूल के) द्वारा उत्त्रप्रेरित है । यह खाद्य संरक्षण ६ प्रसंस्करण का सबसे पुराना रूप है। उपयुक्त पोस्ट– किण्वन उपचारों की अनुपलब्धता के कारण कई किण्वित उत्पाद सीमित शेल्फ जीवन के होते हैं।

सब्जियों के आधुनिक प्रसंस्करण टेक्नोलॉजीः–

सुविधाजनक और उच्च गुणवत्ता वाले, सुरक्षित, ताजा समान गुण वाले खाद्य पदार्थों के बढ़ते उपभोक्ता मांग के फलस्वरूप सब्जी प्रसंस्करण में काफी नवीनता और विविधीकरण हुई है। नए उत्पाद जैसे, छंटनी और पैक किए गए सेम, तैयार सलाद और पूर्व तैयार फ्राई मिक्स सुपरमार्केट और निर्यात व्यापार में तेजी से प्रवेश कर रहे हैं।यद्यपि इस प्रकार के मूल्य–वृद्धि में अपेक्षाकृत कम उत्पाद परिवर्तन की आवश्यकता होती है परंतु उत्पाद की गुणवत्ता सुनिश्चित करने के लिए उपकरण व प्रबंधन प्रणालियों में निवेश और खाद्य–सुरक्षा सिद्धांतों और प्रथाओं के कड़े पालन अनिवार्य हैं।

न्यूनतम प्रसंस्करण / मिनिमल प्रोसेसिंगः–

इसमें सब्जियों की हैंडलिंग, प्रोसेसिंग, पैकेजिंग और वितरण अच्छा प्रबंधन प्रथाओं (जीएमपी) और हैजर्ड विश्लेषण और क्रिटिकल कंट्रोल पॉइंट (एचएसीसीपी) के उचित खाद्य–सुरक्षा सिद्धांतों के पालन के साथ किया जाता है। न्यूनतम प्रसंस्करण कार्य जैसे काटना, टुकड़े करना, छीलने इत्यादि से पौधे के ऊतकों को चोट पहुचते है जिस कारण एंजाइमिक बदलाव शुरू होता है। वैरिएटल, शारीरिक–परिपक्वता और पूर्व–फसल घटक परिवर्तनों को और प्रभावित करते हैं। न्यूनतम प्रसंस्कृत उत्पादों की माइक्रोबियल स्थिरता और संवेदी गुणवत्ता बढ़ाने के लिए एक बाधा दृष्टिकोण लागू किया गया है। इस दृष्टिकोण का बुनियादी सिद्धांत परिरक्षक कारकों द्वारा सूक्ष्मजीव के गतिविधि का निषेध करना है। कम ताप पर भंडारण, हल्का गरम उपचार, पानी की गतिविधि पर नियंत्रण, उपयुक्त पैकेजिंग के जरिये रेडॉक्स क्षमता का नियंत्रण, सोर्बेट, बैंजोएट और एस्कॉर्बिक एसिड जैसे परिरक्षकों का उपयोग

आमतौर पर न्यूनतम प्रसंस्करण में बाधाओं के तौर पर किया जाता है। प्रसंस्करण, पैकेजिंग, वितरण और खुदरा बिक्री के दौरान उपयुक्त गुणवत्ता का पानी और कोल्ड स्टोरेज न्यूनतम प्रसंस्करण की महत्वपूर्ण आवश्यकताएं हैं। न्यूनतम प्रोसेसिंग जिसमें बाधा अवधारणा का अनुप्रयोग किया जाता है एक सस्ती, ऊर्जा कुशल, सरल और संतोषजनक सब्जियों का वैल्यू एडिशन तकनीक है।

गैर थर्मल प्रोसेसिंग टेक्नोलॉजीः–

गैर–थर्मल भौतिक प्रक्रियाएं जैसे उच्च तीव्रता स्पंदनयुक्त बिजली के क्षेत्र, उच्च तीव्रता स्पंदित प्रकाश, उच्च जल द्रव्य दबाव और भोजन विकिरण, न्यूनतम प्रोसेसिंग में भविष्य के उपयोग के लिए संभावित तकनीक हैं।

प्रसंस्करण ऑपरेटर द्वारा सामना किए जाने वाले मुद्दे और बाधाएंः–

बढ़ते शहरीकरण और वैश्वीकरण ने संसाधित सब्जी उत्पादों के भंडारण, गुणवत्ता, सुविधा और सुरक्षा विशेषताओं की मांग बढ़ाई है। इन मानदंडों को पूरा कार्य करना सब्जी प्रसंस्करण में लगे छोटे और मध्यम उद्यमों (एसएमई) के लिए एक बड़ी चुनौती है। इनमें से कई उद्यम, तकनीकी, ढांचागत और संस्थागत कारकों के कारण जीएमपी, एचएसीसीपी प्रमाणीकरण, गुणवत्ता आश्वासन, लेबलिंग, पैकेजिंग और पर्यावरण मानकों के अंतरराष्ट्रीय मानकों का पालन करने में असमर्थ हैं।

तकनीकी मुद्देः–

सब्जी प्रसंस्करण पर नकारात्मक प्रभाव डालने वाले कुछ तकनीकी कारक हैं

- तकनीकी सहायता सेवाओं की कमी
- उचित पैमाने के उपकरणों के आउटसोर्सिंग में कठिनाई, और उत्पादित किस्मों के अनुसार उपयुक्त
- अपर्याप्त गुणवत्ता नियंत्रण प्रणाली

संस्थागत मुद्देः–

ये तकनीकी बाधाएं कई संस्थागत बाधाओं से जुड़ी हैं। सब्जी खाद्य प्रसंस्करण को बढ़ावा देने और समर्थन करने वाली सरकारी नीतियों की अपर्याप्तता के अलावा इनमें उच्च गुणवत्ता वाले कच्चे माल की असंगत और अपर्याप्त आपूर्ति, सीमित बुनियादी ढांचे, बाहरी निविष्टियों तक सीमित पहुंच और सीमित विपणन बुनियादी ढांचे शामिल हैं।

विपणन इंफ्रास्ट्रक्चर और विपणन सिस्टमः–

परिवहन की सीमित उपलब्धता कच्चे माल तक पहुंचने में और संसाधित उत्पादों के विपणन में समस्याएं बनती हैं। खराब गुणवत्ता और पैकेजिंग और उत्पाद की गुणवत्ता के लिए बाजार अनुसंधान की कमी प्रोसेसेड उत्पादों की प्रतिस्पर्धात्मकता को सीमित करती है। आवश्यक कड़े गुणवत्ता मानकों और लेबलिंग का पालन करने में अक्षमता और पैमाने की अर्थव्यवस्थाओं की कमी भी विदेशी बाजारों तक पहुंचने के लिए एक बड़ी बाधा है।

सब्जी प्रसंस्करण के बाधाओं को संबोधित करने की रणनीतियांः–

सब्जी प्रसंस्करण में एसएमई की प्रतिस्पर्धात्मकता को बढ़ाने के लिये, कच्ची सामग्री की आपूर्ति को उन्नत करने, प्रसंस्करण दक्षता में वृद्धि, पैमाने की अर्थव्यवस्था विकसित करने और तकनीकी और प्रबंधन कौशल को अपनाने की रणनीति की आवश्यकता है।

कच्ची सामग्री की आपूर्ति का उन्नयनः–

सब्जी प्रसंस्करण क्षेत्र अपने कच्चे माल की गुणवत्ता उदाहरणार्थ किस्म, कटाई तकनीक, फसल कटाई के उपरांत हैंडलिंग, भंडारण और परिवहन पर निर्भर है। कच्चे माल के उत्पादन में अच्छी कृषि प्रथाओं को बढ़ावा दिया जाना चाहिए। पोस्ट हार्वेस्ट हैंडलिंग श्रृंखला के माध्यम से उत्पादक–प्रोसेसर के संबंधों को सुदृढ़ किया जा सकता है जिससे कच्चे माल की मात्रा और गुणवत्ता में सुधार होगा। अनुबंध की खेती और सहकारी समितियां उचित मात्रा में उपयुक्त गुणवत्ता के रोपण सामग्री प्राप्त करने में सामरिक लाभ प्रदान कर सकती है।

प्रसंस्करण क्षमता में वृद्धिः–

प्रसंस्करण में दक्षता, गुणवत्ता और सुरक्षा में सुधार के लिए बुनियादी ढांचे और कुशल तकनीकी विशेषज्ञता में प्रयाप्त निवेश की आवश्यकता है। इन मानदंडों को पूरा करने के लिए उन उद्यमों की आवश्यकता होती है जो या तो स्वयं को सहकारी संस्थाओं के रूप में संगठित करे जिससे अनुसंधान और विकास के खर्चे साझा हो या विदेशी कंपनियों के साथ साझेदारी में प्रवेश करे जिससे वित्त और ज्ञान दोनों की बढ़ोतरी हो। उत्पादों के ग्राम स्तर पर आंशिक प्रसंस्करण से नुकसान कम होगा और इन क्षेत्रों से बड़े प्रसंस्करण स्थलों तक परिवहन लागत में भारी कमी आएगी।

एंटरप्राइज स्तर पर तकनीकी और प्रबंधन कौशल का विकासः–

प्रतिस्पर्धात्मकता को बनाए रखने के लिए बाजारी विकास, प्रवृत्तियों, नई प्रक्रियाओं और उपकरणों की जानकारी बहुत महत्वपूर्ण है इसलिए यह आवश्यक है कि उद्यम प्रबंधकीय कौशल के क्षमता निर्माण में निवेश करते रहे। तकनीकी कर्मियों को ठीक तरह से प्रशिक्षित

किया जाना चाहिए और उनके कौशल को समय–समय पर अपग्रेड किया जाए ताकि अच्छे उत्पादन प्रथाओं और एचएसीसीपी के मौजूदा अंतरराष्ट्रीय मानकों के अनुरूप सर्वोत्तम प्रक्रियाओं को लागू किया जा सके।

सामरिक गठबंधनों का विकासः–

सामरिक गठबंधन विभिन्न बाजारों की आवश्यकताओं को पूरा करने, पैकेजिंग सामग्रियों के डिजाइन करने, प्रसंस्करण संसाधनों के अधिग्रहण, पैमाने के अर्थव्यवस्थाओं और साथ ही बाजार में उपस्थिति विकसित और बनाए रखने की उच्च लागत पर काबू करने में सहायता करते है।

समर्थन सेवाएंः–

ढांचागत और संस्थागत समर्थन के लिए सरकारी निवेश कई तकनीकी और संस्थागत बाधाओं पर काबू पाने के लिए महत्वपूर्ण है। कौशल उन्नयन के लिए प्रशिक्षण का प्रावधान आवश्यक है। सब्जी प्रसंस्करण क्षेत्र में छोटे–धारक निवेश को समर्थन और प्रोत्साहित करने के लिए नई नीतियों की भी आवश्यकता है।

निष्कर्षः–

आधुनिक और पारंपरिक प्रसंस्करण टेक्नोलॉजीज के उपयोग से सब्जी क्षेत्र के भीतर वर्टिकलध्खड़ी विविधीकरण के नए अवसर बनाए जा सकते है। इन अवसरों का लाभ लेने के लिए आवश्यक होगा कि उत्पादन क्षेत्र के साथ एक मजबूत संबंध विकसित किया जाए और उन रणनीतिक गठजोड़ों को बनाया और बढ़ाया जाए जिससे तकनीक और कौशल विकास उन्नत हो। साथ ही सरकार की नीतियों के समर्थन से उत्पाद प्रतिस्पर्धात्मकता का बढ़ावा हो।

*****

45

पौधों में पोषक तत्वों की कमी एवं उनकी पहचान/लक्षण

पेड़ पौधे भी इंसानों की तरह विकास करने के लिए पोषक तत्व का उपयोग करते हैं, पौधों को अपनी वृद्धि, प्रजनन, तथा विभिन्न जैविक क्रियाओं के लिए कुछ पोषक तत्वों की आवश्यकता होती है। इन पोषक तत्वों के उपलब्ध न होने पर पौधों की वृद्धि रूक जाती है यदि ये पोषक तत्व एक निश्चित समय तक न मिलें तो पौधों की मृत्यु हो जाती है। हालाकी पौधे भूमि से जल तथा खनिज–लवण शोषित करके वायु से कार्बनडाई–आक्साइड प्राप्त करके सूर्य के प्रकाश की उपस्थिति में अपने लिए भोजन का निर्माण करते हैं। पौधों को 17 तत्वों की आवश्यकता होती है जिनके बिना पौधे की वृद्धि–विकास तथा प्रजनन आदि क्रियाएं सम्भव नहीं हैं। इनमें से मुख्य तत्व कार्बन, हाइड्रोजन, ऑक्सीजन , नाइट्रोजन, फॉस्फोरस और पोटाश है। इनमें से प्रथम तीन तत्व पौधे वायुमंडल से ग्रहण कर लेते हैं।

पोषक तत्वों को पौधों की आवश्यकतानुसार निम्न प्रकार वर्गीकृत किया गया हैः–

मुख्य पोषक तत्व– नाइट्रोजन, फास्फोरस एवं पोटाश।

गौण पोषक तत्व– कैल्शियम, मैग्नीशियम एवं गन्धक।

सूक्ष्म पोषक तत्व– लोहा, जिंक, कापर, मैग्नीज, मालिब्डेनम, बोरान एवं क्लोरीन।

पौधों मे आवश्य कम महत्पूर्ण पोषक तत्वो के कार्य व कमी के लक्षणः–

नत्रजनः–

नाइट्रोजन से प्रोटीन बनती है, जो जीव द्रव्य का अभिन्न अंग है। यह पर्ण हरित के निर्माण में भी भाग लेती है। नाइट्रोजन का पौधों की वृद्धि एवं विकास में योगदान इस तरह से है, यह पौधों को गहरा रंग प्रदान करता है।

वानस्पतिक वृद्धि को बढ़ावा मिलता है। अनाज तथा चारे वाली फसलों में प्रोटीन की मात्रा बढ़ाता है। यह दानो के बनने में मदद करता है। सभी जीवित ऊतकों या निजड़, तना, पत्तिकी वृद्धि और विकास में सहायक है।

क्लोरोफिल, प्रोटोप्लाज्मा प्रोटीन और न्यूक्लिक अम्लों का एक महत्वपूर्ण अवयव है। पत्ती वाली सब्जियों की गुणवत्ता में सुधार करता है।

नत्रजन–कमी के लक्षणः– पौधों मे प्रोटीन की कमी होना व हल्के रंग का दिखाई पड़ना। निचली पत्तियाँ पड़ने लगती है, जिसे क्लोरो सिस कहते हैं। पौधे की बढ़वार का रूकना, कल्ले कम बनना, फूलों का कम आना। फल वाले वृक्षों का गिरना। पौधों का बौना दिखाई पड़ना। फसल का जल्दी पक जाना।

फॉस्फोरसः–

फॉस्फोरस की उपस्थिति में कोशा विभाजन शीघ्र होता है। यह न्यूक्लिक अम्ल, फास्फोलिपिड्स व फाइटीन के निर्माण में सहायक है। प्रकाश संश्लेषण में सहायक है। यह कोशा की झिल्ली, क्लोरोप्लास्टत था माइटोकान्ड्रिया का मुख्य अवयव है। फास्फोरस मिलने से पौधों में बीज स्वस्थ पैदा होता है तथा बीजों का भार बढ़ना, पौधों में रोग व कीट रोधकता बढती है. फास्फोरस के प्रयोग से जड़ें तेजी से विकसित तथा सुदृढ़ होती हैं। पौधों में खड़े रहने की क्षमता बढ़ती हैं। इससे फल शीघ्र आते हैं, फल जल्दी बनते है व दाने शीघ्र पकते हैं। यह नत्रजन के उपयोग में सहायक है तथा फलीदार पौधों में इसकी उपस्थिति से जड़ों की ग्रंथियों का विकास अच्छा होता है। पौधों के वर्धन शील अग्रभाग, बीज और फलों के विकास हेतु आवश्यक है। पुष्प विकास में सहायक है। कोशिका विभाजन के लिए आवश्यक है। जड़ों के विकास में सहायक होता है। न्यूक्लिक अम्लों, प्रोटीन, फास्फोलिपिड और सहविकारों का अवयव है। अमीनों अम्लों का अवयव है।

फॉस्फोरस–कमी के लक्षणः– पौधे छोटे रह जाते हैं, पत्तियों का रंग हल्का बैगनी या भूरा हो जाता है। फास्फोरस गतिशील होने के कारण पहले ये लक्षण पुरानी (निचली) पत्तियों पर दिखते हैं। दाल वाली फसलों में पत्तियां नीले हरे रंग की हो जाती हैं। पौधो की जड़ों की वृद्धि व विकास बहुत कम होता है कभी–कभी जड़े सूख भी जाती हैं। अधिक कमी में तने का गहरा पीला पड़ना, फल व बीज का निर्माण सही न होना। इसकी कमी से आलू की पत्तियाँ प्याले के आकार की, दलहनी फसलों की पत्तियाँ नीले रंग की तथा चौड़ी पत्ती वाले पौधे में पत्तियों का आकार छोटा रह जाता है।

पोटैशियमः–

जड़ों को मजबूत बनाता है एवं सूखने से बचाता है। फसल में कीट व रोग प्रतिरोधकता बढ़ाता है। पौधे को गिरने से बचाता है। स्टार्च व शक्कर के संचरण में मदद करता है। पौधों में प्रोटीन के निर्माण में सहायक है।

अनाज के दानों में चमक पैदा करता है। फसलो की गुणवत्ता में वृद्धि करता है। आलू व अन्य सब्जियों के स्वाद में वृद्धि करता है। सब्जियों के पकने के गुण को सुधारता है। मृदा में नत्रजन के कुप्रभाव को दूर करता है। एंजाइमों की क्रिया शीलता बढ़ाता है। ठण्डे और

बादल युक्त मौसम में पौधों द्वारा प्रकाश के उपयोग में वृद्धि करता है, जिससे पौधों में ठण्डक और अन्य प्रतिकूल परिस्थितियों को सहन करने की क्षमता बढ़ जाती है। कार्बोहाइड्रेट के स्थानांतरण, प्रोटीन संश्लेषण और इनकी स्थिरता बनाये रखने में मदद करता है। पौधों की रोग प्रतिरोधी क्षमता में वृद्धि होती है। इसके उपयोग से दाने आकार में बड़े हो जाते है और फलों और सब्जियों की गुणवत्ता में वृद्धि होती है।

पोटैशियम–कमी के लक्षणः– पत्तियाँ भूरी व धब्बेदार हो जाती हैं तथा समय से पहले गिर जाती हैं। पत्तियों के किनारे व सिरे झुलसे दिखाई पड़ते हैं। आलू में कन्द छोटे तथा जड़ों का विकास कम हो जाता है, पौधों में प्रकाश–संश्लेषण की क्रिया कम तथा श्वसन की क्रिया अधिक होती है।

कैल्सियमः–

यह गुण सूत्र का संरचनात्मक अवयव है। यह तत्व आलू व मूँगफली के लिए अधिक लाभकारी है। यह पौधों में कार्बोहाइड्रेट संचालन में सहायक है। कोशिका भित्ति का एक प्रमुख अवयव है, जो कि सामान्य कोशिका विभाजन के लिए आवश्यक होता है। कोशिका झिल्ली की स्थिरता बनाये रखने में सहायक होता है। एंजाइमों की क्रियाशीलता में वृद्धि करता है। पौधों में जैविक अम्लों को उदासीन बनाकर उनके विषाक्त प्रभाव को समाप्त करता है। कार्बोहाइट्रेड के स्थानांतरण में मदद करता है।

कैल्सियम–कमी के लक्षणः– नई पत्तियों के किनारों का मुड़व सिकुड़ जाना। अग्रिम कलिका का सूख जाना। जड़ों का विकास कम तथा जड़ों पर ग्रन्थियों की संख्या में काफी कमी होना। फलव कलियों का अपरिपक्व दशा में मुरझाना।

मैग्नीशियमः–

क्रोमोसोम, पोली राइबोसोम तथा क्लोरोफिल का अनिवार्य अंग है। पौधों के अन्दर कार्बोहाइड्रेट संचालन में सहायक है। पौधों में प्रोटीन, विटामिन, कार्बोहाइड्रेट तथा वसा के निर्माण मे सहायक है। चारे की फसलों के लिए महत्वपूर्ण है। क्लोरोफिल का प्रमुख तत्व है, जिसके बिना प्रकाश संश्लेषण (भोजननिर्माण) संभव नहीं है। कार्बोहाइट्रेड–उपापचय, न्यूक्लिक अम्लों के संश्लेषण आदि में भाग लेने वाले अनेक एंजाइमों की क्रिया शीलता में वृद्धि करता है। फास्फोरस के अवशोषण और स्थानांतरण में वृद्धि करता है।

मैग्नीशियम–कमी के लक्षणः–पत्तियाँ आकार में छोटी तथा ऊपर की ओर मुड़ी हुई दिखाई पड़ती हैं। दलहनी फसलों में पत्तियो की मुख्यन सों के बीच की जगह का पीला पड़ना।

गन्धक (सल्फर) :–

यह अमीनो अम्ल, प्रोटीन (सिसटीन व मैथिओनिन), वसा, तेल एव विटामिन्स के निर्माण में सहायक है। विटामिन्स (थाइमीन व बायोटिन), ग्लूटेथियान एवं एन्जाइम 3ए 22 के निर्माण में भी सहायक है। तिलहनी फसलों में तेल की प्रतिशत मात्रा बढ़ाता है। यहसरसों, प्याज व लहसुन की फसल के लिये आवश्यक है। प्रोटीन संरचना को स्थिर रखने में सहायता करता है।

गन्धक–कमी के लक्षणः– नई पत्तियों का पीला पड़ना व बाद में सफेद होना तने छोटे एवं पीले पड़ना। तोरिया, टमाटर व रिजका में तनों का लाल हो जाना। ब्रेसिका जाति (सरसों) की पत्तियों का प्यालेनुमा हो जाता हैं।

लोहा (आयरन) :–

लोहा साइटोक्रोम्स, फैरीडोक्सीन व हीमोग्लोबिन का मुख्य अवयव है। क्लोरोफिल एवं प्रोटीन निर्माण में सहायक है। यह पौधों की कोशिकाओं में विभिन्न ऑक्सीकरण–अवकरण क्रियाओं मे उत्प्रेरक का कार्य करता है।

श्वसन क्रिया में आक्सीजन का वाहक है। पौधों में क्लोरोफिल के संश्लेषण और रख–रखाव के लिए आवश्यक होता है। न्यूक्लिक अम्ल के उपापचय में एक आवश्यक भूमि का निभाता है। अनेक एंजाइमों का आवश्यक अवयव है।

लोहा–कमी के लक्षणः– पत्तियों के किनारों वन सों का अधिक समय कोहरा बना रहना। नई कलिकाओं की मृत्यु को जाना तथा तनों का छोटा रह जाना।

जस्ता (जिंक) :–

कैरोटीन व प्रोटीन संश्लेषण में सहायक है। हार्मोन्स के जैविक संश्लेषण में सहायक है। यह एन्जाइम (जैसे–सिस्टीन, लेसीथिनेज, इनोलेज, डाइसल्फाइडेज आदि) की क्रियाशीलता बढ़ाने में सहायक है। क्लोरोफिल निर्माण में उत्प्रेरक का कार्य करता है।

पौधों द्वारा फास्फोरस और नाइट्रोजन के उपयोग में सहायक होता है न्यूक्लिक अम्ल और प्रोटीन–संश्लेषण में मदद करता है। हार्मोनों के जैव संश्लेषण में योगदान करता है। अनेक प्रकार के खनिज एंजाइमों का आवश्यक अंग है।

जस्ता–कमी के लक्षणः– पत्तियों का आकार छोटा, मुड़ी हुई, नसों मे निक्रोसिस वनसों के बीच पीली धारियों का दिखाई पड़ना। फलों का आकार छोटा व बीज की पैदावार का कम होना।

ताँबा (कॉपर) :–

यह इंडोलएसीटिक अम्ल वृद्धि कारक हार्मोन के संश्लेषण में सहायक है। ऑक्सीकरण–अवकरण क्रिया को नियमितता प्रदान करता है। अनेक एन्जाइमों की क्रियाशीलता बढ़ाता है। कवक रोगो के नियंत्रण में सहायक है। पौधों में विटामिन 'ए' के निर्माण में वृद्धि करता है। अनेक एंजाइमों का घटक है।

ताँबा–कमी के लक्षण:– फलों के अंदर रस का निर्माण कम होना। नीबू जाति के फलों में लाल–भूरे धब्बे अनियमित आकार के दिखाई देते हैं। अधिक कमी के कारण अनाज एवं दाल वाली फसलों में रिक्लेमेशन नामक बीमारी होना।

बोरानः–

पौधों में शर्करा के संचालन मे सहायक है। परागण एवं प्रजनन क्रियाओ में सहायक है। दलहनी फसलों की जड़ ग्रन्थियों के विकास में सहायक है। यह पौधों में कैल्शियम एवं पोटैशियम के अनुपात को नियंत्रित करता है। यह डी.एन.ए., आर.एन.ए., ए.टी.पी. पेक्टिन व प्रोटीन के संश्लेषण में सहायक है। प्रोटीन–संश्लेषण के लिये आवश्यक है। कोशिका विभाजन को प्रभावित करता है। कैल्शियम के अवशोषण और पौधों द्वारा उसके उपयोग को प्रभावित करता है। कोशिका झिल्ली की पारगम्यता बढ़ाता है

बोरान–कमी के लक्षणः– पौधे की ऊपरी बढ़वार का रूकना, इन्टर नोड की लम्बाई का कम होना। पौधों मे बौनापन होना। जड़ का विकास रूकना। बोरान की कमी से चुकन्दर में हर्टराट, फूलगोभी मे ब्राउनिंग या खोखला तना एवं तम्बाखू में टाप– सिकनेस नामक बीमारी का लगना।

मैंगनीजः–

क्लोरोफिल, कार्बोहाइड्रेट व मैंगनीज नाइट्रेट के स्वागीकरण में सहायक है। पौधों में आक्सीकरण–अवकरण क्रियाओं में उत्प्रेरक का कार्य करता है। प्रकाशसंश्लेषण में सहायक है। प्रकाश और अन्धेरे की अवस्था में पादप कोशिकाओं में होने वाली क्रियाओं को नियंत्रित करता है। नाइट्रोजन के उपापचय और क्लोरोफिल के संश्लेषण में भाग लेने वाले एंजाइमों की क्रियाशीलता बढ़ा देता है। पौधों में होने वाली अनेक महत्वपूर्ण एंजाइम युक्त और कोशिकीय प्रतिक्रियओं के संचालन में सहायक है। कार्बोहाइड्रेड के आक्सीकरण के फलस्वरूप कार्बन आक्साइड और जल का निर्माण करता है।

मैंगनीज–कमी के लक्षण:– पौधों की पत्तियों पर मृत उतको के धब्बे दिखाई पड़ते हैं। अनाज की फसलों में पत्तियाँ भूरे रग की व पारदर्शी होती है तथा बाद मे उसमे ऊतक गलन रोग

पैदा होता है। जई में भूरी चित्ती रोग, गन्ने का अगमारी रोग तथा मटर का पैंक चित्ती रोग उत्पन्न होते हैं।

क्लोरीन :–

यह पर्ण हरिम के निर्माण में सहायक है। पोधो में रसाकर्षण दाब को बढ़ाता है। पौधों की पंक्तियों में पानी रोकने की क्षमता को बढ़ाता है।

क्लोरीन–कमी के लक्षण:– गमलों में क्लोरीन की कमी से पत्तियों में विल्ट के लक्षण दिखाई पड़ते हैं। कुछ पौधों की पत्तियों में ब्रोन्जिंग तथा ने क्रोसिसरचनायें पाई जाती हैं। पत्तागोभी के पत्ते मुड़ जाते हैं तथा बरसीम की पत्तियाँ मोटी व छोटी दिखाई पड़ती हैं।

मालिब्डेनम :–

यह पौधों में एन्जाइम नाइट्रेट रिडक्टेज एवं नाइट्रो जिनेज का मुख्य भाग है। यह दलहनी फसलों में नत्रजन स्थिरीकरण, नाइट्रेट एसी मिलेशन व कार्बोहाइड्रेट मेटाबालिज्म क्रियाओ में सहायक है। पौधों में विटामिन–सी व शर्करा के संश्लेषण में सहायक है।

मालिब्डेनम–कमी के लक्षण:– पत्तियों का रंग पीला हरा या पीला हो जाता है तथा इस पर नारंगी रंग का चितकबरा पन दिखाई पड़ता है। टमाटर की निचली पत्तियों के किनारे मुड़ जाते हैं तथा बाद में मोल्टिंगवने क्रोसि सरचनायें बन जाती हैं। इसकी कमी से फूलगोभी में व्हिपटेल एवं मूली में प्याले की तरहर चनायें बन जाती हैं। नीबू जाति के पौधो में मालिब्डेनम की कमी से पत्तियों मे पीला धब्बा रोग लगता हैं।

*****

46

सब्जियों का कटाई उपरान्त रख–रखाव

महत्वपूर्ण प्रक्रियाः–

कटाई के उपरान्त बागवानी फसलों की सम्भाल करना एक अत्यन्त महत्वपूर्ण कदम है। इसके अभाव में कुल उत्पादन का एक बहुत बड़ा हिस्सा उपभोक्ता तक पहुंचने से पहले ही खराब हो जाता है। यदि कुछ महत्वपूर्ण बातों को ध्यान में रखा जाए तथा कुछ साधारण क्रियाएँ की जाए तो इस नष्ट होने वाले हिस्से का एक बड़ा भाग बचाया जा सकता है। इससे न केवल किसान को आर्थिक फायदा होगा बल्कि देश की अर्थव्यवस्था को भी लाभ होगा।

बागवानी फसलों के विपणन में छटाई, वर्गीकरण और पैकिंग (बांधना) की क्रियाएं महत्वपूर्ण होती है। इसके अलावा उत्पादों को सुखाना, आरोग्य करना, धोना, मोम लगाना, गुच्छे बनाना एवं पूर्व–शीतली करण इत्यादि सो पानों का भी अपना योगदान होता है।

छंटाई एवं वर्गीकरणः–

कटाई के उपरान्त छंटाई करने का मुख्य उद्देश्य रोगी, खराब, कटी हुई तथा अपरिपक्व सब्जी को प्रथक करना होता है। क्योंकि इन उत्पादों की कोशिका विभाजन प्रक्रिया काफी तेज होती है। जिससे न केवल यह खराब होती है, बल्कि अपने साथ रखी हुई बाकी सब्जियों को भी खराब कर देती है। इन उत्पादों का आगे परिवहन का अर्थव्यर्थ में यातायात व्यय को बढ़ावा देना है।

कारक सब्जियों के आकार एवं गुणों को प्रभावित करते हैं। उपयुक्त दाम प्राप्त करने के लिए वर्गीकरण एक आवश्यक क्रिया है। साधारणत या वर्गीकरण श्रमिकों द्वारा की जाती है। लेकिन हाल ही में कुछ राज्यों में मशीन द्वारा भी यह काम किया जाने लगा है। वर्गीकरण सामान्यतया ठोस पन, कीट एवं बीमारियों सेग्र सिततथा यान्त्रिक चोट के आधार पर की जाती है। वर्गीकरण को एक स्ट्राक्लास, क्ला सफर्स्ट एवं क्लास सेकण्ड के रुप में भी श्रेणी कृत किया जा सकता है। अलग–अलग देश अपने घरेलू बाजार में विपणन के लिए वर्गीकरण का एक अलगमानक रखते है। लेकिन भारत में अभी इस तरह का घरेलू बाजार में विपणन के लिए कोई सामान्य मानक नहीं है। हमारे देश के विभिन्न भागों में एक ही तरह के फलकी अलग–अलग मांग रहती है। जैसे दक्षिण में बड़े संतरे की मांग है परन्तु पूर्व में छोटे आकार

वाले सन्तरे की। हाल ही भारत में महत्वपूर्ण फलों के वर्गीकरण के लिये एक मानक निर्धारित करने के लिए प्रारम्भिक कदम उठाया गया है। गुणवत्ता के आधार पर वर्गीकरण के बाद फल एवं सब्जियों का समानता के लिए आकार के आधार पर वर्गीकरण किया जाता है। उत्पादों को निर्धारित आकार के बक्सों में पैकिंग करने के लिए आकार के आधार पर वर्गीकरण करना बहुत जरुरी है। सुपर लार्ज, एकस्ट्रा लार्ज, लार्ज, मीडियम एवं स्माल इत्यादि विभिन्न आकार के आधार पर वर्गीकरण है। वृहद स्तर पर और शुद्धता के लिए, यान्त्रिक वर्गीकरण जो आकार या वजन के आधार पर किया जाता है, काम में लिया जाता है।

आरोग्य करना को कम करने, नमी की मात्रा को घटाने और सड़न एवं फलके ऊपर फंफूद की वृद्धि को कम करने के लिए तुडाई के बाद दिया जाने वाला उपचार है। सामान्य तौर पर आरोग्य करण से प्याज एवं लहसुन में नमी की मात्रा घट जाती है। जिससे उनकी भण्डारण अवधि बढ़ जाती है। आम को परिवहन या भण्डारण से पहले 51.55 डिग्री सेन्टी ग्रेड वाले गर्म पानी में 2.5 मिनट के लिए डुबोने से फलों में समान रुप से परिपक्वता आती है और फफूद का प्रभाव भी कम हो जाता है। इस प्रकार अलग–अलग सब्जियों को सूक्ष्म–जीवाणुओं से मुक्त करने हेतु गर्म पानी में थोड़ी देर के लिए डुबोंकर रखा जाता है। शिमला मिर्च को 52 डिग्री सेल्सियस पर 12 सेकेण्ड आदि।

रंग उपचार करना:–

सब्जियों का बाजार मूल्य बढ़ाने के लिए कुछ फलों को उनके विशेष गुणों के आधार पर रंग प्रदान करने के लिए इथिलीन का उपचार किया जाता है। नीबू वर्गीय फलों और कभी कभी टमाटर को भी उनके प्राकृतिक गुणों के अनुरुप रंग उपचार किया जाता है। जिसे उपभोक्ता अधिक पसन्द करते हैं। यह उपचार फलों के प्रकार एवं तुड़ाई की दशा पर निर्भर करता है।

पूर्व–शीतली करण:–

साधारण तया पेड़ पर लगे हुए फलों का तापक्रम वातावरण के तापक्रम से कुछ अधिक होता है, और ग्रीष्म काल में तो तापक्रम और भी अधिक हो जाता है। तुड़ाई के उपरान्त, उच्च तापमान फलों एवं सब्जियों की गुणवत्ता एवं भण्डारण के लिए हानिकारक होता है। पूर्व शीतलीकरण की क्रिया से उत्पाद के प्रक्षेत्र तापमान को कम किया जा सकता है। फलतः उत्पाद की श्वसन दर एवं पानी का ह्यस घट जाता है। पूर्व–शीतली करण का उचित लाभ लेने के लिए उत्पादों को परिवहन एवं भण्डारण के लिए प्रशीतलित वाहन (रेफ्रिजरेटेडवैन) का कम तापक्रम पर, उपयोग करना आवश्यक होता है। पूर्व–शीतलीकरण की क्रिया हृवा, बर्फी ले पानी, बर्फ या निर्वात इत्यादि शीतल कों (कूलेन्टस) द्वारा की जाती है।

धोनाः–

उन भोक्ताओं तक उत्पाद को साफ एवं उचित रुप में पहुंचने के लिए तुढ़ाई के बाद धुलाई करना जरुरी होता है। इस प्रक्रिया को स्ट्राबेरी जैसे नाजुक फलों के लिए नहीं अपनाया जाता है। धोने से सब्जियों के ऊपर लगे। धूल मिट्टी एवं स्प्रेवडस्ट के सूक्ष्म कण भी साफ हो जाते हैं। जिससे उत्पादों की नैसर्गिक सुन्दरता निखर जाती है। धुलाई करने से जड़ एवं गांठ वाली फसलों जैसे गाजर, मूली एवं आलू की धूल, मिट्टी साफ हो जाती है। जिससे उनका कुल वजन कम हो जाता है। जो कि परिवहन में हितकारी होता है। कुछ तथ्य यह दर्शाते हैं कि बिना धुले हुए आलू एवं शकरकन्द धुले हुए की अपेक्षा तरह स्वस्थ रखे सकते है। जब कि खीरा को धोने के बाद उसकी भण्डारण अवधि घट जाती है। प्याज, तरबूज, खरबूजा, खीरा एवं शकरकन्द को शुष्क धुलाई के द्वारा साफ किया जाता है।

मोमल गानाः–

प्रकृति ने सब्जियों के ऊपर मोम की एक पतली परत बनाई है जो आंशिक रुप से विपणन के दौरान रख–रखाव से हट जाती है। कृत्रिम रुप से सब्जियों में पतली मोम की परत चढ़ाने से उनका पानी का ह्रास कम हो जाता है तथा यह उत्पाद को सड़ाने वाले जीवाणुओं से बचाने का काम भी करता है। फलों में रगड़ या सूक्ष्म छेदों को भी इस क्रिया द्वारा बन्द किया जा सकता है। यह बेर, किन्नू, खीरा, सेब, टमाटर इत्यादि फलों की चमक भी बढ़ा देता है। पानी और मोम का घोल इस क्रिया के लिए उपयुक्त होता हैं मोम लगाने के बाद उत्पाद को सुखाना चाहिए। पैराफिन और कारनौबा मोम साधारणत या उपयोग में लाया जाता है। फफूदी एवं जीवाणुनाशकों का भी मोम के साथ ही उपचार में लाया जाता है। मोमीकरण से फल एवं सब्जियों की श्वसन एवं वाष्पोत्सर्जन दर घट जाती है। कुछ फलों जैसे ब्रेडफूट में यह क्रिया नहीं की जाती।

मोमी करण के लिए या तो उत्पादको घोल में डुबोया जाता है या फिर उस पर छिड़काव किया जाता है। मोम की अधिक मोटी एवं अधिक पतली दोनों ही प्रकार की परतें उत्पादों के लिए नुकसान देह हो सकती हैं। अधिक मोटाई की परत चढ़ाने से उत्पादों की श्वसन क्रिया कम हो जाती है और अवायुवीय श्वसन की स्थिति पैदा को जाती है। जबकि अधिक पतली परत चढ़ाने से फलों से उड़ने वाले पानी का नुकसान नहीं रुक सकेगा।

बांधना–

पैकिंग एक महत्वपूर्ण कारक है जो कि परिवहन, भण्डारण यहां तक कि विपणन के दौरान भी उत्पादों की गुणवत्ता को प्रभावित करता है। तुड़ाई के उपरान्त होने वाली यान्त्रिक चोटों को कम करने के लिये उत्पादों को बचाव करने वाले डिब्बों एवं उन्नत प्रणाली से पैक

करना चाहिये। उत्पादों के प्रकार एवं दशा के आधार पर बांधने वाले पदार्थ भी अलग–अलग उपयोग किये जाते है। बांधने से उत्पाद की गुणवत्ता नहीं बढ़ाई जा सकती है लेकिन उसे बनाये रखने एवं विपणन के दौरान हानि को कम किया जा सकता है। तुड़ाई के समय सब्जियों को रखने के लिए कई प्रकार की सामग्री प्रयोग की जाती है जो कि फसल एवं उत्पादन क्षेत्र की स्थिति पर निर्भर करती है। आमतौर पर इसके लिए बोरे, केनवस, लकड़ी या बांसकी टोकरियों काम में ली जाती है।नीबू वर्गीय फल और कुछ सब्जियों को कभी कभी स्थानीय बाजार में बेचने के लिए तोड़कर सीधे ही ट्रक में डाल दिया जाता है। पपीता एवं कुछ शीतोष्ण फलों की तुड़ाई टोकरियों में करके और गुद्देदार पदार्थ भरे डिब्बों में स्थानान्तरित कर दिया जाता है।

यह क्रिया एक विशेष प्रकार के कमरे में की जाती है। जिसका तापमान 26.7 डिग्री सेल्सियस और आपेक्षित आर्द्रता 85–92 प्रतिशत होती है। इसके लिये कम सांद्रता (1:50000) की इथिलीन को कमरे में प्रवेश कराया जाता है। इससे सब्जियों में चमक तथा उनका नैसर्गिक रंग बना रहता है, जिससे उनके व्यवसाय में अच्छे दाम मिले। समुद्री मार्ग द्वारा विपणन के लिए सुविधाजनक आकार के मिट्टी के बर्तन से लेकर लकड़ी के डिब्बे तक काम में लिए जाते है। सब्जियों जैसे प्याज, लहसुन, मटर, आलू, शकरकन्द, पत्तागोभी, फूलगोभी और अधिकांश कन्दीय फसलों के स्थानीय एवं दूरस्थ बाजार में विपणन के लिए बोरों का उपयोग किया जाता है। भण्डारण, परिवहन तथा विपणन के लिए लकड़ी की उत्पाद के दूरस्थ बाजार में भेजने के लिए पैकिंग पदार्थ का मजबूत एवं सुरक्षित होना आवश्यक है। गते के डिब्बों (सी. एफ.बी.) में पैकिंग करने से परिवहन, भण्डारण एवं विपणन के समय भी सुविधा रहती है तथा फलों में नुकसान भी कम पाया जाता है। परिवहन के समय नुकसान से अतिरिक्त बचाव के लिये गद्देदार पदार्थ रखने से नुकसान को और भी कम किया जा सकता है।

गते के डिब्बों (सी.एफ.बी.) का वतावरण के साथ मित्रवत सम्बन्ध होता है। उत्पाद को कागज या पोलिथिन से लपेट कर इन डिब्बों में शीत गृह में भण्डारण किया जाये तो उनका जीवन काल बढ़ जाता है। पैकिंग के लिये काम में ली जाने वाली सामग्री की लागत उत्पाद के कुल मूल्य की 15 प्रतिशत से अधिक नहीं होनी चाहिए अन्यथा पैकिंग पदार्थ अनुपयोगी समझा जाता है।

उत्पाद को दूरस्थ बाजार में भेजने के लिए पैकिंग पदार्थ का मजबूत एवं सुरक्षित होना आवश्यक है। कुछ उत्पादों की श्वसन दर अधिक होती है ऐसे उत्पादों के लिए डिब्बों में वायु संचार को नियमित बनाए रखने के लिए छेदों का आकार बड़ा होना चाहिए।

*****